M. Ch. Klin / R. Pöschel / K. Rosenbaum

Angewandte Algebra

M. Ch. Klin, R. Pöschel und K. Rosenbaum

Angewandte Algebra für Mathematiker und Informatiker

Einführung in gruppentheoretisch-kombinatorische Methoden

Mit 32 Abbildungen und 7 Tabellen

VEB Deutscher Verlag der Wissenschaften
Berlin 1988

ISBN-13: 978-3-528-08985-6 e-ISBN-13: 978-3-322-84116-2
DOI: 10.1007/978-3-322-84116-2

Verlagslektor: Erika Arndt
Verlagshersteller: Birgit Burkhardt
Umschlaggestaltung: Werner Fahr

DDR - 1080 Berlin, Postfach 1216
Lizenz-Nr. 206 · 435/61/87

Gesamtherstellung: VEB Druckhaus „Maxim Gorki", Altenburg
LSV 1024
Bestellnummer: 571 556 0
01800

Vorwort

Der Begriff „Angewandte Algebra“ kann verschieden aufgefaßt werden Der Berufsmathematiker wird argumentieren, wie falsch eine Aufteilung der Mathematik in reine und angewandte Mathematik ist. Fachleute anderer wissenschaftlicher oder technischer Disziplinen werden dagegen hoffen, fertige Rezepte zur Lösung dieser oder jener praktischen Aufgaben zu finden, ohne sich dabei im einzelnen für strenge Begründungen zu interessieren. Ungeachtet dieser extremen Standpunkte hat sich in unserer Zeit ein gewisser Teil des mathematischen Wissens unter der Bezeichnung „angewandte Mathematik“ durchgesetzt. Einige Hochschulen bieten unter diesem Namen Vorlesungen an.

Das vorliegende Buch ist nun der angewandten Algebra gewidmet. Den Autoren sind nur wenige Bücher mit einem ähnlichen Titel bekannt. Zu den verbreitetsten dürfte die Monographie [9] von G. Birkhoff und T. Bartee gehören, die eine allgemeine breite Einführung in die Ideen und Methoden der modernen Algebra gibt, auf eine ausführliche und gründliche Behandlung konkreter Abschnitte aber verzichten muß.

In unserem Buch geht es dagegen um einen wichtigen, konkreten Teil der angewandten Algebra: es wird vor allem von *Permutationsgruppen* und ihren Anwendungen in verschiedenen Bereichen die Rede sein. Wir haben uns das Ziel gesetzt, den Leser so mit dem Gruppenbegriff (genauer Permutationsgruppen) vertraut zu machen, daß er die Natürlichkeit, Unumgänglichkeit und schließlich auch die Nützlichkeit dieser algebraischen Struktur „Gruppe“ empfindet und sie zu handhaben lernt. Die Ideen der Gruppentheorie haben sich in der Mathematik und ihren Anwendungen (Physik, Chemie, Informatik) als äußerst wichtig und trächtig erwiesen. Dennoch gibt es bis heute nur wenige, einem breiten Leserkreis zugängliche Bücher, in denen der Gruppenbegriff ausführlich behandelt, durch zahlreiche Beispiele und Anwendungen erläutert und der natürliche Zusammenhang zwischen gruppentheoretischen Ideen und verschiedenen Methoden der Kombinatorik und diskreten Mathematik aufgezeigt wird.

Wir hoffen, daß unser Buch in einem gewissen Grade diese Lücke schließen kann.

Das Buch wendet sich an einen breiten Leserkreis, vornehmlich an Studenten und Lehrkräfte (von Universitäten, insbesondere aber auch von Pädagogischen und Technischen Hochschulen) mit Interesse für Mathematik oder Informatik. Zweifellos wird es auch für Mathematiklehrer (Oberstufe), Leiter von mathematischen Schülerzirkeln und andere Interessenten nützlich sein, sich mit einigen Teilen des Buches (z. B. Kapitel 1 und 2) vertraut zu machen (während Kapitel 3 und 4 als Grundlage für Spezialvorlesungen dienen können). Vom Leser werden nur wenige Vorkenntnisse verlangt (die etwa aus einer Grundvorlesung über Algebra oder einschlägigen Lehrbüchern bekannt sind bzw. im algebraischen Anhang nachgeschlagen werden können), wenn auch eine gewisse Vertrautheit mit mathematischen Gedankengängen wünschenswert ist. Die Darstellung des Materials bleibt elementar, insbesondere werden keine Spezialkenntnisse aus der Gruppentheorie vorausgesetzt.

Für endliche algebraische Strukturen (speziell Permutationsgruppen) hängen Algebra und Kombinatorik eng zusammen. Beide — die Permutationsgruppentheorie als Teilgebiet der Algebra wie auch die Kombinatorik — haben im internationalen Rahmen in den letzten Jahrzehnten einen unerwartet großen Aufschwung genommen, der wesentlich auch durch die rasche Entwicklung der Rechentechnik und den Bedarf an „diskreten“ (im Gegensatz zu kontinuierlichen) Methoden und Strukturen bedingt war. Diesen Erfordernissen muß auch die Ausbildung von Mathematikern (und Mathematiklehrern) Rechnung tragen. Einen Beitrag dazu soll das vorliegende Buch leisten; es ist kein Lehrbuch im traditionellen Stil weder für Algebra (in der die Permutationsgruppen meist nur im Rahmen der Gruppentheorie kurz behandelt werden) noch für Kombinatorik (in der die permutationsgruppentheoretischen Grundlagen kaum oder nur kurz erwähnt werden), vielmehr führt es den Leser in aktuelle Gebiete der Algebra und Kombinatorik (auch Graphentheorie) ein — an ausgewählten Stellen bis hin zu aktuellen Forschungsproblemen — und vermittelt ihm das Verständnis für algebraisch-kombinatorische Problemstellungen und Denkweisen und deren Anwendungen. Wenn hier von Anwendungen die Rede ist, so verstehen wir darunter — im Rahmen dieses Buches — Anwendungen des dargestellten mathematischen Apparates, nicht aber technische Realisierungen.

Auf zwei Dinge soll gesondert hingewiesen werden: Das Buch enthält sehr viele Beispiele, die z. T. recht ausführlich behandelt werden. Damit sollen nicht nur die abstrakteren Resultate erläutert, sondern gleichermaßen mögliche weitere (abstrakte) mathematische Folgerungen am konkreten Fall demonstriert werden, und es soll die Fähigkeit geschult werden, die mathematischen Grundlagen anzuwenden und das Wesentliche zu erkennen. Diesem Zweck, den Stoff besser zu erfassen, dienen auch die Übungsaufgaben; es sei dem Leser empfohlen, die im Text durch (*Üb*!) als Übung gekennzeichneten Aussagen selbst nachzuweisen; die *Aufgaben* am Schluß jedes Kapitels sind *nur als Ergänzung* zu den Übungen im Text zu verstehen (ein beigefügter * kennzeichnet einen größeren Schwierigkeitsgrad).

Hier noch einige Bemerkungen zur Gestaltung des Buches: In jedem Kapitel sind Definitionen, Sätze, Beispiele, meist auch Bemerkungen u. ä., fortlaufend numeriert. Das Ende eines Beweises wird durch ▮ gekennzeichnet. Steht ▮ direkt hinter einer Aussage, so ist deren Beweis nach dem Vorangegangenen unmittelbar klar oder aber — z. T. durch in Klammern hinzugefügte Hinweise — leicht nachprüfbar. Auf den algebraischen Anhang wird im Text durch beispielsweise A.1.2. hingewiesen.

Der Text des Buches basiert hauptsächlich auf Vorlesungen des ersten Autors am Pädagogischen Institut in Kaluga (UdSSR) und wurde u. a. auch für Vorlesungen an der Pädagogischen Hochschule Erfurt genutzt. Die dabei gewonnenen Erfahrungen führten zu dem Wunsch nach Zusammenstellung und Erweiterung des Materials und wurden bei der Abfassung des vorliegenden Buches berücksichtigt.

Herrn Dr. I. A. Faradžev danken wir für die Durchsicht einer ersten Fassung des Manuskripts und für seine hilfreichen Bemerkungen. Ebenso gilt unser Dank Herrn Prof. Dr. H. Lugowski und Herrn Prof. Dr. B. Ganter für die begutachtende Durchsicht des Manuskripts und wertvolle kritische Hinweise. Dankbar gedenken wir des 1984 verstorbenen Herrn Dr. L. Boll, der durch sein Interesse und seine Bemühungen die Publikation des Buches wesentlich gefördert hat.

Dem VEB Deutscher Verlag der Wissenschaften, insbesondere der Lektorin Frau Dipl.-Math. E. Arndt, danken wir für die gute Zusammenarbeit während der Vorbereitung und Drucklegung des Buches, den Mitarbeitern der Druckerei für ihre sorgfältige Arbeit.

M. Ch. Klin
R. Pöschel
K. Rosenbaum

Moskau/Dresden/Erfurt, im Frühjahr 1987

Inhalt

Einleitung

Wie im Vorwort schon ausgeführt wurde, behandelt das vorliegende Buch auf zumeist elementarem Niveau einen konkreten Teil der angewandten Algebra. Endliche („diskrete") algebraische und kombinatorische Strukturen, genauer Permutationsgruppen und Relationen (meist binäre, d. h. Graphen), stehen im Mittelpunkt des Interesses. Zur Motivierung der untersuchten Probleme wird — über das im Vorwort Gesagte hinaus — noch an den entsprechenden Stellen in den einzelnen Kapiteln eingegangen werden.

Das Buch ist in *vier Kapitel* gegliedert. Im *ersten* Kapitel werden elementare Eigenschaften von Permutationsgruppen behandelt. Dabei sind die ersten Abschnitte, in denen Grundbegriffe wiederholt werden, an manchen Stellen etwas knapper gehalten (einige einfache Beweise fehlen; wer jedoch Interesse an diesen gruppentheoretischen Resultaten findet, kann die entsprechenden Fakten und Beweise z. B. in [38] und [50] nachlesen). Ausführlicher stellen wir dagegen kombinatorische Eigenschaften von Permutationsgruppen, Grundbegriffe invarianter Relationen und Operationen über Permutationsgruppen dar. Besonders anschauliche Beispiele sind die Symmetriegruppen geometrischer Figuren, die weit über die Mathematik hinaus bekannt sind und in Abschnitt 1.6 behandelt werden.

Das *zweite* Kapitel bringt eine Einführung in die Abzählungstheorie — einen reizvollen Teil der modernen Mathematik. Hier wird zunächst das klassische Resultat über die Anzahl der Bahnen von Permutationsgruppen behandelt, das lange Zeit als Lemma von Burnside bezeichnet wurde, richtiger aber Lemma von Cauchy-Frobenius-Burnside genannt werden sollte (vgl. 2.1.C). Danach bringen wir die Grundideen der Pólya-Methode, des wichtigsten Hilfsmittels in der Abzählungstheorie. Diese Methode wird bei der Lösung von Aufgaben, die man der Unterhaltungsmathematik zurechnen könnte, aber auch bei der Behandlung tieferliegender Klassifizierungsfragen der diskreten Mathematik demonstriert.

Der Schwierigkeitsgrad und damit die Anforderungen an den Leser steigen etwas in den letzten beiden Kapiteln, obwohl auch hierbei die Darstellung relativ elementar gehalten wurde. In diesen Kapiteln geht es um Zusammenhänge zwischen Permutationsgruppen und binären Relationen, letztere kann man sich am besten als Graphen (vgl. A.3) vorstellen. Graphen sind bei vielen Anwendungen innerhalb wie außerhalb der Mathematik ein außerordentlich nützliches Hilfsmittel. Im *dritten* Kapitel werden Automorphismengruppen von Graphen untersucht, und das Isomorphieproblem für Graphen — eine der zentralen Fragen der modernen diskreten Mathematik — wird behandelt. Dazu werden Grundkenntnisse über V-Ringe und zellulare Ringe vermittelt und deren Anwendungen sowohl innerhalb als auch außerhalb der Theorie der Permutationsgruppen betrachtet.

Die Theorie der V-Ringe und zellularen Ringe bildet auch den algebraischen Hintergrund für das — etwas knapper geschriebene — *vierte* Kapitel, in dem „besonders symmetrische" Graphen betrachtet werden. Eine Reihe algebraisch-kombinatorischer Probleme und Aufgaben wird untersucht, insbesondere solche, die mit dem n-dimensionalen Einheitswürfel und seiner Automorphismengruppe zusammenhängen.

In dem algebraischen *Anhang* sind einige wichtige algebraische und graphentheoretische Grundbegriffe, Bezeichnungen und Definitionen zusammengestellt, auf die der Leser mit geringeren mathematischen Vorkenntnissen bei Bedarf zurückgreifen kann.

Bei einem Blick in das *Literaturverzeichnis* fällt auf, daß auch eine Reihe von Publikationen in russischer Sprache zitiert wurde. Diese Literaturstellen sind, da man sie in deutsch- oder englischsprachigen Publikationen kaum finden kann, zur reinen Information für den interessierten Leser gedacht. Dagegen wollen wir hier noch auf einige im Literaturverzeichnis aufgeführte Bücher hinweisen, die leichter zugänglich sind und die — meist auf mathematisch anspruchsvollerem Niveau — dem Leser dazu dienen können, seine Kenntnisse auf den in diesem Buch angesprochenen Gebieten zu vertiefen und zu erweitern (die einzelnen Gebiete können allerdings auf Grund innerer Zusammenhänge nicht so getrennt werden, wie es hier den Anschein haben mag):

Angewandte Algebra (Übersicht)[1]): [9],
Algebra[2]) und Gruppentheorie: [50, 36, 2],

---

[1]) Speziell für Informatiker sei noch verwiesen auf: W. Dörfler und J. Mühlbacher, Graphentheorie für Informatiker. Sammlung Göschen, W. de Gruyter, Berlin—New York 1973, sowie H. Kaiser, R. Mlitz und G. Zeilinger, Algebra für Informatiker, 2., verbesserte Auflage, Springer-Verlag, Wien—New York 1985.

[2]) Vgl. auch R. Kochendörffer, Einführung in die Algebra, 4., neubearb. Auflage, VEB Deutscher Verlag der Wissenschaften, Berlin 1974.

Permutationsgruppen: [75, 38, 8],
Kombinatorik: [1, 29, 22, 8],
Graphentheorie: [63, 30, 64, 19],
Kodierungstheorie: [51, 48, 49, 56],
V-Ringe und zellulare Ringe: [75, 76, 58; Kapitel 8, 73],
Funktionen- und Relationensysteme (Diskrete Mathematik): [58, 25].

1. Grundlagen aus der Theorie der Permutationsgruppen

1.1. Permutationen und Permutationsgruppen

A. Verschiedene Darstellungen von Permutationen

Es sei N eine Menge von n Elementen. Diese Anzahl n wird auch mit $|N|$ bezeichnet und heißt die *Mächtigkeit* der Menge N; wir können also $|N| = n$ schreiben. Unter einer *Permutation* der Elemente von N (kurz auch Permutation von N oder Permutation auf der Menge N) versteht man eine eineindeutige (bijektive) Abbildung von N auf sich (vgl. A.1.2). Man sagt auch, die Permutation *operiert* auf der Menge N. Permutationen werden im folgenden meist mit kleinen lateinischen Buchstaben bezeichnet.

Die verbreitetste Darstellungsart von Permutationen ist die in zwei Zeilen: In der ersten Zeile stehen in irgendeiner Reihenfolge alle verschiedenen Elemente aus N, während in der zweiten Zeile unter jedem Element der ersten Zeile sein Bild nach Anwendung der gegebenen Permutation steht. Jede dieser zwei Zeilen ist also eine geordnete Folge der n verschiedenen Elemente von N. Eine solche geordnete Folge nennen wir hier *Anordnung* von N. Eine gegebene Permutation kann in verschiedener Weise aus zwei Zeilen von Anordnungen dargestellt werden.

1.1.1. Beispiel. Es sei $N = \{a, b, c, d, e, f\}$. Dann stellen

$$\begin{pmatrix} a\,b\,c\,d\,e\,f \\ b\,c\,a\,e\,d\,f \end{pmatrix}, \quad \begin{pmatrix} a\,c\,f\,e\,d\,b \\ b\,a\,f\,d\,e\,c \end{pmatrix} \quad \text{und} \quad \begin{pmatrix} e\,f\,a\,c\,d\,b \\ d\,f\,b\,a\,e\,c \end{pmatrix}$$

dieselbe Permutation g der Elemente von N dar, die das Element a in b, b in c, c in a, usw. überführt.

Die *Wirkung* einer Permutation g auf ein Element $a \in N$ (d. h. das Bild $g(a)$ — den Funktionswert — von a bei Anwendung von g) kennzeichnen wir mit a^g.

Meistens nehmen wir für N ein Anfangsstück der Menge der natürlichen Zahlen, d. h. $N = \{1, 2, 3, \ldots, n\}$, bisweilen auch $N = \{0, 1, \ldots, n-1\}$. Dabei wollen wir ein für allemal verabreden, in der ersten Zeile (der Darstellung einer Permutation) die natürliche Reihenfolge fest zu lassen. Dadurch hat man eine Bijektion zwischen allen Anordnungen der Menge N

(den zweiten Zeilen nämlich) und allen Permutationen von N. Da es bekanntlich genau $n!$ viele Anordnungen der Menge N gibt, erhalten wir sofort den folgenden Satz.

1.1.2. Satz. *Die Anzahl der Permutationen einer n-elementigen Menge ist $n!$* ∎

Die Angabe einer Permutation durch zwei Anordnungen ist etwas schwerfällig. Zweckmäßiger ist die Zyklenschreibweise, die sich aus dem *Graphen einer Permutation* gewinnen läßt (vgl. A.3 für die benutzten graphentheoretischen Begriffe). Es sei g eine Permutation auf der Menge N. Die Elemente von N seien die Knoten des zu g gehörenden Graphen $\Gamma = \Gamma(g)$ (d. h. $V(\Gamma) = N$). Von einem Knoten x geht genau dann eine Kante (Pfeil) zum Knoten y, wenn $y = x^g$ ist (d. h. $E(\Gamma) = \{(x, y) \mid y = x^g\}$). Bekanntlich heißt ein gerichteter Graph *zusammenhängend*, wenn es von jedem beliebigen Knotenpunkt entlang der Kanten einen Weg zu jedem beliebigen anderen Knotenpunkt gibt. Jeder Graph ist zusammenhängend oder die Vereinigung seiner zusammenhängenden Teile (*Zusammenhangskomponenten*). Für den betrachteten Graphen $\Gamma(g)$ sind diese Zusammenhangskomponenten sogar Kreise, da jeder Knoten von $\Gamma(g)$ Anfangspunkt und auch Endpunkt genau einer Kante ist (warum? *Üb*!). Damit gilt:

1.1.3. Satz. *Der Graph jeder Permutation ist ein Kreis oder die Vereinigung von paarweise disjunkten Kreisen.* ∎ ([38])

1.1.4. Beispiel. In Abb. 1 sieht man den Graphen der Permutation

$$g = \begin{pmatrix} 1 & 2 & 3 & 4 & 5 & 6 & 7 & 8 & 9 & 10 & 11 & 12 & 13 \\ 3 & 5 & 7 & 13 & 2 & 9 & 4 & 11 & 8 & 1 & 6 & 12 & 10 \end{pmatrix}.$$

Er setzt sich aus Kreisen der Länge 6, 4, 2 und 1 zusammen.

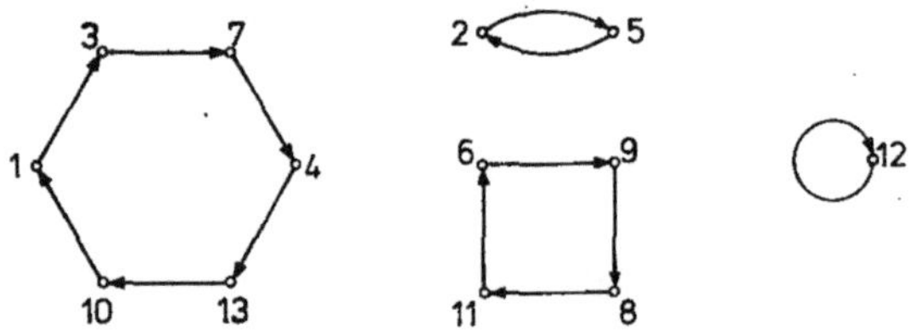

Abb. 1. Der Graph der Permutation g

Um den Graphen einer Permutation linear aufschreiben zu können, werden die Knotenpunkte jeder Zusammenhangskomponente in runde Klammern gesetzt, und zwar in der durch die Pfeile vorgeschriebenen Reihenfolge — dies heißt dann ein *Zyklus* der Permutation (falls nötig, können zur besseren Abtrennung Kommas zwischen die Elemente gesetzt werden). Die so entstehende Zerlegung in elementfremde Zyklen heißt (*vollständige*) *Zyklendarstellung* der gegebenen Permutation. Jedes Element kommt in genau einem Zyklus vor. Die Zyklendarstellung ist nicht eindeutig bezüglich der Reihenfolge der Zyklen und bezüglich des ersten Elements in jedem Zyklus. So hat das obige Beispiel 1.1.4 etwa die folgenden Darstellungen:

$$\begin{aligned} g &= (1, 3, 7, 4, 13, 10)\,(2, 5)\,(6, 9, 8, 11)\,(12) \\ &= (12)\,(2, 5)\,(6, 9, 8, 11)\,(1, 3, 7, 4, 13, 10) \\ &= (7, 4, 13, 10, 1, 3)\,(11, 6, 9, 8)\,(5, 2)\,(12) = \cdots . \end{aligned}$$

Von allen diesen Darstellungen erscheint die erste in einem gewissen Sinne kanonisch: Jeder Zyklus beginnt mit dem kleinsten nicht in den vorangegangenen Zyklen enthaltenen Element. Später werden wir (bei festem N) häufig alle Zyklen der Länge 1 weglassen; das ergibt die sogenannte *verkürzte Zyklendarstellung*. Die Kommas werden ebenfalls meist weggelassen (und bei mehrstelligen Zahlen durch Zwischenräume ersetzt).

B. Die Multiplikation von Permutationen und ihre Eigenschaften

Es seien g und h Permutationen auf derselben Menge N. Unter dem *Produkt* („*Multiplikation*“, Komposition) $g \circ h$, kurz gh, dieser Permutationen versteht man die Permutation f der Menge N, die durch

$$x^f = (x^g)^h \quad \text{für alle } x \in N$$

definiert ist. Die Permutation $f = g \circ h$ ist also die Hintereinanderausführung der Permutationen g und h: erst g, dann h.

Ist g eine Permutation und sind $c_1, c_2, \ldots, c_k$ die Zyklen der (vollständigen) Zyklendarstellung von g, so läßt sich jeder Zyklus c_i als verkürzte Zyklendarstellung einer Permutation g_i auffassen (alle nicht in c_i vorkommenden Elemente werden bei g_i identisch auf sich selbst abgebildet). Es gilt dann

$$g = g_1 g_2 \cdots g_k \quad (\text{\it Üb}!).$$

Die Reihenfolge der g_i bei der Produktbildung spielt hier keine Rolle, da die Zyklen c_i paarweise elementfremd sind (*Üb*!). Ist c_i ein Zyklus der Länge 1, so ist g_i die identische Permutation. Deshalb kann man auch stets die verkürzte Zyklendarstellung verwenden. Die Zyklendarstellung ist also nichts anderes als die *Darstellung einer Permutation als Produkt elementfremder*

Zyklen. Die Permutationen g_i (bzw. g) bezeichnet man dann sinnvollerweise auch durch ihre Zyklen c_i (bzw. Zyklendarstellung $c_1c_2\cdots c_k$) und spricht von dem Zyklus oder der *zyklischen Permutation* c_i ($i = 1, \ldots, k$). Die Wirkung einer Permutation g kann aus der Zyklendarstellung $g = c_1c_2\cdots c_k$ leicht abgelesen werden: Für ein Element $a \in N$ sucht man sich den Zyklus c_i, in dem a vorkommt. Dann ist das Element, das hinter a steht, gerade das Bild a^g (steht a am Ende des Zyklus vor der schließenden Klammer, so ist a^g das erste Element des Zyklus; bei der verkürzten Zyklendarstellung werden nichtauftretende Elemente auf sich selbst abgebildet).

Aus der Definition des Produktes ergibt sich unmittelbar:

1.1.5. Satz. *Das Produkt zweier Permutationen der Menge N ist wieder eine Permutation der Menge N.* ∎

1.1.6. Beispiel. Es sei

$$g = \begin{pmatrix} 1 & 2 & 3 & 4 & 5 & 6 \\ 3 & 5 & 1 & 2 & 4 & 6 \end{pmatrix} = (13)\,(254)\,(6)$$

und

$$h = \begin{pmatrix} 1 & 2 & 3 & 4 & 5 & 6 \\ 3 & 5 & 6 & 1 & 2 & 4 \end{pmatrix} = (1364)\,(25).$$

Dann wird

$$gh = \begin{pmatrix} 1 & 2 & 3 & 4 & 5 & 6 \\ 6 & 2 & 3 & 5 & 1 & 4 \end{pmatrix} = (1645)\,(2)\,(3)$$

und

$$hg = \begin{pmatrix} 1 & 2 & 3 & 4 & 5 & 6 \\ 1 & 4 & 6 & 3 & 5 & 2 \end{pmatrix} = (1)\,(2436)\,(5).$$

Die Multiplikation von Permutationen ist also im allgemeinen nicht kommutativ.

1.1.7. Satz. *Die Multiplikation von Permutationen ist assoziativ.* ∎ ([38])

Die Permutation, welche jedes Element der Menge N festläßt, heißt die *identische* oder *Einheitspermutation* und wird mit e bezeichnet, d. h. $x^e = x$ für alle $x \in N$. Offensichtlich ist $e \circ g = g \circ e = g$ für alle Permutationen g der Menge N.

1.1.8. Satz. *Für jede Permutation g von N existiert eine eindeutig bestimmte Permutation g' von N mit der Eigenschaft*

$$g \circ g' = g' \circ g = e. \; ∎ \; ([38], \textit{Üb}!).$$

Diese Permutation g' heißt die zu g *inverse* Permutation und wird mit g^{-1} bezeichnet. Ist g in Form von zwei Zeilen (von Anordnungen) gegeben, so erhält man daraus g^{-1}, indem man die obere mit der unteren Zeile vertauscht. Der Graph der inversen Permutation g^{-1} entsteht aus dem Graphen von g, indem man die Richtung aller auftretenden Pfeile umkehrt. Bei der Zyklenschreibweise wird die Reihenfolge innerhalb der Zyklen umgekehrt.

1.1.9. Beispiel. Es sei

$$g = \begin{pmatrix} 1 & 2 & 3 & 4 & 5 & 6 & 7 & 8 \\ 3 & 5 & 8 & 6 & 4 & 2 & 7 & 1 \end{pmatrix} = (138)\,(2546)\,(7).$$

Dann ist

$$g^{-1} = \begin{pmatrix} 3 & 5 & 8 & 6 & 4 & 2 & 7 & 1 \\ 1 & 2 & 3 & 4 & 5 & 6 & 7 & 8 \end{pmatrix} = \begin{pmatrix} 1 & 2 & 3 & 4 & 5 & 6 & 7 & 8 \\ 8 & 6 & 1 & 5 & 2 & 4 & 7 & 3 \end{pmatrix} = (183)\,(2645)\,(7).$$

Die Permutationen sind ein Paradebeispiel für den Gruppenbegriff (vgl. A.2.1):

1.1.10. Satz. *Die Menge aller Permutationen einer Menge N bildet bezüglich der Multiplikation eine Gruppe.* ∎

Die Gruppe aller Permutationen der Menge N heißt die *symmetrische Gruppe* der Menge N und wird mit $\mathbf{S}(N)$ bezeichnet. Ist $|N| = n$, so schreibt man dafür auch kurz S_n und nennt sie die *symmetrische Gruppe vom Grad n*.

C. Permutationsgruppen

Jede Untergruppe (vgl. A.2.2) G der symmetrischen Gruppe S_n werden wir im folgenden als eine auf N operierende *Permutationsgruppe vom Grad n* bezeichnen. Wir verstehen also unter einer *Permutationsgruppe* ein Paar (G, N), bestehend aus einer Gruppe G von Permutationen und der Menge N von Elementen, auf denen diese Permutationen operieren. Das Einselement ist die identische Permutation, die wir stets mit e bezeichnen. Zum Nachweis der Untergruppeneigenschaft einer Teilmenge ist das folgende Kriterium nützlich:

1.1.11. Satz. *Eine nichtleere Teilmenge $G \subseteq S_n$ ist genau dann eine Gruppe, wenn sie bezüglich der Multiplikation abgeschlossen ist, d. h., wenn*

$$g_1 \circ g_2 \in G \quad \text{für alle } g_1, g_2 \in G$$

gilt. ∎ (*Üb!*)

Enthält G genau m Permutationen, so gestattet dieses Kriterium nach m^2 Multiplikationen festzustellen, ob G eine Gruppe ist oder nicht. In realen Situationen ist es in der Regel praktisch unmöglich, so viele Multiplikationen wirklich auszuführen. Daher wird man gewöhnlich ein anderes Prinzip anwenden müssen, das wir hier (vor seiner genauen Formulierung in 1.5.16) zunächst nur an einem Beispiel erläutern wollen.

1.1.12. Beispiel. Es sei $G = \{(1)(2)(3)(4), (12)(34), (13)(24), (14)(23)\}$ eine Teilmenge von S_4. Um die Gruppeneigenschaft von G zu erkennen, bemerken wir zunächst, daß G aus genau den Permutationen der Menge $\{1, 2, 3, 4\}$ besteht, die den Bewegungen der Ebene entsprechen, welche das Rechteck in Abb. 2 auf sich selbst abbilden (Deckabbildungen, d. h. Spiegelung an den Symmetrieachsen und Drehung um 180°). Offenbar ist die Hintereinanderausführung von je zwei dieser Bewegungen wieder eine Bewegung, die das Rechteck auf sich abbildet. Nach unserem Kriterium 1.1.11 ist G damit eine Gruppe. Hierbei haben wir davon Gebrauch gemacht, daß sich alle Permutationen aus G dadurch charakterisieren lassen, eine gewisse Eigenschaft (Ecke eines gegebenen Rechtecks zu sein) festzulassen.

Abb. 2

Wir erinnern daran, eine natürliche Zahl n heißt die *Ordnung* eines Elementes g einer Gruppe G, wenn $g^n = e$ und $g^k \neq e$ für alle $k < n$ gilt (vgl. A.2.1).

1.1.13. Lemma. *Die Ordnung einer Permutation g ist gleich dem kleinsten gemeinsamen Vielfachen der Zyklenlängen in der Zyklendarstellung von g.* ∎ (Vgl. etwa [38].)

1.1.14. Beispiel. Die Permutation $g = (1\,2\,3\,4)(5\,6\,7)(8\,9)(10)$ hat die Ordnung $12 = \text{kgV}\{4, 3, 2, 1\}$.

1.1.15. Lemma. *Ist $g = a_1 a_2 \cdots a_k$ ein Produkt von k Elementen einer Gruppe G, dann ist $g^{-1} = a_k^{-1} \cdots a_2^{-1} a_1^{-1}$.* ∎ ([38], *Üb!*)

D. Der Satz von Cayley

Permutationsgruppen sind die wichtigsten der in diesem Buch studierten Objekte. Im folgenden soll ihre praktische Bedeutung an vielen Beispielen erläutert werden. Es zeigt sich, daß Permutationsgruppen ein universelles

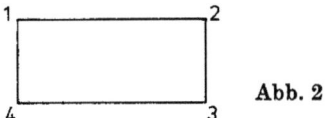

Objekt der Gruppentheorie sind: jede beliebige abstrakte Gruppe läßt sich als Permutationsgruppe realisieren, wie der folgende Satz zeigt.

1.1.16. Satz (Satz von Cayley). *Es sei G eine beliebige Gruppe und G^* die Menge aller Permutationen g^*, die auf den Elementen der Menge G durch Rechtsmultiplikation gemäß*

$$x^{g^*} = xg \quad \text{für alle } x \in G$$

operieren. Dann ist (G^*, G) eine Permutationsgruppe — die sogenannte rechtsreguläre Darstellung *von G — die zur Gruppe G isomorph ist.* ∎ (Vgl. etwa [50], *Üb*!)

1.1.17. Beispiel. Wir bilden zu der symmetrischen Gruppe $S_3 = \{g_1, g_2, g_3, g_4, g_5, g_6\}$ mit $g_1 = e = (1)\,(2)\,(3), g_2 = (12)\,(3), g_3 = (13)\,(2)$, $g_4 = (1)\,(23)$, $g_5 = (123)$, $g_6 = (132)$ die *Cayleysche Strukturtafel*, d. h. die Multiplikationstabelle (Tab. 1):

Tabelle 1

	g_1	g_2	g_3	g_4	g_5	g_6
g_1	g_1	g_2	g_3	g_4	g_5	g_6
g_2	g_2	g_1	g_5	g_6	g_3	g_4
g_3	g_3	g_6	g_1	g_5	g_4	g_2
g_4	g_4	g_5	g_6	g_1	g_2	g_3
g_5	g_5	g_4	g_2	g_3	g_6	g_1
g_6	g_6	g_3	g_4	g_2	g_1	g_5

Nun können wir sechs Permutationen der Gestalt

$$g_i^* = \begin{pmatrix} g_1 & g_2 & g_3 & g_4 & g_5 & g_6 \\ g_{i_1} & g_{i_2} & g_{i_3} & g_{i_4} & g_{i_5} & g_{i_6} \end{pmatrix}$$

bilden, in denen die untere Zeile jeweils die i-te Spalte der Cayleyschen Strukturtafel (Tab. 1) ist ($i = 1, 2, \ldots, 6$). Diese Permutationen $g_1^*, g_2^*, g_3^*, g_4^*, g_5^*, g_6^*$ vom Grad 6 bilden eine zu S_3 isomorphe Gruppe. Um die Bezeichnung zu vereinfachen, ist es zweckmäßig, diese neuen Permutationen auf den Indizes j statt auf den Permutationen g_j ($j = 1, \ldots, 6$) aus S_3 operieren zu lassen, d. h. $(j)^{g_i^*} = i_j$ statt $(g_j)^{g_i^*} = g_{i_j}$. Wir erhalten dann

$$g_1^* = (1)\,(2)\,(3)\,(4)\,(5)\,(6), \quad g_4^* = (14)\,(26)\,(35),$$
$$g_2^* = (12)\,(36)\,(45), \quad g_5^* = (156)\,(234),$$
$$g_3^* = (13)\,(25)\,(46), \quad g_6^* = (165)\,(243).$$

Wir bemerken, daß alle von der identischen Permutation verschiedenen Permutationen g_i^* keinen Zyklus der Länge 1 haben. Sie bewegen also alle Elemente der Menge $\{1, 2, 3, 4, 5, 6\}$. In diesem Beispiel spielte S_3 die Rolle der abstrakten Gruppe G aus 1.1.16. Als S_3^* erhielten wir eine Untergruppe von S_6 (genauer zunächst von $\mathbf{S}(S_3)$).

Permutationsgruppen können als abstrakte Gruppen isomorph sein, ohne daß die Mengen, auf denen sie wirken, in irgendeiner Weise zusammenhängen müssen (z. B. S_n und S_n^*). Anstelle der Isomorphie verwendet man deshalb bei Permutationsgruppen den Begriff der Ähnlichkeit, der beschreibt, wann zwei Permutationsgruppen als nicht wesentlich verschieden betrachtet werden können (unter Berücksichtigung, daß die Elemente Permutationen sind):

1.1.18. Definition. Zwei Permutationsgruppen (G, N) und (H, M) heißen *ähnlich*, wenn eine bijektive Abbildung $f: N \to M$ existiert, so daß H aus allen Permutationen $\varphi(g)$ der Form

$$\varphi(g) = f^{-1}gf \in \mathbf{S}(M)$$

besteht (dann ist $\varphi: G \to H$ ein Gruppenisomorphismus (*Üb!*)).

Es gilt $f(a^g) = (f(a))^{\varphi(g)}$. Damit sind alle Aussagen, die für (G, N) gelten, auch auf eine dazu ähnliche Gruppe (H, M) übertragbar, wenn man a durch $f(a)$ und g durch $\varphi(g)$ ersetzt.

1.2. Die symmetrische und die alternierende Gruppe

A. Erzeugende der symmetrischen Gruppe

1.2.1. Es sei G eine Gruppe. Man sagt, daß die Elemente $g_1, \ldots, g_k$ aus G die Gruppe G *erzeugen* (oder ein *Erzeugendensystem* für G bilden), wenn sich jedes Element $x \in G$ als Produkt $x_1x_2\cdots x_n$ mit $x_i \in \{g_1, \ldots, g_k, g_1^{-1}, \ldots, g_k^{-1}\}$ darstellen läßt. Man schreibt in diesem Fall $G = \langle\{g_1, \ldots, g_k\}\rangle$ oder $G = \langle g_1, \ldots, g_k\rangle$ (vgl. A.2.2).

1.2.2. Beispiel. Es ist bekannt (etwa aus einem Grundkurs Geometrie), daß die Axialsymmetrien die Bewegungsgruppe der Ebene erzeugen. Jede Bewegung der Ebene läßt sich als Produkt von höchstens drei Axialsymmetrien darstellen.

1.2.3. Definition. Eine Permutation t einer Menge N heißt *Transposition* der Elemente $i, j \in N$ oder einfach Transposition, wenn es in ihrer Zyklendarstellung einen Zyklus (ij) der Länge 2 gibt und wenn alle anderen Zyklen die Länge 1 haben.

Bei Permutationen schreiben wir Zyklen der Länge 1 von jetzt an oft nicht mit, wenn aus dem Zusammenhang klar ist, auf welcher Menge diese Permutationen operieren.

1.2.4. Beispiel. Es sei $N = \{1, 2, 3, 4, 5, 6\}$. Die Permutation $t = (1)(2)(35)(4)(6)$ ist eine Transposition, die wir abgekürzt mit $t = (35)$ bezeichnen (falls in N Zahlen mit mehreren Ziffern auftreten, können wir natürlich wieder Kommas einfügen, falls Verwechslungen zu befürchten sind: $t = (3, 5)$).

Transpositionen spielen bei der Erzeugung der symmetrischen Gruppe eine Rolle.

1.2.5. Satz. *Die folgenden Teilmengen sind Erzeugendensysteme der symmetrischen Gruppe* $\mathbf{S}(N)$ $(N = \{1, 2, \ldots, n\})$:

a) *alle Transpositionen der Elemente von* N;

b) $\{(12), (23), (34), \ldots, (n-1, n)\}$;

c) $\{(12), (13), (14), \ldots, (1n)\}$;

d) $\{(12), (123\ldots n)\}$.

Beweis. a) Jeder Zyklus $g = (a_1a_2\cdots a_k)$ der Länge k aus $\mathbf{S}(N)$ läßt sich wie folgt als Produkt von Transpositionen schreiben:

$$(a_1a_2\cdots a_k) = (a_1a_2)(a_1a_3)\cdots(a_1a_k).$$

Eine beliebige Permutation $h \in \mathbf{S}(N)$ denken wir uns in der Zyklendarstellung gegeben:

$$h = (a_1a_2\cdots a_k)(b_1b_2\cdots b_l)\cdots.$$

Da sich jeder Faktor als Produkt von Transpositionen darstellen läßt, gilt das auch für ganz h.

b) Jede Transposition (i, j) mit $1 \leqq i \leqq j \leqq n$ läßt sich darstellen in der Gestalt (*Üb!*)

$$\begin{aligned}(i, j) = {} & (i, i+1)(i+1, i+2) \\ & \cdots(j-1, j)(j-2, j-1)(j-3, j-2)\cdots(i+1, i+2)(i, i+1).\end{aligned}$$

Da nach a) alle Transpositionen ganz $\mathbf{S}(N)$ erzeugen, ist auch das System b) ein Erzeugendensystem.

c) Die Behauptung ist klar wegen $(ij) = (1i)(1j)(1i)$.

d) Es sei $a = (12)$ und $b = (12\cdots n)$. Dann wird nacheinander $b^{-1} = b^{n-1}$, $(23) = b^{-1}ab$, $(34) = b^{-1}(23)\,b, \ldots, (n-1, n) = b^{-1}(n-2, n-1)\,b$. Nach b) ist also auch $\{a, b\}$ ein Erzeugendensystem. ∎

B. Gerade und ungerade Permutationen

Eine Permutation läßt sich natürlich auf mehrere Arten in ein Produkt von Transpositionen zerlegen. So ist beispielsweise

$$(1)(2)(37)(4)(5)(6) = (13)(17)(13) = (34)(45)(56)(67)(56)(45)(34).$$

Wir interessieren uns für die Frage, was allen diesen verschiedenen Darstellungen gemeinsam ist.

1.2.6. Lemma. *Ist g eine Permutation und t eine Transposition einer Permutationsgruppe, so unterscheiden sich die Anzahlen der Zyklen in den Zyklendarstellungen von g und gt um* 1.

Beweis. Wir setzen $t = (ij)$ und betrachten zwei Fälle:

1. Die Elemente i und j kommen im selben Zyklus der Permutation g vor, etwa $g = (\ldots)\cdots(i, k_1, \ldots, k_s, j, p_1, \ldots, p_q)\cdots(\ldots)$. Da i und j in den durch Pünktchen angedeuteten Zyklen nicht vorkommen, ist dann

$$gt = (\ldots)\cdots(i, k_1, \ldots, k_s)\,(j, p_1, \ldots, p_q)\cdots(\ldots).$$

Die Anzahl der Zyklen hat sich also um 1 erhöht.

2. Wenn dagegen i und j in verschiedenen Zyklen von g auftreten, dann verschmelzen diese Zyklen in gt zu einem (*Üb*!). Die Gesamtzahl der Zyklen nimmt um 1 ab. ∎

1.2.7. Lemma. *Ist die identische Permutation e als Produkt von k Transpositionen dargestellt, etwa $e = t_1 t_2 \cdots t_k$, so ist k stets eine gerade Zahl.*

Beweis. Aus der Gleichung $t_1 t_2 \cdots t_k = e$ erhalten wir durch Linksmultiplikation mit e sofort $e t_1 t_2 \cdots t_k = e$. Nach 1.2.6 ändert sich die Anzahl der Zyklen von e nach jeder Multiplikation mit einer Transposition um 1. Nach insgesamt k Multiplikationen erhalten wir wieder e. Das ist aber nur möglich, wenn k eine gerade Zahl ist. ∎

1.2.8. Satz. *Ist eine Permutation $g \in S_n$ auf zwei verschiedene Arten als Produkt von Transpositionen dargestellt, so ist die Anzahl der jeweils auftretenden Faktoren entweder gleichzeitig gerade oder gleichzeitig ungerade.*

Beweis. Für jede Transposition gilt offenbar $t^2 = e$, also $t^{-1} = t$. Es seien nun $g = t_1 t_2 \cdots t_k = s_1 s_2 \cdots s_l$ zwei verschiedene Darstellungen von $g \in S_n$ als Produkt von Transpositionen $t_1, \ldots, t_k, s_1, \ldots, s_l$. Dann ist

$$e = gg^{-1} = t_1 t_2 \cdots t_k s_l^{-1} \cdots s_2^{-1} s_1^{-1} = t_1 t_2 \cdots t_k s_l \cdots s_2 s_1$$

eine Darstellung der identischen Permutation als Produkt von $k + l$ Transpositionen. Nach 1.2.7 ist $k + l$ eine gerade Zahl, und das ist genau dann der Fall, wenn k und l gleichzeitig gerade oder gleichzeitig ungerade sind. ∎

Der eben bewiesene Satz gestattet es, einen neuen Begriff einzuführen.

1.2.9. Definition. Eine Permutation heißt *gerade* (*ungerade*), wenn sie sich als Produkt einer geraden (ungeraden) Anzahl von Transpositionen darstellen läßt.

1.2.10. Satz. *Eine Permutation ist genau dann gerade, wenn in ihrer Zyklendarstellung die Anzahl der Zyklen gerader Länge gerade ist.*

Beweis. Nach der Formel aus dem Beweis von Satz 1.2.5a) folgt, daß sich jeder Zyklus der Länge k als Produkt von $k - 1$ Transpositionen schreiben läßt. Wir denken uns nun eine beliebige Permutation g in ihrer Zyklendarstellung gegeben. Mit j_k wollen wir dabei die Anzahl der Zyklen der Länge k und mit n die Zahl der Zyklen verschiedener Länge bezeichnen. Dann läßt sich g als Produkt von $s = \sum_{k=1}^{n} j_k(k - 1)$ Transpositionen darstellen. Die Zahl s ist nun genau dann gerade, wenn die Summe aller j_k mit geradem k, also die Anzahl der Zyklen gerader Länge, gerade ist. ∎

C. Die alternierende Gruppe

Die folgenden Aussagen ergeben sich leicht aus dem bisherigen (speziell 1.2.10).

1.2.11. Lemma. *Das Produkt zweier Permutationen ist genau dann gerade, wenn beide Faktoren gleichzeitig gerade oder ungerade sind.* ∎

Daraus (oder aus 1.1.15) folgt beispielsweise, daß g^{-1} genau dann gerade ist, wenn g gerade ist (denn $e = gg^{-1}$ ist gerade). Zusammengefaßt ergibt sich:

1.2.12. Satz. *Die Teilmenge aller geraden Permutationen einer Menge N bildet eine Untergruppe der symmetrischen Gruppe $\mathbf{S}(N)$.* ∎

Diese Untergruppe aller geraden Permutationen heißt die *alternierende Gruppe* der Permutationen *vom Grad* n, sie wird mit $\boldsymbol{A}(N)$ oder kurz mit A_n (falls $|N| = n$ ist) bezeichnet.

1.2.13. Satz. *Die Ordnung der alternierenden Gruppe ist* $|A_n| = \dfrac{n!}{2}$.

Beweis. Mit einer ungeraden Permutation h bilden wir $A_n h = \{gh \mid g \in A_n\}$. Das ist nach 1.2.11 die Menge aller ungeraden Permutationen. Also ist $S_n = A_n \cup A_n h$ mit $A_n \cap A_n h = \emptyset$. Wegen $|A_n| = |A_n h|$ erhalten wir wie behauptet $|A_n| = \dfrac{1}{2}\,|S_n| = \dfrac{n!}{2}$. ∎

1.2.14. Beispiel. Die alternierende Gruppe $A_4 = \boldsymbol{A}(\{1, 2, 3, 4\})$ besteht aus den Permutationen

$$A_4 = \{g_1, g_2, g_3, g_4, g_5, g_6, g_7, g_8, g_9, g_{10}, g_{11}, g_{12}\}$$

mit

$$\begin{aligned}
&g_1 = e = (1)\,(2)\,(3)\,(4), && g_5 = (1)\,(234), && g_9 = (3)\,(124),\\
&g_2 = (12)\,(34), && g_6 = (1)\,(243), && g_{10} = (3)\,(142),\\
&g_3 = (13)\,(24), && g_7 = (2)\,(134), && g_{11} = (4)\,(123),\\
&g_4 = (14)\,(23), && g_8 = (2)\,(143), && g_{12} = (4)\,(132).
\end{aligned}$$

1.3. Der Satz von Lagrange und seine Anwendungen

A. Der Satz von Lagrange

1.3.1. Es sei H eine Untergruppe einer endlichen Gruppe G und $g \in G$. Die Mengen der Form

$$Hg = \{hg \mid h \in H\} \quad \text{bzw.} \quad gH = \{gh \mid h \in H\}$$

heißen *Rechts-* bzw. *Linksnebenklassen von* G *nach* H. Für $g, g' \in G$ gilt stets $Hg = Hg'$ oder $Hg \cap Hg' = \emptyset$. Das ist wie folgt einzusehen. Aus $g'' \in Hg \cap Hg'$ folgt $g'' = hg = h'g'$ für gewisse $h, h' \in H$, also ist $g = h^{-1}hg = h^{-1}h'g$ und damit $Hg = Hh^{-1}h'g' = Hg'$ (weil $Hh \subseteq H = Hh^{-1} \subseteq Hh$ wegen der Gruppeneigenschaft von H, d. h. $Hh = H$ für alle $h \in H$, ist). Da jedes $g \in G$ in einer Nebenklasse (nämlich Hg) enthalten ist, erhält man also eine Zerlegung von G in Rechtsnebenklassen nach H:

$$G = H \cup Hg_2 \cup Hg_3 \cup \cdots \cup Hg_k.$$

Die Anzahl k der Rechtsnebenklassen einer Gruppe G nach einer Untergruppe H heißt der *Index von H in G* und wird mit $[G:H]$ bezeichnet. Ist $g' \in Hg$, d. h. $g' = hg$ mit $h \in H$, so folgt $Hg = Hg'$ (wegen $Hh = H$) und umgekehrt (wegen $g' = eg' \in Hg'$). Deshalb gehören zwei Elemente $g, g' \in G$ genau dann zur gleichen Rechtsnebenklasse, wenn ein $h \in H$ existiert, so daß $g' = hg$ gilt. Folglich ist die durch

$$g \equiv g' \pmod H) :\Leftrightarrow \exists\, h \in H : g' = hg$$ [1]

erklärte binäre Relation $\equiv \pmod H$ eine Äquivalenzrelation (vgl. A.1.3, *Üb*!). Die zugehörige Klasseneinteilung liefert gerade die Zerlegung von G in Rechtsnebenklassen. Analog erhält man eine Zerlegung

$$G = H \cup g_2'H \cup \cdots \cup g_k'H$$

von G in Linksnebenklassen nach H, zu der die Äquivalenzrelation $g \equiv g' \Leftrightarrow \exists\, h \in H : g' = gh$ gehört. Die Anzahl k' der Linksnebenklassen ist gleich der Anzahl der Rechtsnebenklassen: Da jede Nebenklasse Hg oder gH aus $|H|$ Elementen besteht, hat man $|G| = k\,|H| = k'\,|H|$, also $k = k'$. Diese Gleichung $|G| = k\,|H|$ beweist zugleich auch folgenden wichtigen Satz:

1.3.2. Satz von LAGRANGE. *Die Ordnung jeder Untergruppe H einer endlichen Gruppe G ist Teiler der Ordnung von G. Dabei gilt $|G| = [G:H] \cdot |H|$.* ∎

1.3.3. Beispiel. In der alternierenden Gruppe $G = A_4 = A(\{1, 2, 3, 4\})$ betrachten wir die Teilmenge $H = G_4$ aller Permutationen aus G, welche das Element 4 festlassen. Offenbar ist H eine Untergruppe von G (*Üb*!, vgl. 1.1.11). Mit den Bezeichnungen aus Beispiel 1.2.14 ist $H = \{g_2, g_{11}, g_{12}\}$. Die Gruppe G zerfällt dann in die folgenden Rechtsnebenklassen nach H:

$$H = He = \{g_1, g_{11}, g_{12}\}, \quad Hg_2 = \{g_2, g_6, g_8\},$$
$$Hg_3 = \{g_3, g_{10}, g_5\}, \quad Hg_4 = \{g_4, g_7, g_9\}.$$

B. Untergruppen der symmetrischen Gruppe

Das Studium der Permutationsgruppen beginnt traditionell mit dem Versuch, alle Untergruppen der symmetrischen Gruppe vom Grad n zu bestimmen.

1.3.4. Beispiel. Die symmetrische Gruppe $S_3 = \{g_1, g_2, g_3, g_4, g_5, g_6\}$ mit $g_1 = e$, $g_2 = (12)$, $g_3 = (13)$, $g_4 = (23)$, $g_5 = (123)$, $g_6 = (132)$ (vgl. 1.1.17)

[1] Die verwendeten mengentheoretischen Symbole wie z. B. $\exists$ sind in A.0 beschrieben.

kann nach dem Satz von Lagrange nur nichttriviale Untergruppen der Ordnungen 2 und 3 haben. In jeder Untergruppe der Ordnung 2 muß das vom Einselement verschiedene Element selbst die Ordnung 2 haben. Folglich sind

$$G_{II} = \{e, g_2\}, \quad G_{III} = \{e, g_3\}, \quad G_{IV} = \{e, g_4\}$$

alle Untergruppen der Ordnung 2. Die alternierende Gruppe hat die Ordnung 3. Da jedes vom Einselement verschiedene Element einer Untergruppe der Ordnung 3 selbst die Ordnung 3 haben muß, ist $G_V = A_3$ die einzige Untergruppe der Ordnung 3. Zusammen mit den trivialen Untergruppen $G_I = \{e\}$ und $G_{VI} = S_3$ hat die symmetrische Gruppe S_3 damit insgesamt sechs Untergruppen.

1.3.5. Beispiel. Etwas aufwendiger ist es schon, alle 30 Untergruppen der symmetrischen Gruppe S_4 zu bestimmen. Nach dem Satz von Lagrange (1.3.2) kann S_4 nichttriviale Untergruppen der Ordnungen 2, 3, 4, 6, 8 und 12 haben. Wie im vorigen Beispiel erhält man die Untergruppen der Ordnungen 2 und 3. Da 4 keine Primzahl ist, ist nicht jede Untergruppe der Ordnung 4 automatisch zyklisch, d. h., es kann auch Untergruppen der Ordnung 4 geben, die kein Element der Ordnung 4 enthalten. Eine solche, die aus den Symmetrien eines Rechtecks besteht, haben wir in Beispiel 1.1.12 bereits kennengelernt. Ein anderes Beispiel dafür ist die Untergruppe

$$H = \{e, (12)(3)(4), (1)(2)(34), (12)(34)\}.$$

Sie läßt sich als die Menge aller Permutationen aus S_4 charakterisieren, welche die Teilmenge $\{1, 2\} \subseteq N$ auf sich abbilden.

Es ist klar (*Üb*!), daß solche, Teilmengen festlassende Permutationen stets eine Untergruppe von $\mathbf{S}(N)$ bilden. Die Untergruppen S_3 $(= \{g \in S_4 \mid 4^g = 4\})$ und A_4 von S_4 haben die Ordnungen 6 bzw. 12.

Die Gruppe der Deckabbildungen eines Quadrates mit den Eckpunkten 1, 2, 3, 4 ist eine Untergruppe der Ordnung 8 (wir kommen später ausführlicher auf diese Gruppe zurück, vgl. 1.6.6). Damit lassen sich insgesamt 30 Untergruppen vom Grad 4 bestimmen. Die auftretenden Anzahlen von Untergruppen bei den jeweiligen Ordnungen sind in Tab. 2 zusammengestellt.

Tabelle 2

Ordnung	1	2	3	4	6	8	12	24
Anzahl	1	9	4	7	4	3	1	1

Man kann zeigen, daß damit alle Untergruppen erfaßt sind.

Am Beispiel der Gruppe S_4 zeigt sich schon, wie kompliziert es ist, allgemein alle Untergruppen der symmetrischen Gruppe S_n anzugeben. Ziemlich lange schon sind alle Untergruppen der S_n für $n \leqq 10$ bekannt. Mit Hilfe moderner elektronischer Rechner ließe sich eine solche Aufzählung zweifellos noch für einige weitere n erreichen. Die Liste aller Untergruppen wäre aber wegen ihres gigantischen Umfangs schlecht überschaubar. In der Theorie der Permutationsgruppen werden daher nicht alle Untergruppen untersucht, sondern nur die, die in bestimmter Hinsicht interessant sind. Von besonders großem Interesse sind, wie wir bald sehen werden, die Symmetrien gewisser kombinatorischer Objekte wie Graphen, Block-Schemata und Boolesche Funktionen.

Abschließend bemerken wir, daß der Satz von LAGRANGE nicht umkehrbar ist: Nicht zu jedem Teiler d der Gruppenordnung von G muß es eine Untergruppe $H \subseteqq G$ mit $|H| = d$ geben.

1.3.6. Beispiel. Die alternierende Gruppe A_4 der Ordnung 12 hat keine Untergruppe der Ordnung 6. Den Beweis dafür führen wir später (vgl. 1.3.15).

C. Die Bahnen von Permutationsgruppen

1.3.7. Es sei (G, N) eine Permutationsgruppe. Wir definieren eine binäre Relation (vgl. A.1.3) $\varrho \subseteqq N \times N$ durch

$$a_1 \varrho a_2 :\Leftrightarrow \exists\, g \in G: a_2 = a_1^g.$$

Diese Relation ϱ ist eine Äquivalenzrelation auf N, denn wegen $e \in G$ ist ϱ reflexiv, wegen $g^{-1} \in G$ symmetrisch und wegen $g_1 g_2 \in G$ (für $g_1, g_2 \in G$) auch transitiv (*Üb*!). Zwei Elemente stehen also genau dann in der Relation ϱ zueinander, wenn eine geeignete Permutation aus G das eine Element in das andere überführt.

1.3.8. Definitionen. Die Äquivalenzklassen der zu ϱ aus 1.3.7 gehörenden Äquivalenzklassenzerlegung (vgl. A.1.3) von N heißen die *Bahnen* (*Orbits* oder *Transitivitätsgebiete*) der Gruppe G. Jede Bahn kann in der Gestalt

$$a^G = \{a^g \mid g \in G\}$$

für ein $a \in N$ beschrieben werden. Die Anzahl der Elemente in einer Bahn heißt die *Länge* der Bahn. Insbesondere heißt die Permutationsgruppe (G, N) *transitiv* auf N, wenn ganz N die einzige Bahn der Gruppe G ist. Andernfalls heißt G *intransitiv*.

1.3.9. Beispiel. Es sei W die Menge aller Dreiecke der Ebene, A die Gruppe aller affinen Transformationen und P die Gruppe aller Ähnlichkeitstransformationen der Ebene. Die Gruppe A ist transitiv auf W, die Gruppe P dagegen intransitiv. Die Bahnen von P auf W sind die Teilmengen zueinander ähnlicher Dreiecke, d. h. der Dreiecke, die in entsprechenden Winkeln übereinstimmen.

1.3.10. Beispiel. Die Gruppe der Deckabbildungen eines Rechtecks ist transitiv auf der Menge der Eckpunkte des Rechtecks (vgl. 1.1.12).

1.3.11. Beispiel. Die Gruppe $G = \langle(1)(2)(34), (12)(3)(4)\rangle \subseteq S_4$ (vgl. 1.3.5) ist intransitiv auf $N = \{1, 2, 3, 4\}$, denn N zerfällt in die Bahnen $\{1, 2\}$ und $\{3, 4\}$.

Wie in Beispiel 1.3.3 bereits angedeutet, ist die Menge G_a aller Permutationen aus (G, N), die ein bestimmtes Element $a \in N$ festlassen, eine Untergruppe von G, wie man sich sofort mit dem Kriterium 1.1.11 überzeugen kann.

1.3.12. Definition. Die Untergruppe $G_a = \{g \in G \mid a^g = a\}$ einer Permutationsgruppe (G, N) heißt der *Stabilisator* des Elementes a in G.

Bemerkung. Aus dem Zusammenhang wird im folgenden stets hervorgehen, ob es sich bei der Bezeichnung G_a um einen Stabilisator oder um einen Index (wie bei S_n, A_n) handelt, so daß keine Verwechslung zu befürchten ist.

1.3.13. Satz. *Es sei (G, N) eine Permutationsgruppe und $B \subseteq N$ eine Bahn von G. Die Länge der Bahn ist dann gleich dem Index $[G : G_a]$ des Stabilisators G_a für ein beliebig gewähltes Element $a \in B$, d. h., es gilt $|a^G| = [G : G_a]$ für alle $a \in N$.* (Bemerkung. *Der Satz von* Lagrange (1.3.2) *läßt sich in diesem Fall auch als $|G| = |a^G| \cdot |G_a|$ $(a \in N)$ schreiben.*)

Beweis. Wir wählen $a \in B$ und zerlegen die Gruppe G in Rechtsnebenklassen nach der Untergruppe G_a gemäß

$$G = G_a \cup G_a g_2 \cup \cdots \cup G_a g_k .$$

Es sei nun $b_i = a^{g_i}$; dann besteht die Nebenklasse $G_a g_i$ aus genau denjenigen Permutationen, die a in b_i überführen. In der Tat haben wir

$$g \in G_a g_i \Leftrightarrow \exists\, h \in G_a : g = h g_i \Leftrightarrow a^g = (a^h)^{g_i} = b_i,\ h = g g_i^{-1} .$$

Folglich ist die Anzahl der Rechtsnebenklassen von G nach G_a gleich der Zahl der verschiedenen Bilder des Elementes a bei Anwendung der Permutationen aus G, also gleich der Länge der Bahn B, in der a liegt. ∎

1.3.14. Beispiel. Wie in Beispiel 1.3.3 betrachten wir die Zerlegung der alternierenden Gruppe $G = A(\{1, 2, 3, 4\})$ nach dem Stabilisator $H = G_4$. Die Rechtsnebenklasse $G_4g_2 = \{g_2, g_6, g_8\}$ besteht genau aus den geraden Permutationen, welche das Element 4 auf das Element 3 abbilden. In analoger Weise lassen sich die übrigen Nebenklassen charakterisieren (*Üb*!).

1.3.15. Beispiel (Fortsetzung von Beispiel 1.3.6). Angenommen, es sei $H \subseteqq A_4$ eine Untergruppe der Ordnung 6. Dann kann H wegen 1.3.13 nicht transitiv über $\{1, 2, 3, 4\}$ sein, da die Ordnung von H nicht durch 4 teilbar ist. Wenn H aber intransitiv ist, so kann H nur Bahnen der Länge 1, 2 oder 3 haben (es müssen Teiler von 6 sein!). Ist $\{a\}$ eine Bahn der Länge 1, dann ist H in dem Stabilisator $(A_4)_a$ enthalten, also wäre $|H| \leqq 3$ (vgl. 1.3.3). Ist $\{a, b\}$ eine Bahn von H der Länge 2, so ist H in derjenigen Untergruppe der ganzen symmetrischen Gruppe S_4 enthalten, welche die Teilmenge $\{a, b\}$ in sich überführt. Diese Untergruppe hat, wie in 1.3.5 bemerkt, die Ordnung 4, also wäre $|H| \leqq 4$. Hat H aber eine Bahn der Länge 3, so hat H auch eine Bahn der Länge 1, und wir schließen wie oben. In jedem Fall gelangen wir zu einem Widerspruch zu der Bedingung $|H| = 6$, d. h., *A_4 hat keine Untergruppe der Ordnung* 6.

1.4. Kombinatorische Eigenschaften von Permutationsgruppen

A. Transitive, reguläre und mehrfach transitive Permutationsgruppen

Nach 1.3.8 ist eine Permutationsgruppe (G, N) transitiv, wenn sich jedes Element $a \in N$ in jedes andere Element $b \in N$ mit einem geeigneten $g \in G$ überführen läßt (d. h. $a^G = N$).

1.4.1. Satz. *In einer transitiven Permutationsgruppe (G, N) sind die Stabilisatoren G_a und G_b beliebiger Elemente $a, b \in N$ isomorphe Gruppen* (sie sind sogar ähnlich, vgl. 1.1.18).

Beweis. Da G transitiv ist, gibt es eine Permutation g, so daß $a^g = b$ ist. Die durch $\pi_g: h \mapsto g^{-1}hg$ definierte Abbildung π_g von G in sich ist ein Homomorphismus (vgl. A.2.5), denn es ist

$$\pi_g(h_1h_2) = g^{-1}(h_1h_2)\, g = (g^{-1}h_1g)\, (g^{-1}h_2g) = \pi_g(h_1)\, \pi_g(h_2).$$

π_g ist bijektiv (*Üb*!), d. h. ein Automorphismus. Es sei nun $h \in G_a$, d. h. $a^h = a$. Dann ist $b^{g^{-1}h_g} = a^{hg} = a^g = b$; also bildet π_g die Gruppe G_a in die Gruppe G_b ab. Analog bildet $\pi_{g^{-1}}$ die Gruppe G_b in G_a ab. Damit sind G_b und G_a isomorph, denn $\pi_g \pi_{g^{-1}}$ ist die identische Abbildung. ∎

1.4.2. Definition. Eine Permutationsgruppe (G, N) heißt *regulär,* wenn sie transitiv ist und wenn der Stabilisator jedes Elements aus N die Einheitsgruppe ist, d. h. $G_a = \{e\}$ für alle $a \in N$.

1.4.3. Satz. *Für jede reguläre Permutationsgruppe* (G, N) *gilt:*

a) *Keine von e verschiedene Permutation aus G hat einen Fixpunkt.*

b) *Die Ordnung der Gruppe G ist gleich ihrem Grad, d. h.* $|G| = |N|$.

Beweis. a) folgt direkt aus der Definition.

b) Wegen der Transitivität ist $N = \{a^g \mid g \in G\}$. Ist nun $a^g = a^{g'}$ für $g, g' \in G$, so folgt $a^{g'g^{-1}} = a$, d. h. $g'g^{-1} = e$ bzw. $g = g'$ wegen der Regularität. Also muß $|N| = |G|$ sein. ∎

Die im Satz von Cayley 1.1.16 konstruierte Gruppe G^* ist regulär (*Üb*!, vgl. 1.1.17), d. h., jede beliebige Gruppe läßt sich sogar als reguläre Permutationsgruppe darstellen.

1.4.4. Definition. Eine Permutationsgruppe (G, N) heißt *k-fach transitiv,* kurz *k-transitiv,* wenn es für je zwei Folgen $a_1, a_2, \ldots, a_k$ und $b_1, b_2, \ldots, b_k$ von je k verschiedenen Elementen aus N eine Permutation $g \in G$ gibt, so daß $a_1^g = b_1, a_2^g = b_2, \ldots, a_k^g = b_k$ ist. Für $k \geqq 2$ heißen k-fach transitive Gruppen auch *mehrfach transitiv.* Die transitiven Permutationsgruppen im Sinne von Definition 1.3.8 sind einfach transitiv ($k = 1$).

1.4.5. Satz. *Die symmetrische Gruppe* S_n *ist n-fach transitiv, die alternierende Gruppe* A_n *ist* $(n - 2)$*-fach transitiv.* ∎ (Vgl. etwa [75], *Üb*!).

Die symmetrischen und die alternierenden Gruppen nennt man triviale mehrfach transitive Permutationsgruppen. Nichttriviale mehrfach transitive Permutationsgruppen treten relativ selten auf (vgl. [75], [14]).

1.4.6. Beispiele. Über dem Primkörper $\mathbf{F}_p = \{0, 1, \ldots, p - 1\}$ der Charakteristik p (vgl. A.2.8) betrachten wir die Menge $\mathbf{L}(p)$ aller Lineartransformationen der Form

$$\varphi_{a,b}\colon \mathbf{F}_p \to \mathbf{F}_p\colon x \mapsto ax + b$$

mit $a, b \in \mathbf{F}_p$ und $a \neq 0$ ($x \in \mathbf{F}_p$, alle Rechnungen in $\mathbf{F}_p$ sind modulo p zu nehmen!). Das sind die sogenannten *ganzen Lineartransformationen.* Dann gilt:

a) Jede Abbildung $\varphi_{a,b}$ mit $a \neq 0$ ist eine Permutation auf $\mathbf{F}_p$.

b) Die Menge $\mathbf{L}(p)$ bildet bezüglich der Hintereinanderausführung (als binärer Operation) eine Gruppe.

c) Die Gruppe $\mathbf{L}(p)$ ist zweifach transitiv.

Zu a). Die Abbildung $\varphi_{a,b}$ ist injektiv (und damit wegen der Endlichkeit von F_p auch surjektiv), denn für $x, x' \in \mathsf{F}_p$ folgt aus $ax + b = ax' + b$ sofort $x = x'$.

Zu b). Die Hintereinanderausführung $f = \varphi_{a,b} \circ \varphi_{c,d}$ ergibt wegen

$$x^f = (x^{\varphi_{a,b}})^{\varphi_{c,d}} = (ax + b)^{\varphi_{c,d}} = c(ax + b) + d$$

wieder eine ganze Lineartransformation, nämlich

$$f\colon x \mapsto (ac)\,x + (bc + d) \quad \text{mit} \quad ac \neq 0.$$

Zu c). Es seien x, x' und y, y' beliebige Elementepaare aus F_p mit $x \neq x'$ und $y \neq y'$. Dann gibt es ein $\varphi_{a,b} \in \mathbf{L}(p)$, das x, x' in y, y' überführt: Wir wählen nämlich a und b derart aus F_p, daß

$$ax + b = y, \quad ax' + b = y'$$

wird. Dieses lineare Gleichungssystem über F_p mit den Unbekannten a und b ist auch wirklich eindeutig lösbar mit

$$a = (y - y')\,(x - x')^{-1} \neq 0, \quad b = (xy' - x'y)\,(x - x')^{-1}. \blacksquare$$

Zur Illustration rechnen wir den Fall $p = 5$ durch. Die Gruppe $\mathbf{L}(5)$ hat das Einselement $\varphi_{1,0}\colon x \mapsto x$, das die identische Permutation $e = (0)\,(1)\,(2)\,(3)\,(4)$ auf $\mathsf{F}_p = \{0, 1, 2, 3, 4\}$ darstellt. Dem Element $\varphi_{1,1}\colon x \to x + 1$ entspricht beispielsweise die Permutation (01234). Analog finden wir die restlichen Gruppenelemente $\varphi_{a,b}$:

$$\begin{aligned}
\varphi_{1,2} &= (02413), & \varphi_{3,1} &= (0143)\,(2),\\
\varphi_{1,3} &= (03142), & \varphi_{3,2} &= (0231)\,(4),\\
\varphi_{1,4} &= (04321), & \varphi_{3,3} &= (0324)\,(1),\\
\varphi_{2,0} &= (0)\,(1243), & \varphi_{3,4} &= (0412)\,(3),\\
\varphi_{2,1} &= (0132)\,(4), & \varphi_{4,0} &= (0)\,(14)\,(23),\\
\varphi_{2,2} &= (0214)\,(3), & \varphi_{4,1} &= (01)\,(24)\,(3),\\
\varphi_{2,3} &= (0341)\,(2), & \varphi_{4,2} &= (02)\,(34)\,(1),\\
\varphi_{2,4} &= (0423)\,(1), & \varphi_{4,3} &= (03)\,(12)\,(4),\\
\varphi_{3,0} &= (0)\,(1342), & \varphi_{4,4} &= (04)\,(13)\,(2).
\end{aligned}$$

Die Ordnung von $\mathbf{L}(5)$ ist 20 (allgemein gilt $|\mathbf{L}(p)| = (p - 1)\,p$).

B. Ähnlichkeit und Konjugiertheit

1.4.7. Definition. Zwei Permutationen g_1 und g_2 über derselben Menge N heißen *ähnlich*, wenn in ihren Zyklendarstellungen gleich viele Zyklen gleicher Länge vorkommen.

1.4.8. Beispiel. Die Permutationen $g_1 = (1)\,(2)\,(3\,4\,5)\,(6\,7\,8\,9\,10)$ und $g_2 = (1)\,(2\,3\,7\,9\,10)\,(4)\,(5\,6\,8)$ sind ähnlich. Sie haben jeweils zwei Zyklen der Länge 1 und je einen Zyklus der Länge 3 und 5.

1.4.9. *Die Ähnlichkeit ist eine Äquivalenzrelation in der Menge aller Permutationen auf N.* ∎

1.4.10. Definition. Eine Permutation $g_1 \in S_n$ heißt *konjugiert* zu einer Permutation $g_2 \in S_n$ *bezüglich einer Permutationsgruppe* $G \subseteqq S_n$ (kurz *konjugiert in G*), wenn es ein Element $g \in G$ gibt, so daß $g^{-1}g_1g = g_2$ ist.

1.4.11. Satz. *In der Menge G aller Elemente einer Permutationsgruppe (G, N) ist die Konjugiertheit bezüglich G eine Äquivalenzrelation.*

Beweis. Die Konjugiertheit ist reflexiv wegen $g = e^{-1}ge$ und $e \in G$. Sie ist symmetrisch, da aus $g_2 = g^{-1}g_1g$ sofort $g_1 = gg_2g^{-1} = (g^{-1})^{-1}\,g_2(g^{-1})$ folgt. Schließlich ist sie auch transitiv, da aus $g_2 = g^{-1}g_1g$ und $g_3 = h^{-1}g_2h$ (mit $g, h \in G$) auch folgt, daß $g_3 = h^{-1}(g^{-1}g_1g)\,h = (gh)^{-1}\,g_1(gh)$ mit $gh \in G$ ist. ∎

1.4.12. Definition. Die zu der Konjugiertheitsrelation (bezüglich G) gehörenden Äquivalenzklassen von G heißen *Klassen zueinander konjugierter Elemente* (kurz *Konjugiertheitsklassen von G*).

Die Sprechweise „zueinander konjugiert“ (gegenüber 1.4.10) ist wegen 1.4.11 gerechtfertigt. Die Anzahl der Elemente einer Konjugiertheitsklasse wird in 2.4.3 beschrieben werden.

Der folgende Satz zeigt, daß Ähnlichkeit und Konjugiertheit in S_n nur zwei verschiedene Seiten ein und desselben Sachverhalts sind (das ist allerdings nur bei den vollen symmetrischen Gruppen so; bei abstrakten Gruppen verliert der Begriff Ähnlichkeit seinen Sinn).

1.4.13. Satz. *Zwei Permutationen $g, g' \in S_n$ sind genau dann in S_n zueinander konjugiert, wenn sie ähnlich sind.*

Beweis. Wenn g und g' ähnlich sind, etwa mit der Zyklendarstellung

$$g = (a_1a_2\ldots a_k)\,(b_1b_2\ldots b_l)\cdots(\ldots),$$
$$g' = (a_1'a_2'\ldots a_k')\,(b_1'b_2'\ldots b_l')\cdots(\ldots),$$

dann gilt für die Permutation

$$f = \begin{pmatrix} a_1\, a_2 \ldots a_k\, b_1\, b_2 \ldots b_l \ldots\ldots \\ a_1'\, a_2' \ldots a_k'\, b_1'\, b_2' \ldots b_l' \ldots\ldots \end{pmatrix} \in S_n$$

die Beziehung $g' = f^{-1}gf$. Dies folgt sofort aus der nachstehenden Regel 1.4.14. Aus dieser Regel folgt aber auch die Umkehrung, daß zueinander konjugierte Permutationen stets ähnlich sind. ∎

1.4.14. *Ist $g \in S_n$ in der Zyklendarstellung gegeben, so erhält man daraus die Zyklendarstellung von $g' = f^{-1}gf$ für ein $f \in S_n$, indem man f auf jede Zahl in der Darstellung von g anwendet.* (*Üb!*)

Bemerkung. Der Satz 1.4.13 wird falsch, wenn wir anstelle der vollen symmetrischen Gruppe eine echte Untergruppe $G \subset S_n$ wählen. Zwar sind dann nach wie vor *zueinander konjugierte Permutationen auch ähnlich*, aber es kann sein, daß für ähnliche Permutationen $g, g' \in G$ alle geeigneten f mit $g' = f^{-1}gf$ zwar in S_n, nicht aber in G liegen.

1.4.15. Beispiel. In der alternierenden Gruppe A_3 sind die Permutationen $g = (123)$ und $g' = (132)$ ähnlich. Sie sind aber nicht zueinander konjugiert in A_3: In der Tat, wegen $g' = (132) = (213) = (321)$ gibt es nach der Regel 1.4.14 genau drei Permutationen f mit $g' = f^{-1}gf$, nämlich

$$f_1 = \begin{pmatrix} 1\,2\,3 \\ 1\,3\,2 \end{pmatrix} = (1)\,(23),\; f_2 = \begin{pmatrix} 1\,2\,3 \\ 2\,1\,3 \end{pmatrix} = (12)\,(3),\; f_3 = \begin{pmatrix} 1\,2\,3 \\ 3\,2\,1 \end{pmatrix} = (13)\,(2).$$

Alle drei sind ungerade (vgl. 1.2.9), liegen also nicht in A_3.

C. Der Zyklenzeiger von Permutationsgruppen

Um verschiedene angewandte Aufgaben mit Hilfe gruppentheoretischer Methoden zu lösen, ist es nicht immer notwendig, über die betrachtete Permutationsgruppe eine vollständige Information in dem Sinne zu haben, daß man alle in ihr auftretenden Permutationen kennt. In Kapitel 2 werden wir sehen, daß es in vielen Fällen genügt, die Verteilung der Gruppenelemente auf die Ähnlichkeitsklassen zu kennen. Dazu wird der Zyklenzeiger eingeführt.

Es sei $g \in S_n$ eine Permutation, in deren Zyklendarstellung j_k Zyklen der Länge k auftreten, $k = 1, 2, \ldots, n$. Der Permutation g ordnen wir dann den Ausdruck

$$\mathfrak{z}(g) = x_1^{j_1} x_2^{j_2} \cdots x_n^{j_n}$$

zu, den wir den *Typ* der Permutation g nennen und als Polynom in den Unbestimmten $x_1, x_2, \ldots, x_n$ auffassen. Offenbar gilt für den Typ einer beliebigen Permutation g die Gleichung

$$j_1 \cdot 1 + j_2 \cdot 2 + \cdots + j_n \cdot n = n.$$

1.4.16. Definition. Unter dem *Zyklenzeiger* (oder *Zyklenindex*) einer Permutationsgruppe (G, N) vom Grad n versteht man das Polynom

$$\mathfrak{Z}(G) = \frac{1}{|G|} \sum_{g \in G} \mathfrak{z}(g),$$

d. h. das arithmetische Mittel der Typen aller Permutationen aus G. Gewöhnlich wird der *Zyklenzeiger in Normalform* angegeben, d. h., man faßt alle ähnlichen Glieder zusammen und klammert den Koeffizienten $\frac{1}{|G|}$ aus. Der verbleibende Koeffizient eines Typs ist dann gleich der Mächtigkeit der zu ihm gehörenden Ähnlichkeitsklasse. Schließlich werden die Typen lexikographisch geordnet.

1.4.17. Beispiel. Wir berechnen den Zyklenzeiger für einige von uns schon untersuchte Permutationsgruppen:

$$\mathfrak{Z}(S_2) = \frac{1}{2} \left(\mathfrak{z}(e) + \mathfrak{z}((12))\right) = \frac{1}{2} (x_1^2 + x_2).$$

Mit den Bezeichnungen aus 1.1.17 haben wir (vgl. 1.3.4)

$$\mathfrak{Z}(S_3) = \frac{1}{6} \sum_{i=1}^{6} \mathfrak{z}(g_i) = \frac{1}{6} (x_1^3 + x_1x_2 + x_1x_2 + x_1x_2 + x_3 + x_3)$$
$$= \frac{1}{6} (x_1^3 + 3x_1x_2 + 2x_3).$$

Der Koeffizient 3 von x_1x_2 sagt uns beispielsweise, daß es in S_3 drei Permutationen vom Typ x_1x_2 gibt, d. h. drei Permutationen, deren Zyklendarstellung einen Zyklus der Länge 1 und einen der Länge 2 hat (nämlich g_2, g_3, g_4).

$$\mathfrak{Z}(A_3) = \frac{1}{3} (x_1^3 + 2x_3).$$

$$\mathfrak{Z}(A_4) = \frac{1}{12} (x_1^4 + 8x_1x_3 + 3x_2^2) \quad \text{(vgl. 1.2.14)},$$

A_4 hat also drei Ähnlichkeitsklassen mit 1, 8 bzw. 3 Elementen.

1.5. Invariante Relationen von Permutationsgruppen

A. Grundlegende Definitionen

1.5.1. Unter einer *k-stelligen Relation* in (oder auf) einer Menge N versteht man bekanntlich eine Teilmenge Φ des k-fachen kartesischen Produkts N^k der Menge N (vgl. A.1.3). Von nun an werden wir Relationen meist mit großen griechischen Buchstaben bezeichnen. Die Elemente aus N^k nennen wir auch *k-Punkte* und bezeichnen sie hauptsächlich mit kleinen griechischen Buchstaben. Ist $\alpha = (a_1, \ldots, a_i, \ldots, a_k) \in N^k$, so heißt a_i die i-te *Koordinate* des k-Punktes α. Eine k-stellige Relation $\Phi \subseteqq N^k$ heißt *antireflexiv*, wenn die Koordinaten jedes k-Punktes aus Φ paarweise verschieden sind. Jede antireflexive Relation ist also höchstens n-stellig ($n = |N|$). Die Anzahl der k-Punkte in einer k-stelligen antireflexiven Relation kann höchstens $n(n-1) \cdots (n-k+1)$ sein (*Üb*!).

Wir wollen nun die Permutationen $g \in \mathbf{S}(N)$ auf der Menge N^k operieren lassen (man sagt auch, g *induziert* eine Permutation auf N^k), und zwar koordinatenweise gemäß

$$\alpha^g = (a_1^g, \ldots, a_i^g, \ldots, a_k^g)$$

für $\alpha = (a_1, \ldots, a_i, \ldots, a_k) \in N^k$ und $g \in \mathbf{S}(N)$. Ist $\Phi \subseteqq N^k$ eine k-stellige Relation, so sei $\Phi^g = \{\alpha^g \mid \alpha \in \Phi\}$.

1.5.2. Definitionen. Es sei $\Phi \subseteqq N^k$ eine k-stellige Relation und (G, N) eine Permutationsgruppe. Dann heißt Φ *invariant* bezüglich einer Permutation $g \in \mathbf{S}(N)$, wenn $\Phi^g = \Phi$ ist (es genügt, $\Phi^g \subseteqq \Phi$ zu zeigen, *Üb*!). Die Permutation g nennt man dann einen *Automorphismus* von Φ. Die Relation Φ heißt *invariant bezüglich* (G, N), wenn Φ invariant bezüglich aller Permutationen $g \in G$ ist. Mit ***Inv*** (G, N) oder ***Inv*** G bezeichnen wir die Menge aller Relationen, die invariant bezüglich (G, N) sind. Die Menge der k-stelligen invarianten Relationen von (G, N) werde mit k-***Inv*** (G, N) bezeichnet, d. h., wir haben

$$\mathbf{Inv}\,(G, N) = \bigcup_{k=1}^{\infty} k\text{-}\mathbf{Inv}\,(G, N).$$

Aut Φ bezeichne die Menge aller Autormorphismen von Φ, d. h.

$$\mathbf{Aut}\,\Phi = \{g \in \mathbf{S}(N) \mid \Phi^g = \Phi\}.$$

Für eine Menge $M = \{\Phi_1, \ldots, \Phi_r\}$ von Relationen in N sei

$$\mathbf{Aut}\,M = \bigcap_{i=1}^{r} \mathbf{Aut}\,\Phi_i.$$

Der Begriff des Automorphismus ist ein wichtiges Hilfsmittel zur Beschreibung von Permutationsgruppen; häufig kann man eine Permutationsgruppe (z. B. wenn sie sehr groß ist) nur dadurch angeben, daß man sie als Automorphismengruppe von bestimmten (invarianten) Relationen beschreibt. In der Tat haben wir:

1.5.3. Satz. *Es sei M eine Menge von Relationen in N. Dann ist* ***Aut*** *M eine Permutationsgruppe auf N.* ▮ (*Üb*!, man zeige mit 1.1.11, daß ***Aut*** Φ eine Permutationsgruppe für jedes $\Phi \subseteqq N^k$ ist.)

1.5.4. Beispiel. Wie in Beispiel 1.1.12 seien $N = \{1, 2, 3, 4\}$ und $G = \{(1)(2)(3)(4), (12)(34), (13)(24), (14)(23)\}$. Betrachten wir in N die zweistelligen Relationen

$$\Phi_1 = \{(1, 2), (2, 1), (3, 4), (4, 3)\}, \quad \Phi_2 = \{(1, 2), (2, 3), (3, 4), (4, 1)\},$$

dann ist $\Phi_1 \in 2$-***Inv*** (G, N), aber $\Phi_2 \notin 2$-***Inv*** (G, N) (wegen $(1, 2)^g = (2, 1) \notin \Phi_2$ für $g = (12)(34)$).

1.5.5. Beispiel. Für $N = \mathbf{F}_5 = \{0, 1, 2, 3, 4\}$ und $G = \mathbf{L}(5)$ (vgl. Beispiel 1.4.6) betrachten wir die dreistelligen Relationen

$$\Phi_1 = \{(x, y, z) \in N^3 \mid z = 2y - x\}, \quad \Phi_2 = \{(x, y, z) \in N^3 \mid z = x + y\}.$$

Dann ist $\Phi_1 \in 3$-***Inv*** (G, N), denn für alle $(x, y, z) \in \Phi_1$ und alle $g = \varphi_{a,b} \in G$ ist $(x, y, z)^g = (x', y', z')$ mit $x' = x^g = ax + b$, $y' = y^g = ay + b$, $z' = z^g = az + b$. Daraus ergibt sich aber

$$2y' - x' = 2(ay + b) - (ax + b) = a(2y - x) + b = z',$$

d. h. $(x', y', z') \in \Phi_1$, was gezeigt werden mußte.

Dagegen ist $\Phi_2 \notin 3$-***Inv*** (G, N), denn es ist $(1, 2, 3) \in \Phi_2$, aber für $g = \varphi_{1,1} \in G$ erhalten wir $(1, 2, 3)^g = (2, 3, 4) \notin \Phi_2$, weil $2 + 3 \not\equiv 4 \pmod 5$ ist.

1.5.6. Beispiel. Wir wollen die Automorphismengruppe ***Aut*** Φ_2 für $\Phi_2 = \{(1, 2), (2, 3), (3, 4), (4, 1)\}$ aus Beispiel 1.5.4 berechnen. Man sieht sofort, daß $g = (1234) \in S_4$ ein Automorphismus von Φ_2 ist, folglich ist auch $\{g, g^2, g^3, e\} \subseteqq$ ***Aut*** Φ_2. Wir zeigen, daß es keine weiteren Automorphismen geben kann. Die Automorphismengruppe $G =$ ***Aut*** Φ_2 operiert transitiv auf $N = \{1, 2, 3, 4\}$, da die Potenzen von g die 1 in jedes andere Element aus N überführen. Es sei nun $h \in G_1$ ein Automorphismus aus G, der die 1 festläßt. Dann läßt h auch das Element 2 fest, weil wegen $(1, 2) \in \Phi_2$ auch $(1, 2)^h = (1, 2^h) \in \Phi_2$ sein muß, was nur für $2^h = 2$ möglich ist.

Völlig analog finden wir $3^h = 3$ und $4^h = 4$. Folglich ist $h = e$ der identische Automorphismus, und wir erhalten als Stabilisator $G_1 = \{e\}$. Damit wird nach der Bemerkung zu 1.3.13 (Satz von LAGRANGE) $|G| = |1^G| \cdot |G_1| = 4 \cdot 1 = 4$, d. h., die Potenzen von g und nur diese bilden die Automorphismengruppe der Relation Φ_2:

$$\boldsymbol{Aut}\ \Phi_2 = \{e, g, g^2, g^3\} = \{e, (1234), (13)\,(24), (1432)\}.$$

B. Die k-Bahnen von Permutationsgruppen

Um eine Übersicht über die Menge $\boldsymbol{Inv}\ (G, N)$ zu bekommen, muß man faktisch alle invarianten Relationen beschreiben, die minimal bezüglich der Enthaltenseinsbeziehung sind. Dafür benötigen wir einige Begriffe.

1.5.7. Definition. Wie in 1.5.1 gezeigt wurde, induziert eine Permutationsgruppe (G, N) auch eine Permutationsgruppe (G, N^k) auf N^k. Die Bahnen (vgl. 1.3.8) dieser induzierten Gruppe (G, N^k) heißen *k-Bahnen* (oder *k-Orbits*) von (G, N). Die Menge aller k-Bahnen bezeichnen wir mit k-$\boldsymbol{Orb}\ (G, N)$.

Für $\Phi \in k$-$\boldsymbol{Orb}\ (G, N)$ haben wir $\Phi = \alpha^G$ (für jedes $\alpha \in \Phi$, vgl. 1.3.8), also auch $\Phi^g = \alpha^{Gg} = \alpha^G = \Phi$ für $g \in G$, d. h., wir erhalten:

1.5.8. Satz. *Jede k-Bahn einer Permutationsgruppe ist eine invariante Relation dieser Gruppe, die unter allen invarianten Relationen minimal (bezüglich Inklusion) ist, d. h. keine andere invariante Relation echt enthält.* ∎

1.5.9. Satz. *Jede Relation* $\Phi \in k$-$\boldsymbol{Inv}\ (G, N)$ *läßt sich als Vereinigung von k-Bahnen der Permutationsgruppe* (G, N) *darstellen:* $\Phi = \bigcup_{\alpha \in \Phi} \alpha^G$. *Es gilt* $|k\text{-}\boldsymbol{Inv}\ (G, N)| = 2^{|k\text{-}\boldsymbol{Orb}(G,N)|}$. ∎

1.5.10. Satz. *Es sei* Φ *eine k-Bahn einer Permutationsgruppe* (G, N) *und* $\alpha = (a_1, \ldots, a_k) \in \Phi$. *Dann ist*

$$|\Phi| = [G : G_{a_1 \ldots a_k}],$$

wobei $G_{a_1 \ldots a_k} = G_{a_1} \cap \cdots \cap G_{a_k}$ *sei; d. h., die Anzahl der k-Punkte aus* Φ *ist gleich dem Index des Stabilisators* $G_{a_1 \ldots a_k}$ *der Punkte* $a_1, \ldots, a_k$ *in der Gruppe* G.

Beweis. Es sei $H = G_{a_1 \ldots a_k}$ und $g, g' \in G$. Dann wird $\alpha^g = \alpha^{g'}$ genau dann, wenn $g' \in Hg$, d. h., wenn $Hg = Hg'$ ist. Bei der Wirkung von G auf den k-Punkt α geht also α in so viele verschiedene Punkte über, wie es Nebenklassen von G nach H gibt. ∎

1.5.11. Beispiel. Für $N = \{1, 2, 3, 4\}$ und $G = \{(1)\,(2)\,(3)\,(4), (12)\,(3)\,(4), (1)\,(2)\,(34), (12)\,(34)\}$ (diese Gruppe begegnete uns schon in 1.3.5) ist

2-***Orb*** $(G, N) = \{B_1, B_2, B_3, B_4, B_5, B_6\}$, wobei

$$B_1 = \{(1,1), (2,2)\}, \quad B_4 = \{(3,4), (4,3)\},$$
$$B_2 = \{(3,3), (4,4)\}, \quad B_5 = \{(1,3,)\ (1,4), (2,3), (2,4)\},$$
$$B_3 = \{(1,2), (2,1)\}, \quad B_6 = \{(3,1), (3,2), (4,1), (4,2)\}.$$

Jede Bahn wird von jedem ihrer Elemente erzeugt; beispielsweise ist $B_5 = (1, 3)^G = (1, 4)^G = (2, 3)^G = (2, 4)^G$. Indem man alle möglichen Vereinigungen bildet, findet man, daß (gemäß 1.5.9) die Menge 2-***Inv*** (G, N) aus 64 Relationen besteht (*Üb*!), davon sind 16 antireflexiv.

C. Operationen auf invarianten Relationen

In diesem Abschnitt betrachten wir einige Operationen in der Menge aller Relationen. Die einfachsten unter ihnen sind Durchschnitt, Vereinigung und Komplementbildung.

1.5.12. Definitionen. Es seien $\Phi, \Phi' \subseteq N^k$ k-stellige Relationen, $\Psi \subseteq N^l$ eine l-stellige Relation auf N und π eine Permutation auf der Koordinatenmenge $\{1, 2, \ldots, k\}$. Wir definieren dann folgende neuen Relationen:

$$\Phi \cap \Phi' = \{(a_1, \ldots, a_k) \in N^k \mid (a_1, \ldots, a_k) \in \Phi \text{ und } (a_1, \ldots, a_k) \in \Phi'\},$$

$$\Phi \cup \Phi' = \{(a_1, \ldots, a_k) \in N^k \mid (a_1, \ldots, a_k) \in \Phi \text{ oder } (a_1, \ldots, a_k) \in \Phi\},$$

$$\neg\Phi = \{(a_1, \ldots, a_k) \in N^k \mid (a_1, \ldots, a_k) \notin \Phi\},$$

$$(\Phi)\pi = \{(a_{1\pi}, \ldots, a_{k\pi}) \in N^k \mid (a_1, \ldots, a_k) \in \Phi\},$$

$$\Phi \times \Psi = \{(a_1, \ldots, a_k, b_1, \ldots, b_l) \in N^{k+l} \mid (a_1, \ldots, a_k) \in \Phi \text{ und } (b_1, \ldots, b_l) \in \Psi\},$$

$$pr\,\Phi = \{(a_1, \ldots, a_{k-1}) \in N^{k-1} \mid \exists\, a \in N : (a_1, \ldots, a_{k-1}, a) \in \Phi\}$$
$$(\text{für } k = 1 \text{ sei } pr\,\Phi = \emptyset),$$

$$\nabla\Phi = \{(a_1, \ldots, a_k, a_{k+1}) \in N^{k+1} \mid (a_1, \ldots, a_k) \in \Phi, a_{k+1} \in N\}.$$

Dann sind $\Phi \cap \Phi'$ und $\Phi \cup \Phi'$ *Durchschnitt* bzw. *Vereinigung* der Relationen Φ und Φ'; $\neg\Phi$ ist das *Komplement* (Negation) von Φ; $(\Phi)\,\pi$ heißt die Relation, die durch *Vertauschung von Koordinaten* bezüglich π aus Φ entsteht; $\Phi \times \Psi$ ist das *kartesische Produkt*; $pr\,\Phi$ heißt die *Projektion* von Φ (oder die durch *Streichen der k-ten Koordinate* aus Φ entstandene Relation); $\nabla\Phi$ ist die durch *Hinzufügen einer Koordinate* aus Φ entstehende Relation. Die *Gleichheitsrelation* $\{(a, a) \mid a \in N\}$ (auch *Diagonale* genannt) wird mit Δ bezeichnet.

Man sieht sofort anhand der Definitionen (durch einfaches Nachprüfen, *Üb*!), daß folgendes gilt:

1.5.13. Satz. *Betrachtet man Durchschnitt, Vereinigung, Komplement, Vertauschung von Koordinaten, kartesisches Produkt, Projektionen oder Hinzufügen von Koordinaten für Relationen, die invariant für eine Permutationsgruppe* (G, N) *sind, so erhält man als Ergebnis wieder invariante Relationen von* (G, N). *Die volle Relation* N^k *und die Gleichheitsrelation sind invariant für jedes* (G, N). ∎

Dieser Satz besagt also nichts anderes, als daß die Menge ***Inv*** (G, N) abgeschlossen ist gegenüber allen Operationen aus 1.5.12 und stets Δ und alle N^k $(k = 1, 2, \ldots)$ enthält. In 1.5.17 werden wir eine Umkehrung dieses Satzes kennenlernen.

1.5.14. Beispiel. Wir betrachten die fünfstellige Relation

$$\Phi = \{(a_1, a_1, a_2, a_3, a_3) \in N^5 \mid a_1, a_2, a_3 \in N\}.$$

Sie besteht aus n^3 vielen 5-Punkten und kann als kartesisches Produkt $\Delta \times N \times \Delta$ beschrieben werden (*Üb*!). Nach 1.5.13 ist daher Φ invariant für jede Permutationsgruppe (G, N). Da die Koordinaten 1 und 2 sowie 4 und 5 übereinstimmen (aber sonst beliebig sind), wird Φ auch mit $\Delta(\{1, 2\}, 3, \{4, 5\})$ (*verallgemeinerte Diagonale*) bezeichnet.

1.5.15. Unter dem *Relationenprodukt* (auch *Komposition* oder *Faltung* genannt) zweier zweistelliger Relationen Φ und Ψ versteht man die zweistellige Relation

$$\Phi \circ \Psi = \{(a, b) \in N^2 \mid \exists\, c \in N\colon (a, c) \in \Phi \text{ und } (c, b) \in \Psi\}.$$

Man rechnet sofort nach (*Üb*!), daß $\Phi \circ \Psi = pr(pr((\Theta)\pi))$ gilt mit $\Theta = (\Phi \times \Psi) \cap (N \times \Delta \times N)$ und $\pi = \begin{pmatrix} 1\,2\,3\,4 \\ 1\,3\,4\,2 \end{pmatrix}$. Folglich ist das Relationenprodukt von invarianten Relationen Φ und Ψ wieder eine invariante Relation, d. h., 2-***Inv*** (G, N) ist gegenüber $\circ$ abgeschlossen.

D. Die Sätze von Krasner

Bei der Betrachtung von invarianten Relationen entstehen zwei Grundfragen:

1. Läßt sich jede Permutationsgruppe durch invariante Relationen beschreiben, d. h. als Automorphismengruppe gewisser Mengen von Relationen auffassen?

2. Wie kann man feststellen, ob eine gegebene Menge von Relationen genau alle Relationen enthält, die invariant für eine gegebene Permutationsgruppe sind?

Eine Antwort auf diese Probleme gab M. KRASNER (1912—1985) im Jahre 1938 durch den Beweis der beiden folgenden Sätze ([46]).

1.5.16. Satz. *Jede Permutationsgruppe ist Automorphismengruppe einer gewissen Menge von Relationen.*

1.5.17. Satz. *Eine Menge von Relationen in N besteht genau dann aus allen invarianten Relationen einer Permutationsgruppe* (G, N), *wenn sie N (als einstellige Relation) und die Diagonale Δ enthält und abgeschlossen ist gegenüber den in* 1.5.12 *genannten Operationen.*

Eine Menge von Relationen, die bezüglich der genannten Operationen abgeschlossen ist, heißt daher auch *Krasner-Algebra* (genauer *Krasner-Algebra zweiter Art*, vgl. [58, 1.1.8]). Mit den obigen Resultaten von KRASNER ist eine eineindeutige Beziehung zwischen den Permutationsgruppen und den aus invarianten Relationen bestehenden Krasner-Algebren hergestellt. Der Beweis von 1.5.16 wird sich automatisch aus dem Beweis von 1.5.20c) ergeben; den Beweis von 1.5.17 übergehen wir, da er den Rahmen dieses Buches sprengen würde (wir verweisen auf [10], [58, 1.3.5]). Die Operationen aus 1.5.12 sind übrigens nicht unabhängig voneinander. Man kann bei der Definition der Krasner-Algebren auch sparsamer vorgehen und eine kleinere Menge von Operationen auswählen, die dennoch alle anderen durch Hintereinanderausführung erzeugen (vgl. [58, § 1.1]). Zum Rechnen mit Relationen ist es jedoch vorteilhaft, möglichst viele Operationen zu kennen, die invariante Relationen wieder in invariante Relationen überführen.

Eigenartigerweise wurden die Resultate von KRASNER seinerzeit kaum zur Kenntnis genommen und gerieten in Vergessenheit. Erst als L. A. KALUŽNIN (= L. A. KALOUJNINE) und seine Schüler (vgl. [10], [40], [62]) sich in den 60er Jahren wieder den invarianten Relationen zuwandten, konnten nicht nur einfachere Beweise für die Sätze von KRASNER gefunden, sondern auch erste Anwendungen der Methode der invarianten Relationen auf gruppentheoretische und kombinatorische Probleme angegeben werden. Für die Entwicklung der Methode der invarianten Relationen waren auch die veröffentlichten Vorlesungen [76] von H. WIELANDT bedeutsam.

Es ist angebracht, an dieser Stelle einen kurzen Blick auf die Geschichte der Theorie der Permutationsgruppen zu werfen. Der Begriff der Gruppe war von dem französischen Mathematiker EVARISTE GALOIS im

Zusammenhang mit Untersuchungen zur Lösbarkeit algebraischer Gleichungen höheren Grades in Radikalen eingeführt worden. Im 19. Jh. verstand man unter einer Gruppe stets eine Permutationsgruppe, die gewisse Relationen in einer gegebenen Menge festläßt (wenn auch Mengenlehre und Relationen damals noch nicht entwickelt waren). Nachdem Felix Klein sein berühmtes Erlanger Programm verkündet hatte, begann man sich verstärkt für Gruppen zu interessieren, die auf den Punkten eines festen geometrischen Raumes operieren und gewisse Eigenschaften von Figuren dieses Raumes festlassen. Zu Beginn des 20. Jh. nahm die Theorie der endlichen Permutationsgruppen eine stürmische Entwicklung, und in dieser Zeit wurden auch die heute klassischen Ergebnisse von W. Burnside, G. A. Miller und W. Manning erzielt. In der Folgezeit wirkten sich aufgetretene ernsthafte Schwierigkeiten bei aufwendigen numerischen Rechnungen und das Fehlen neuer Ideen hemmend auf die Entwicklung dieser algebraischen Teildisziplin aus. Um die Mitte unseres Jahrhunderts entstand und verhärtete sich bei einigen Algebraikern die Meinung, daß die Permutationsgruppen eine Art Kinderschuhe sind, aus denen die Gruppentheorie erfolgreich hinausgewachsen ist. In den letzten 20 Jahren mußte dieser Standpunkt gründlich revidiert werden. Permutationsgruppen wurden wieder von vielen Autoren studiert, die Zahl der publizierten Arbeiten stieg in die Tausende. Ohne darauf einzugehen, wo die Gründe innerhalb der Gruppentheorie für diese stürmische Entwicklung gelegen haben mögen, wollen wir hier nur erwähnen, daß genau in dieser Zeit auch das Interesse an Kombinatorik und ihren vielfältigen Anwendungen zunahm, die sich rund um die Kybernetik und Informatik scharten (Graphen, Netze, Blockpläne, Automaten, Spiele, Codes, Versuchsplanungen, Permutationsnetzwerke u. a.). Überall hier entsteht nämlich die Notwendigkeit, Potenzen von Symmetrien, Identifikationen (Isomorphien), Abzählungen zu studieren und die Objekte eines gegebenen Wissensgebietes zu charakterisieren. Alle diese angewandten Fragen lassen sich meist nicht lösen, ohne Permutationsgruppen heranzuziehen, welche gerade die Automorphismen dieser Objekte ausmachen. Hinzu kommt noch, daß solche Probleme, die bislang wegen eines gigantischen Rechenaufwandes unangreifbar erschienen, in unserer Zeit durch den Einsatz von Computern leicht gelöst werden können. In diesem Zusammenhang wagen wir zu behaupten, daß gegenwärtig die Theorie der Permutationsgruppen zum Kern der angewandten Algebra gehört. Wir haben ihr in diesem Buch daher relativ viel Raum gewidmet. Die Sätze von Krasner und damit die invarianten Relationen bilden gewissermaßen den „philosophischen Hintergrund" dieses Teilgebietes der Algebra. Sie haben vor allem methodologische Bedeutung.

Jede Krasner-Algebra besteht aus unendlich vielen Relationen. Man kann jedoch zeigen, daß jede Krasner-Algebra schon von den antireflexiven Relationen erzeugt wird. Da für endliches N auch die Menge der antireflexiven Relationen endlich ist (vgl. 1.5.1), kann man sagen, daß in diesem Sinne auch jede Krasner-Algebra über N endlich ist. Permutationsgruppen werden üblicherweise sowieso als Automorphismengruppen eines sehr kleinen Teils ihrer Krasner-Algebra dargestellt, nämlich als Automorphismengruppe einer oder mehrerer Relationen. Im Mittelpunkt der Methode der invarianten Relationen steht daher gerade die Frage nach der Auswahl dieser Relationen.

E. Die k-Abschließung von Permutationsgruppen

Nach dem Satz von Krasner (1.5.16) kann jede Permutationsgruppe (G, N) als Automorphismengruppe gewisser Relationen in N aufgefaßt werden. Es ist praktisch immer wichtig zu wissen, wie kompliziert diese Relationen sind. In erster Näherung kann man dabei unter Kompliziertheit die Zahl k der Stelligkeit der Relation verstehen. In diesem Zusammenhang erscheint die folgende, auf H. Wielandt zurückgehende Klassifizierung der Permutationsgruppen natürlich.

1.5.18. Definition. Eine Permutationsgruppe (G, N) heißt *k-äquivalent* zu einer Permutationsgruppe (H, N), wenn k-**Inv** $(G, N) = k$-**Inv** (H, N) ist; wir schreiben dann $G \approx_{(k)} H$.

Damit ist eine Äquivalenzrelation in der Menge aller Permutationsgruppen über N gegeben. Wegen 1.5.9 sind offensichtlich zwei Permutationsgruppen genau dann k-äquivalent, wenn die Mengen der k-Bahnen beider Gruppen gleich sind.

1.5.19. Definition. Die Gruppe $(G^{(k)}, N) =$ ***Aut*** k-**Inv** (G, N) heißt die *k-Abschließung* der Gruppe (G, N). Die Gruppe (G, N) heißt *k-abgeschlossen*, wenn $G = G^{(k)}$ ist.

1.5.20. Satz. *Es seien (G, N), (H, N) Permutationsgruppen.*

a) *(G, N) ist k-äquivalent zu seiner k-Abschließung: $G \approx_{(k)} G^{(k)}$.*

b) *$H \approx_{(k)} G \Leftrightarrow H^{(k)} = G^{(k)}$. Insbesondere folgt aus $H \approx_{(k)} G$, daß $H \subseteq G^{(k)}$ ist, d. h., unter allen zu G k-äquivalenten Permutationsgruppen ist $G^{(k)}$ die größte (bezüglich Inklusion).*

c) $\boldsymbol{S}(N) \supseteqq G^{(1)} \supseteqq G^{(2)} \supseteqq \cdots \supseteqq G^{(n-1)} \supseteqq G^{(n)} = G$ *für* $n = |N|$.

d) *Ist* $(G, N) = \boldsymbol{Aut}\ M$ *für eine Menge* M *von l-stelligen Relationen mit* $l \leqq k$, *so ist* $G = G^{(k)}$.

e) $G^{(k)} = \boldsymbol{Aut}\ k\text{-}\boldsymbol{Orb}\ (G, N)$ (*statt* k-$\boldsymbol{Orb}\ (G, N)$ *kann man auch die Menge aller antireflexiven k-Bahnen verwenden*).

Beweis. a) Es gilt k-$\boldsymbol{Inv}\ \boldsymbol{Aut}\ k$-$\boldsymbol{Inv}\ (G, N) = k$-$\boldsymbol{Inv}\ (G, N)$ (das folgt aus den Eigenschaften der Operatoren $\boldsymbol{Aut}$ und $\boldsymbol{Inv}$ (Üb!, man zeige $G \subseteqq \boldsymbol{Aut}\ k$-$\boldsymbol{Inv}\ G$ sowie $Q \subseteqq \boldsymbol{Inv}\ \boldsymbol{Aut}\ Q$ für beliebige Relationenmengen Q und schließe daraus $\boldsymbol{Inv}\ G \supseteqq \boldsymbol{Inv}\ \boldsymbol{Aut}\ k$-$\boldsymbol{Inv}\ G \supseteqq k$-$\boldsymbol{Inv}\ G$). Damit ist a) bewiesen.

b) Wir haben

$$\begin{aligned}
&H \approx_{(k)} G \Leftrightarrow k\text{-}\boldsymbol{Inv}\ H = k\text{-}\boldsymbol{Inv}\ G\\
&\Rightarrow H^{(k)} = G^{(k)} \Rightarrow k\text{-}\boldsymbol{Inv}\ H = k\text{-}\boldsymbol{Inv}\ \boldsymbol{Aut}\ k\text{-}\boldsymbol{Inv}\ H\\
&= k\text{-}\boldsymbol{Inv}\ \boldsymbol{Aut}\ k\text{-}\boldsymbol{Inv}\ G = k\text{-}\boldsymbol{Inv}\ G\\
&\Rightarrow H \approx_{(k)} G.
\end{aligned}$$

Nun folgt $H \subseteqq G^{(k)}$ aus $H \subseteqq \boldsymbol{Aut}\ k$-$\boldsymbol{Inv}\ H = H^{(k)} = G^{(k)}$.

c) Es sei $\Phi \in k$-$\boldsymbol{Inv}\ (G, N)$. Dann ist $\nabla\Phi \in (k+1)$-$\boldsymbol{Inv}\ (G, N)$, und da $\Phi = pr(\nabla\Phi)$ gilt, haben wir $\boldsymbol{Aut}\ \Phi = \boldsymbol{Aut}\ \nabla\Phi$ (wegen 1.5.13). Also ergibt sich

$$G^{(k)} = \boldsymbol{Aut}\ k\text{-}\boldsymbol{Inv}\ G \supseteqq \boldsymbol{Aut}\ (k+1)\text{-}\boldsymbol{Inv}\ G = G^{(k+1)}.$$

Es bleibt noch $G^{(n)} = G$ zu zeigen (womit auch 1.5.16 bewiesen wird). Dazu betrachten wir für $N = \{1, 2, \ldots, n\}$ die n-stellige Relation

$$\Gamma = \{(1^g, 2^g, \ldots, n^g) \in N^n \mid g \in G\}$$

(sie heißt n-te *Graphik* von G). Wir haben $\Gamma = \alpha^G$ für den n-Punkt $\alpha = (1, 2, \ldots, n)$, also ist Γ eine n-Bahn von (G, N) (vgl. 1.5.7, 1.5.8) und damit invariant, d. h. $\Gamma \in n$-$\boldsymbol{Inv}\ (G, N)$. Ist nun $f \in \boldsymbol{Aut}\ \Gamma$, so folgt $\alpha^f = (1^f, 2^f, \ldots, n^f) \in \Gamma$, d. h., es gibt ein $g \in G$ mit $\alpha^f = \alpha^g$. Damit stimmen f und g auf allen Elementen überein, d. h. $f = g \in G$. Zusammengefaßt haben wir also $G \subseteqq G^{(n)} = \boldsymbol{Aut}\ n$-$\boldsymbol{Inv}\ G \subseteqq \boldsymbol{Aut}\ \Gamma \subseteqq G$.

d) Wir haben $\boldsymbol{M} \subseteqq l$-$\boldsymbol{Inv}\ G$, also $G \subseteqq G^{(l)} = \boldsymbol{Aut}\ l$-$\boldsymbol{Inv}\ G \subseteqq \boldsymbol{Aut}\ \boldsymbol{M} = G$. Daraus folgt $G = G^{(l)}$ und wegen c) auch $G = G^{(k)}$.

e) folgt unmittelbar aus 1.5.9 und 1.5.13. ∎

Nach Satz 1.5.20 ist jede Permutationsgruppe k-abgeschlossen für ein gewisses $k \leqq n$. Von besonderem Interesse ist die Frage nach dem kleinsten k, für das eine gegebene Gruppe k-abgeschlossen ist.

1.5.21. Beispiele. 1. Die symmetrische Gruppe $\boldsymbol{S}(N)$ ist 1-abgeschlossen, denn es ist $\boldsymbol{S}(N) = \boldsymbol{Aut}\,(N)\ \big(N \in 1\text{-}\boldsymbol{Inv}\,\boldsymbol{S}(N)\big)$.

2. Die alternierende Gruppe A_n ist $(n-1)$-abgeschlossen. Es gilt $A_n \approx_{(n-2)} S_n$, da A_n ebenso wie S_n $(n-2)$-fach transitiv ist (vgl. 1.4.5). Deshalb ist A_n auch nicht $(n-2)$-abgeschlossen (wegen 1.5.20b)).

3. Es seien $N = \{1, 2, 3, 4, 5\}$, $\boldsymbol{M} = \{4, 5\}$ und $(G, N) = \boldsymbol{Aut}\,(\boldsymbol{M})$. Dabei ist $\boldsymbol{M}$ als einstellige Relation aufzufassen. Weiter sei $H = G \cap \boldsymbol{A}(N)$ die Untergruppe der geraden Permutationen von G. Dann ist $H = \{e, (123), (132), (12)\,(45), (13)\,(45), (23)\,(45)\}$. Man kann nun leicht nachrechnen, daß

$$2\text{-}\boldsymbol{Orb}\,(G, N) = 2\text{-}\boldsymbol{Orb}\,(H, N) = \{\Phi_1, \Phi_2, \Phi_3, \Phi_4, \Phi_5, \Phi_6\}$$

ist, wobei die Φ_i diejenigen zweistelligen Relationen sind, die als Graphen in Abb. 3 wiedergegeben sind. Folglich ist $(H, N) \approx_{(2)} (G, N)$, und die Gruppe H ist (wegen $H \subsetneqq G$ und 1.5.20b)) nicht 2-abgeschlossen. Für die dreistellige Relation

$$\Phi = \{(1, 2, 4), (2, 3, 4), (3, 1, 4), (2, 1, 5), (3, 2, 5), (1, 3, 5)\}$$

kann man jedoch nachprüfen (*Üb!*), daß $\boldsymbol{Aut}\ \Phi = (H, N)$ gilt, also H eine 3-abgeschlossene Gruppe ist (wegen $H_{1,2} = \{e\}$ folgte dies auch aus 1.5.22).

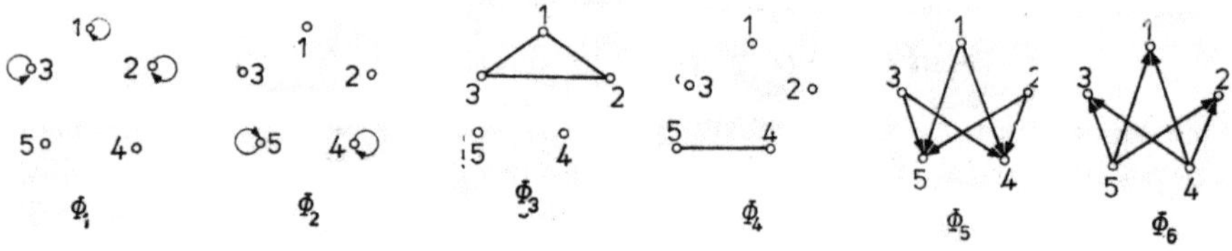

Abb. 3. Die 2-Bahnen von (G, N)

Inhaltsreichere Beispiele für k-abgeschlossene Gruppen werden wir später kennenlernen (vgl. etwa 3.1.2). Wie in 1.5.20e) schon gezeigt wurde, läßt sich jede k-abgeschlossene Permutationsgruppe als Automorphismengruppe von höchstens k-stelligen antireflexiven Relationen realisieren (bei nicht antireflexiven k-Bahnen kann man nämlich mit $\boldsymbol{pr}$ die übereinstimmenden Koordinaten wegstreichen, ohne daß sich die Automorphismengruppe ändert). Daher beschränkt man sich beim Studium von $\boldsymbol{Inv}\,(G, N)$ gewöhnlich auf die Betrachtung antireflexiver k-Bahnen und auf die Vereinigung solcher Bahnen (vgl. 1.5.9). Diese Beschränkung ist zudem deshalb leicht handhabbar, weil die Menge aller antireflexiven Relationen endlich ist. Für $k = 2$ kommt man so zur Theorie der V-Ringe (vgl. 3.3).

Der folgende Satz gibt eine nützliche hinreichende Bedingung dafür an, wann eine Permutationsgruppe k-abgeschlossen ist.

1.5.22. Satz. *Ist* $G_{a_1 \dots a_{k-1}} = \{e\}$ *für eine Permutationsgruppe* (G, N) *und gewisse* $a_1, \dots, a_{k-1} \in N$ $(k \geqq 2)$, *dann ist* $G = G^{(k)}$. ▮ ([76], vgl. auch [58, 8.1.15]).

1.5.23. Definition. Es seien $\Phi_1, \dots, \Phi_s$ Relationen auf der Menge N. Wenn sich die Relation Φ daraus durch Anwendung der in 1.5.12 beschriebenen Operationen gewinnen läßt, so sagen wir, Φ läßt sich (über N) aus $\Phi_1, \dots, \Phi_s$ *ableiten* und schreiben dafür

$$\{\Phi_1, \dots, \Phi_s\} \vdash \Phi.$$

Der Satz von Krasner (1.5.17) läßt sich nun auch so formulieren:

Für eine gegebene Megne $\{\Phi_1, \dots, \Phi_s\}$ *von Relationen gilt: Jede Relation* $\Phi \in \boldsymbol{Inv}\ \boldsymbol{Aut}\ \{\Phi_1, \dots, \Phi_s\}$ *ist aus* $\Phi_1, \dots, \Phi_s$ *ableitbar* (vgl. [58, § 2.1]).

Dieses Ergebnis zeigt, daß jede invariante Relation $\Phi \in \boldsymbol{Inv}\ G$ für jede Gruppe $G \supseteqq \boldsymbol{Aut}\ \{\Phi_1, \dots, \Phi_s\}$ bereits aus $\Phi_1, \dots, \Phi_s$ ableitbar ist. Auch der umgekehrte Sachverhalt gilt: *Ist* $\{\Phi_1, \dots, \Phi_s\} \vdash \Phi$, *dann ist* $\boldsymbol{Aut}\ \Phi \supseteqq \boldsymbol{Aut}\ \{\Phi_1, \dots, \Phi_s\}$ (da Φ wegen 1.5.13 wieder invariant für $\boldsymbol{Aut}\ \{\Phi_1, \dots, \Phi_s\}$ ist).

Diese Beobachtungen haben viele Anwendungen. Wenn wir z. B. alle k-abgeschlossenen Obergruppen (G, N) einer Gruppe (H, N) in $\boldsymbol{S}(N)$ finden wollen (d. h. $H \subseteqq G \subseteqq \boldsymbol{S}(N)$), so genügt es, in der Menge k-$\boldsymbol{Inv}\ (H, N)$ die Ableitbarkeitsrelation zu untersuchen: Es sind alle paarweise nicht auseinander ableitbaren Teilmengen von k-$\boldsymbol{Inv}\ (H, N)$ und ihre Automorphismengruppen anzugeben.

Der Begriff der Ableitbarkeit hat eine sehr natürliche Interpretation in der Sprache der Prädikatenlogik. Man kann zeigen (vgl. etwa [58, § 2.1], daß sich eine k-stellige Relation Φ genau dann aus $\Phi_1, \dots, \Phi_s$ ableiten läßt, wenn es einen Ausdruck (Formel) $\mathrm{A}(\Phi_1, \dots, \Phi_s; z_1, \dots, z_k)$ des Prädikatenkalküls erster Stufe mit den freien Variablen $z_1, \dots, z_k$ gibt, so daß $(z_1, \dots, z_k) \in \Phi$ genau dann gilt, wenn $\mathrm{A}(\Phi_1, \dots, \Phi_s; z_1, \dots, z_k)$ wahr ist. Wir können hier nicht genauer darauf eingehen, verweisen auf [58] und bringen nur ein Beispiel.

1.5.24. Beispiel. Aus einer zweistelligen Relation Ψ definieren wir die zweistellige Relation Φ durch

$$(a, b) \in \Phi \Leftrightarrow \exists\, c_1, c_2 \in N: c_1 \neq c_2 \wedge (a, c_1) \in \Psi \wedge (c_1, b) \in \Psi$$
$$\wedge\, (a, c_2) \in \Psi \wedge (c_2, b) \in \Psi.$$

Dann ist $\Psi \vdash \Phi$. Die Relation Φ kann man sich anschaulich als die Menge aller Paare $(a, b) \in N^2$ vorstellen, die in dem Ψ entsprechenden Graphen durch wenigstens zwei verschiedene gerichtete Wege (vgl. A.3.7) der Länge 2 (nämlich $a \to c_1 \to b$ und $a \to c_2 \to b$) verbunden sind.

Wir beschließen diesen Abschnitt mit einigen Bemerkungen zu symmetrischen Relationen.

1.5.25. Eine k-stellige Relation Φ heißt *symmetrisch*, wenn $(\Phi)\pi = \Phi$ für alle Permutationen $\pi \in \boldsymbol{S}(\{1, \ldots, k\})$ gilt (vgl. 1.5.12). In vielen Fällen sind solche Permutationsgruppen interessant, die Automorphismengruppen symmetrischer k-stelliger Relationen sind (für $k = 2$ sind es ungerichtete Graphen). In diesem Zusammenhang betrachtet man die Bahnen der Gruppe (G, N) bei Wirkung auf die Menge $\boldsymbol{P}_k(N)$ aller k-elementigen Teilmengen von N; diese induzierte Wirkung wollen wir zur Unterscheidung mit $(\bar{G}, \boldsymbol{P}_k(N))$ bezeichnen, d. h., für $M \in \boldsymbol{P}_k(N)$ und $g \in G$ wird $M^{\bar{g}} = \{m^g \mid m \in M\}$ definiert. Die Bahnen von $(\bar{G}, \boldsymbol{P}_k(N))$ heißen die *symmetrisierten k-Bahnen* der Gruppe (G, N).

1.5.26. Zwei k-Bahnen Φ, Ψ einer Permutationsgruppe (G, N) heißen *verwandt*, wenn eine aus der anderen durch Vertauschung von Koordinaten hervorgeht, d. h., wenn $\Psi = (\Phi)\,\pi$ für ein $\pi \in S_k$ gilt. Die Verwandtschaft ist eine Äquivalenzrelation, man vernachlässigt sozusagen die Reihenfolge der Koordinaten. Deshalb kann man die zugehörigen Klassen verwandter k-Bahnen mit den symmetrisierten k-Bahnen identifizieren. Ist eine k-Bahn von (G, N) symmetrisch, so ist sie mit keiner anderen k-Bahn verwandt (nur mit sich selbst).

1.6. Symmetriegruppen geometrischer Figuren

A. Grundlegende Definitionen

Wir betrachten Figuren Φ in der Ebene bzw. im Raum und deren Eigenschaften bei Bewegungen der Ebene bzw. des (dreidimensionalen) Raumes. Insbesondere wollen wir hier nur solche Figuren Φ betrachten, die man durch eine endliche Menge $V(\Phi)$ von Punkten und gewissen geraden Verbindungen zwischen diesen Punkten beschreiben kann, d. h., Φ kann als symmetrische zweistellige Relation $\Phi \subseteqq V(\Phi) \times V(\Phi)$ aufgefaßt werden und ist damit als Graph interpretierbar, dessen Eckpunkte in der Ebene bzw. im Raum vorgegeben sind. Dieser Graph der Figur Φ und die zweistellige Relation sollen ebenfalls mit Φ bezeichnet werden (einer Verbindung der Punkte a und b entspricht dabei eine ungerichtete Kante des Graphen Φ bzw. die zwei Elemente (a, b) und (b, a) der Relation Φ). Somit bezeichnet $|\Phi|$ die Anzahl der gerichteten Kanten des Graphen Φ und stimmt mit der doppelten Anzahl der ungerichteten Kanten überein.

1.6.1. Unter einer *Symmetrie* oder *Deckabbildung* einer ebenen geometrischen Figur verstehen wir eine Bewegung der Ebene, die diese Figur in sich selbst überführt. Analog wird der Symmetriebegriff für räumliche Figuren definiert (vgl. [50, § 13]). Die Menge aller Symmetrien einer Figur Φ bezeichnen wir mit $\boldsymbol{D}(\Phi)$. Offensichtlich ist $\boldsymbol{D}(\Phi)$ bezüglich der Hintereinanderausführung von Symmetrien eine Gruppe, also eine Untergruppe der Bewegungsgruppe der Ebene bzw. des Raumes. In der Gruppe $\boldsymbol{D}(\Phi)$ spielt die Untergruppe $\boldsymbol{D}^+(\Phi)$ aller gleichsinnigen Bewegungen eine Rolle (d. h. Translationen und Drehungen, aber keine Spiegelungen — dazu müßte die Ebene bzw. der Raum „umgeklappt" werden). Sie wird oft *Drehgruppe* der Figur Φ genannt, während ganz $\boldsymbol{D}(\Phi)$ die *Transformationsgruppe* (oder *Symmetriegruppe*) von Φ heißt.

Wir interessieren uns im folgenden für die endlichen Transformationsgruppen endlicher Figuren Φ.

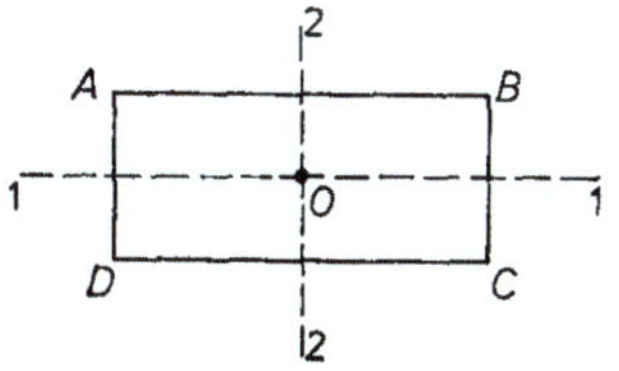

Abb. 4

1.6.2. Beispiel. Die Figur Φ sei das Rechteck $ABCD$ aus Abb. 4. Dann ist $\boldsymbol{D}(\Phi) = \{e, s_1, s_2, z_O\}$ und $\boldsymbol{D}^+(\Phi) = \{e, z_O\}$, wobei

e die identische Deckabbildung,

s_1 die Spiegelung an der Geraden 1,

s_2 die Spiegelung an der Geraden 2 und

z_O die Drehung von Φ um den Punkt O um 180°

bedeuten (vgl. 1.1.12). Es ist $V(\Phi) = \{A, B, C, D\}$ und $|\Phi| = 8$,

$$\Phi = \{(A, B), (B, A), (B, C), (C, B), (C, D), (D, C), (D, A), (A, D)\}.$$

1.6.3. Ist Φ ein konvexes Vieleck, so entspricht jeder Bewegung $g \in \boldsymbol{D}(\Phi)$ eindeutig eine Permutation $\gamma(g)$ auf der Menge $V(\Phi)$ der Eckpunkte von Φ. Bei dieser natürlichen Abbildung $g \mapsto \gamma(g)$ von Bewegungen auf Permutationen entspricht der Hintereinanderausführung von Bewegungen das Produkt der entsprechenden Permutationen. Daher ist die Menge $\gamma(\boldsymbol{D})$ eine Permutationsgruppe, die auf $V(\Phi)$ operiert, und γ ist ein Gruppenhomomorphismus. Es gilt sogar noch mehr:

1.6.4. Satz. *Der Homomorphismus γ aus* 1.6.3 *ist ein Isomorphismus.*

Beweis. Es sei Φ eine ebene Figur und $g \in \boldsymbol{Ker}\,\gamma$, d. h. $\gamma(g) = e$. Dann ist g eine Bewegung, die alle Eckpunkte des Vielecks Φ festläßt. Unter diesen gibt es wenigstens drei nicht kollineare. Da eine Bewegung der Ebene eindeutig durch die Bilder von drei nicht kollinearen Punkten festgelegt ist, folgt $g = e$, also $\boldsymbol{Ker}\,\gamma = \{e\}$, d. h., γ ist ein Isomorphismus (vgl. A.2.5). Im räumlichen Fall schließt man analog. ∎

Für die Transformationsgruppe $\boldsymbol{D}(\Phi)$ können wir daher die Bezeichnung $(\boldsymbol{D}(\Phi), V(\Phi))$ verwenden, d. h. sie als Permutationsgruppe auf der Menge $V(\Phi)$ auffassen (g und $\gamma(g)$ werden identifiziert). Nach 1.6.1 ist jedes $g \in \boldsymbol{D}(\Phi)$ (als Permutation auf $V(\Phi)$) ein Automorphismus des Graphen Φ der Figur Φ. Die Umkehrung gilt jedoch nicht im allgemeinen, da nicht jeder Automorphismus durch eine Bewegung der Ebene induziert werden muß!

Betrachten wir noch einmal das obige Beispiel 1.6.2. Als Permutationsgruppen sind dann

$$\boldsymbol{D}(\Phi) = \{e, (A\ B)\ (C\ D), (A\ D)\ (B\ C), (A\ C)\ (B\ D)\}$$

und

$$\boldsymbol{D}^+(\Phi) = \{e, (A\ C)\ (B\ D)\}.$$

Dies hatten wir uns schon im Beispiel 1.1.12 überlegt. Da der Stabilisator eines Punktes, z. B. $\boldsymbol{D}(\Phi)_A$, nur e enthält, können wir 1.5.22 anwenden: $\boldsymbol{D}(\Phi)$ ist 2-abgeschlossen, d. h. auch als Automorphismengruppe von zweistelligen Relationen beschreibbar; jedoch ist $\boldsymbol{D}(\Phi) \neq \boldsymbol{Aut}\,(\Phi)$, d. h., $\boldsymbol{D}(\Phi)$ ist echt in $\boldsymbol{Aut}\,\Phi$ enthalten (*Üb*!).

B. Diedergruppen

1.6.5. Definition. Die Transformationsgruppe eines regelmäßigen n-Ecks ($n \geqq 3$) heißt *Diedergruppe* und wird mit D_n bezeichnet.

1.6.6. Satz. *Die Ordnung der Diedergruppe D_n ist $2n$. Sie besteht aus n Drehungen um die Winkel* $0, \frac{2\pi}{n}, \frac{4\pi}{n}, \ldots, \frac{2(n-1)\pi}{n}$ *und n Spiegelungen an Geraden.* (Bei ungeradem n gehen alle diese Symmetrieachsen durch je einen Eckpunkt und durch den Mittelpunkt der gegenüberliegenden Seite. Bei geradem n geht die Hälfte der Symmetrieachsen durch die Mittelpunkte gegenüberliegender Seiten, die andere Hälfte durch gegenüberliegende Eckpunkte.)

Beweis. Daß mit den im Satz aufgezählten Bewegungen wirklich alle Bewegungen, die die Gruppe D_n bilden, erfaßt sind, sieht man wie folgt. Es sei $H = G_a$ der Stabilisator eines festen Eckpunktes a in der Diedergruppe $G = D_n$. Dann sind für ein $g \in H$ genau die folgenden zwei Fälle möglich: Entweder läßt g mit a auch die beiden benachbarten Eckpunkte (das seien b und c) fest. Dann ist $g = e$. Oder aber g vertauscht die Punkte b und c, d. h., g ist eine Spiegelung an einer durch a gehenden Symmetrieachse. Also ist $|H| = 2$, und wir erhalten $|D_n| = |G| = |a^G| \cdot |G_a| = n \cdot 2$ (gemäß 1.3.13 (Satz von LAGRANGE) und weil G transitiv ist, so daß $|a^G| = n$ ist). ∎

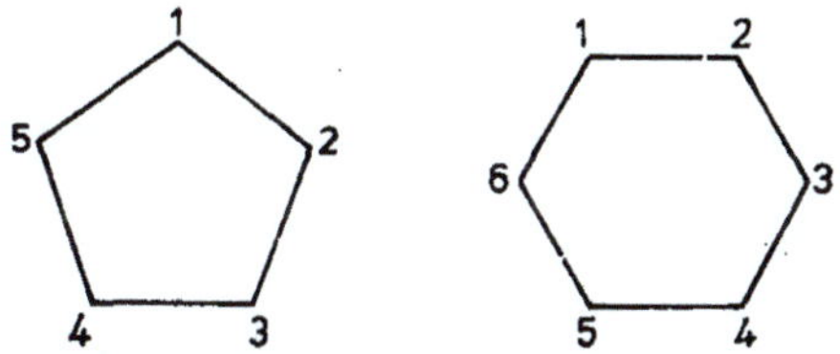

Abb. 5

1.6.7. Beispiel. In Abb. 5 sind ein regelmäßiges Fünfeck und ein regelmäßiges Sechseck gegeben. Die zugehörigen Diedergruppen bestehen aus folgenden Permutationen:

$$D_5 = \{e, (12345), (13524), (14253), (15432), (25)(34), (13)(45), (15)(24), (12)(35), (14)(23)\},$$

$$D_6 = \{e, (123456), (135)(246), (14)(25)(36), (153)(264), (165432), (26)(35), (13)(46), (15)(24), (12)(36)(45), (14)(23)(56), (16)(25), (34)\}.$$

Später benötigen wir den Zyklenzeiger der Diedergruppen. Wir wollen ihn daher in expliziter Form angeben. Dabei spielt die Eulersche φ-Funktion eine Rolle. Bekanntlich ist $\varphi(n)$ die Anzahl der zu einer natürlichen Zahl n teilerfremden natürlichen Zahlen, die kleiner als n sind. Ist

$n = p_1^{\alpha_1} \cdot p_2^{\alpha_2} \cdots p_k^{\alpha_k}$ die Primzahlzerlegung von n, so gilt

$$\varphi(n) = n\left(1 - \frac{1}{p_1}\right)\left(1 - \frac{1}{p_2}\right) \cdots \left(1 - \frac{1}{p_k}\right)$$

(vgl. etwa [77]). Mit $d \mid n$ wollen wir bezeichnen, daß d Teiler von n ist.

1.6.8. Satz. *Der Zyklenzeiger $\mathfrak{Z}(D_n)$ der Diedergruppen D_n ist gegeben durch*

$$\mathfrak{Z}(D_n) = \begin{cases} \dfrac{1}{2n}\Big(x_1^n + nx_1x_2^m + \sum\limits_{\substack{d \mid n \\ d \neq 1}} \varphi(d)\, x_d^{n/d}\Big) & \text{für} \quad n = 2m + 1, \\ \dfrac{1}{2n}\Big(x_1^n + mx_1^2x_2^{m-1} + (m+1)\, x_2^m + \sum\limits_{\substack{d \mid n \\ d \neq 1 \\ d \neq 2}} \varphi(d)\, x_d^{n/d}\Big) & \text{für} \quad n = 2m. \end{cases}$$

Beweis. Die Spiegelungen an Geraden liefern zum Zyklenzeiger offenbar den Beitrag $nx_1x_2^m$ für $n = 2m + 1$ bzw. $mx_1^2x_2^{m-1} + mx_2^m$ für $n = 2m$. Alle Drehungen (vgl. 1.6.6) sind Elemente der zyklischen Gruppe der Ordnung n und des Grades n. Ist g eine erzeugende Permutation dieser zyklischen Gruppe, so hat g^k $(k = 1, \ldots, n)$ die Ordnung $d = \dfrac{n}{\operatorname{ggT}(k, n)}$ und besteht aus $\dfrac{n}{d}$ Zyklen der Länge d. Insgesamt gibt es $\varphi(d)$ Zahlen k mit $\operatorname{ggT}(k, n) = \dfrac{n}{d}$, d. h. $\varphi(d)$ Elemente der Ordnung d. Insbesondere gibt es für $n = 2m$ genau eine Drehung aus m Zyklen der Länge $d = 2$. Hieraus folgt die Behauptung. ∎

1.6.9. Beispiel. Die Zyklenzeiger der Diedergruppen D_{18} und D_{45} sind:

$$\mathfrak{Z}(D_{18}) = \frac{1}{36}\,(x_1^{18} + 9x_1^2x_2^8 + 10x_2^9 + 2x_3^6 + 2x_6^3 + 6x_9^2 + 6x_{18}),$$

$$\mathfrak{Z}(D_{45}) = \frac{1}{90}\,(x_1^{45} + 45x_1x_2^{22} + 2x_3^{15} + 4x_5^9 + 6x_9^5 + 8x_{15}^3 + 24x_{45}).$$

C. Transformationsgruppen von Polyedern

Wir beweisen zunächst eine einfache, aber äußerst nützliche Eigenschaft der Transformationsgruppe eines beliebigen konvexen Polyeders.

1.6.10. Satz. *Die Ordnung der Transformationsgruppe $\mathbf{D}(\Phi)$ eines konvexen Polyeders Φ ist höchstens so groß wie die doppelte Anzahl seiner ebenen Winkel oder, was dasselbe ist, die vierfache Anzahl der ungerichteten Kanten bzw. die doppelte Anzahl der gerichteten Kanten des Graphen Φ, d. h. $|\mathbf{D}(\Phi)| \leqq 2 \cdot |\Phi|$.*

Beweis. Es sei Φ ein konvexes Polyeder mit n Ecken, die wir mit den Zahlen $1, 2, \ldots, n$ numerieren. Die Anzahl der ebenen Winkel in der Ecke i sei mit a_i bezeichnet. Wir wählen eine Ecke, z. B. Ecke 1, und drei von 1 ausgehende Kanten $(1, c_1)$, $(1, c_2)$, $(1, c_3)$ des Polyeders, die zwei aneinanderstoßende Seitenflächen mit der gemeinsamen Kante $(1, c_2)$ begrenzen. Wegen der Konvexität liegen die Punkte $1, c_1, c_2, c_3$ nicht in einer Ebene. Ist nun $g \in \boldsymbol{D}(\Phi)$, so ist g als Bewegung der Ebene bereits festgelegt, wenn die Bilder von g auf den nicht komplanaren Punkten $1, c_1, c_2, c_3$ bekannt sind. Ist $1^g = i$, so müssen die oben betrachteten Kanten wieder in solche übergehen, die zwei aneinanderstoßende Seitenflächen begrenzen, die vom Punkt i abgehen. Wählt man c_2^g unter den mit i verbundenen Punkten aus (das sind a_i Möglichkeiten), so gibt es für c_1^g und c_3^g nur noch zwei Möglichkeiten. Also gibt es für jedes g mit $1^g = i$ höchstens $2a_i$ Möglichkeiten, um die Bilder von c_1, c_2, c_3 und damit ganz g festzulegen. Also ist $|\boldsymbol{D}(\Phi)| \leqq \sum_{i=1}^{n} 2a_i$. Es bleibt zu bemerken, daß $\sum_{i=1}^{n} a_i$ gleich $|\Phi|$ und gleich der Anzahl der ebenen Winkel von Φ ist (*Üb!*). ∎

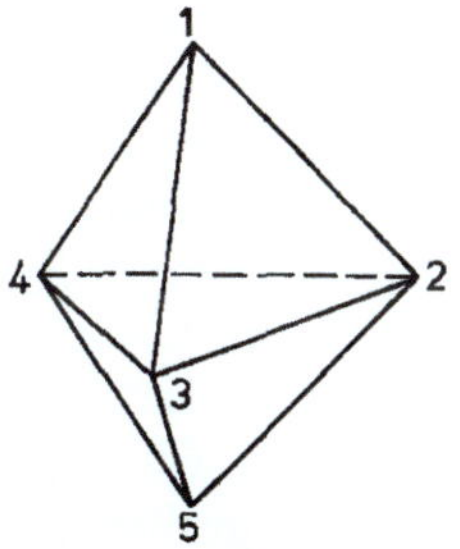

Abb. 6

1.6.11. Beispiel. Das Polyeder in Abb. 6 ist aus zwei regelmäßigen Tetraedern zusammengesetzt. Die Transformationsgruppe D dieses Polyeders hat die Ordnung 12 und besteht aus folgenden Permutationen (von denen die ersten sechs die Drehgruppe bilden):

$$e, (234), (243), (15)(23), (15)(34), (15)(24),$$
$$(23), (24), (34), (15), (15)(234), (15)(243).$$

In diesem Fall ist der Abstand von $|D| = 12$ zur oberen Schranke $2 \cdot (3 + 4 + 4 + 4 + 3) = 36 = 4 \cdot 9$ aus 1.6.10 ziemlich groß. Die interessantesten Fälle, in denen diese Schranke erreicht wird, betrachten wir nun ausführlich. (Es sei dem Leser empfohlen, sich für jede der obigen Permutationen die zugehörige Bewegung des Raumes geometrisch vorzustellen; so stellt z. B. (15) eine Spiegelung an der Ebene (2, 3, 4) dar.)

D. Die Symmetriegruppen der regelmäßigen Polyeder

Die Transformationsgruppen (Symmetriegruppen) der fünf regelmäßigen Polyeder werden in diesem Abschnitt einheitlich nach folgendem Standardschema abgehandelt: Zunächst werden die Ecken des Polyeders fest durchnumeriert. Da die Auflistung aller Permutationen der Symmetriegruppen zu umfangreich wäre, beschränken wir uns auf die Angabe der Klassen zueinander konjugierter Elemente (vgl. 1.4.12): Dazu wird für jede Konjugiertheitsklasse je ein Repräsentant g ausgewählt und die Mächtigkeit $\mathfrak{c}(g)$ jeder dieser Klassen angegeben (aus g erhält man alle Permutationen der zu g gehörenden Klasse, wenn in der Zyklendarstellung von g die Elemente durch solche ersetzt werden, die die gleiche geometrische Lage zueinander haben). Die Elemente der Drehgruppe werden dabei zuerst aufgeführt. In allen Fällen erhalten wir insgesamt $2|\Phi| = 2\varepsilon$ Permutationen der Gruppe $(\boldsymbol{D}(\Phi), V(\Phi))$, wobei ε die Anzahl der ebenen Winkel des Polyeders Φ ist. Nach 1.6.10 folgt hieraus, daß $|\boldsymbol{D}(\Phi)| = 2|\Phi|$ ist und wir alle Elemente von $\boldsymbol{D}(\Phi)$ gefunden haben. Schließlich werden wir die Zyklenzeiger der Transformationsgruppe bzw. der Drehgruppe des Polyeders Φ berechnen (da konjugierte Permutationen den gleichen Typ haben, sind die vorher gegebenen Informationen dazu ausreichend). Wir empfehlen auch hier dem Leser nachdrücklich, sich den geometrischen Sinn aller in den folgenden Beispielen aufgeführten Permutationen vor Augen zu führen (was ist welche Drehung um welche Achse, oder an welchen Symmetrieebenen wird gespiegelt). Freilich lassen sich viele Permutationen, die ungleichsinnigen Bewegungen entsprechen, mit kombinatorischen oder algebraischen Hilfsmitteln wesentlich leichter handhaben. Die regelmäßigen Polyeder (und ihre Graphen) bezeichnen wir nicht mit großen griechischen Buchstaben, sondern mit ihren Anfangsbuchstaben $\mathcal{T}$, $\mathcal{W}$, $\mathcal{O}$, $\mathcal{I}$, $\mathcal{D}$.

1.6.12. *Regelmäßiges Tetraeder* $\mathcal{T}$ (vgl. Abb. 7):

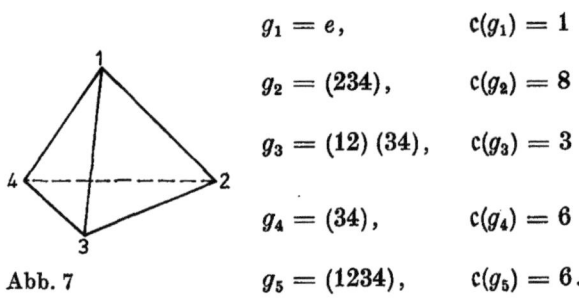

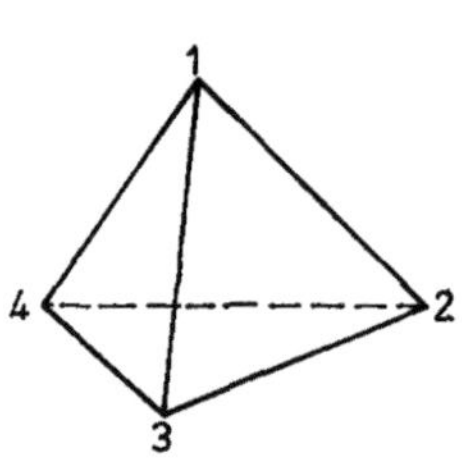

Abb. 7

$g_1 = e, \qquad \mathfrak{c}(g_1) = 1$

$g_2 = (234), \qquad \mathfrak{c}(g_2) = 8$

$g_3 = (12)(34), \qquad \mathfrak{c}(g_3) = 3$

$g_4 = (34), \qquad \mathfrak{c}(g_4) = 6$

$g_5 = (1234), \qquad \mathfrak{c}(g_5) = 6.$

$$\mathfrak{Z}(\boldsymbol{D}(\mathscr{T})) = \frac{1}{24}(x_1^4 + 6x_1^2x_2 + 8x_1x_3 + 3x_2^2 + 6x_4)$$

$$\mathfrak{Z}(\boldsymbol{D}^+(\mathscr{T})) = \frac{1}{12}(x_1^4 + 8x_1x_3 + 3x_2^2).$$

1.6.13. *Würfel* $\mathscr{W}$ (vgl. Abb. 8):

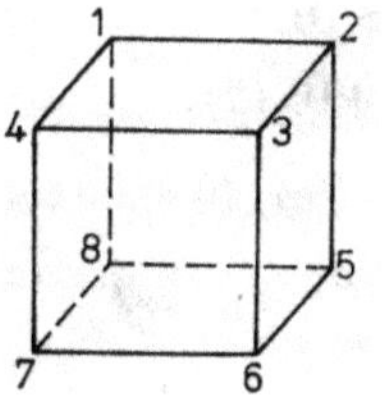

Abb. 8

$g_1 = e,$ $\mathfrak{c}(g_1) = 1$

$g_2 = (248)(375),$ $\mathfrak{c}(g_2) = 8$

$g_3 = (15)(28)(37)(46),$ $\mathfrak{c}(g_3) = 3$

$g_4 = (12)(45)(38)(67),$ $\mathfrak{c}(g_4) = 6$

$g_5 = (1258)(3674),$ $\mathfrak{c}(g_5) = 6$

$g_6 = (16)(27)(38)(45),$ $\mathfrak{c}(g_6) = 1$

$g_7 = (16)(258743),$ $\mathfrak{c}(g_7) = 8$

$g_8 = (14)(23)(56)(78),$ $\mathfrak{c}(g_8) = 3$

$g_9 = (17)(26),$ $\mathfrak{c}(g_9) = 6$

$g_{10} = (1753)(2486),$ $\mathfrak{c}(g_{10}) = 6.$

$$\mathfrak{Z}(\boldsymbol{D}(\mathscr{W})) = \frac{1}{48}(x_1^8 + 6x_1^4x_2^2 + 8x_1^2x_3^2 + 13x_2^4 + 8x_2x_6 + 12x_4^2);$$

$$\mathfrak{Z}(\boldsymbol{D}^+(\mathscr{W})) = \frac{1}{24}(x_1^8 + 8x_1^2x_3^2 + 9x_2^4 + 6x_4^2).$$

1.6.14. *Regelmäßiges Oktaeder* $\mathscr{O}$ (vgl. Abb. 9):

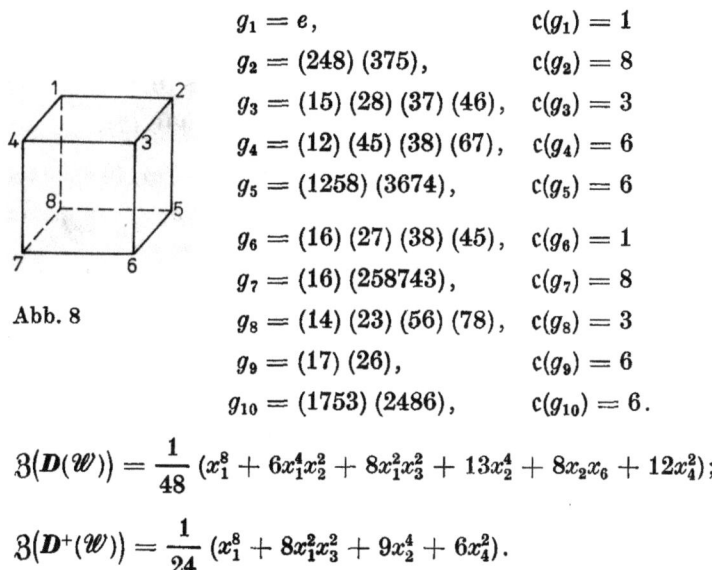

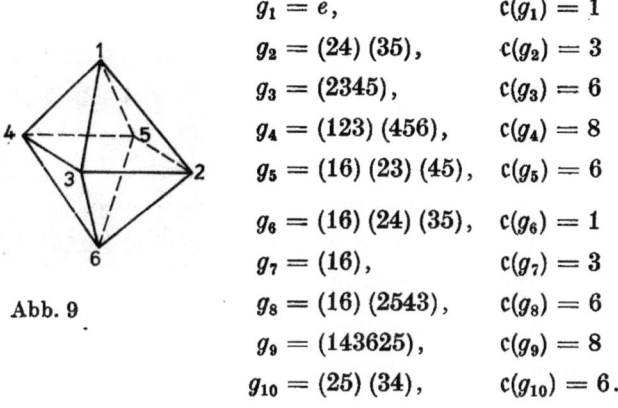

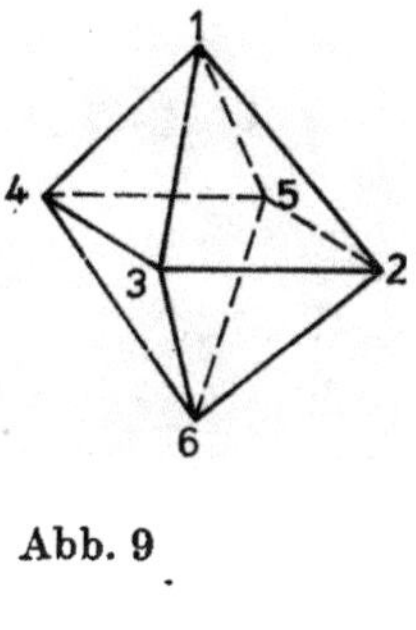

Abb. 9

$g_1 = e,$ $\mathfrak{c}(g_1) = 1$

$g_2 = (24)(35),$ $\mathfrak{c}(g_2) = 3$

$g_3 = (2345),$ $\mathfrak{c}(g_3) = 6$

$g_4 = (123)(456),$ $\mathfrak{c}(g_4) = 8$

$g_5 = (16)(23)(45),$ $\mathfrak{c}(g_5) = 6$

$g_6 = (16)(24)(35),$ $\mathfrak{c}(g_6) = 1$

$g_7 = (16),$ $\mathfrak{c}(g_7) = 3$

$g_8 = (16)(2543),$ $\mathfrak{c}(g_8) = 6$

$g_9 = (143625),$ $\mathfrak{c}(g_9) = 8$

$g_{10} = (25)(34),$ $\mathfrak{c}(g_{10}) = 6.$

$$\mathfrak{Z}(\boldsymbol{D}(\mathcal{O})) = \frac{1}{48}(x_1^6 + 3x_1^4x_2 + 9x_1^2x_2^2 + 6x_1^2x_4 + 7x_2^3 + 6x_2x_4 + 8x_3^2 + 8x_6);$$

$$\mathfrak{Z}(\boldsymbol{D}^+(\mathcal{O})) = \frac{1}{24}(x_1^6 + 3x_1^2x_2^2 + 6x_1^2x_4 + 6x_2^3 + 8x_3^2).$$

1.6.15. *Regelmäßiges Ikosaeder $\mathcal{J}$* (vgl. Abb. 10):

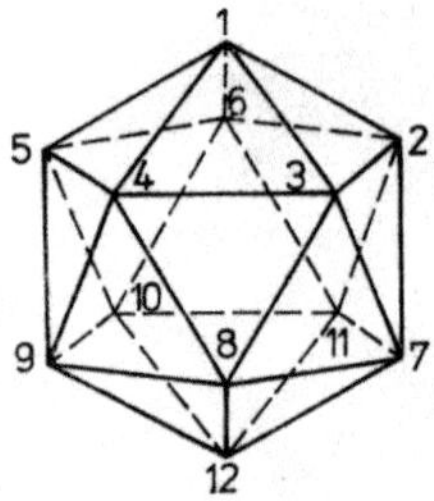

Abb. 10

$g_1 = e,$ $\quad \mathfrak{c}(g_1) = 1$

$g_2 = (2\,3\,4\,5\,6)\,(7\,8\,9\,10\,11),$ $\quad \mathfrak{c}(g_2) = 24$

$g_3 = (1\,2)\,(3\,6)\,(4\,11)\,(5\,7)\,(8\,10)\,(9\,12),$ $\quad \mathfrak{c}(g_3) = 15$

$g_4 = (1\,2\,3)\,(4\,6\,7)\,(5\,11\,8)\,(9\,10\,12),$ $\quad \mathfrak{c}(g_4) = 20$

$g_5 = (1\,12)\,(2\,9)\,(3\,10)\,(4\,11)\,(5\,7)\,(6\,8),$ $\quad \mathfrak{c}(g_5) = 1$

$g_6 = (1\,12)\,(2\,10\,4\,7\,6\,9\,3\,11\,5\,8),$ $\quad \mathfrak{c}(g_6) = 24$

$g_7 = (1\,9)\,(2\,12)\,(3\,8)\,(6\,10),$ $\quad \mathfrak{c}(g_7) = 15$

$g_8 = (1\,9\,3\,12\,2\,10)\,(4\,8\,7\,11\,6\,5),$ $\quad \mathfrak{c}(g_8) = 20.$

$$\mathfrak{Z}(\boldsymbol{D}(\mathcal{J})) = \frac{1}{120}(x_1^{12} + 15x_1^4x_2^4 + 24x_1^2x_5^2 + 15x_2^6 + 24x_2x_{10} + 20x_3^4 + 20x_6^2);$$

$$\mathfrak{Z}(\boldsymbol{D}^+(\mathcal{J})) = \frac{1}{60}(x_1^{12} + 24x_1^2x_5^2 + 15x_2^6 + 20x_3^4).$$

1.6.16. *Regelmäßiges Dodekaeder $\mathcal{D}$* (vgl. Abb. 11):

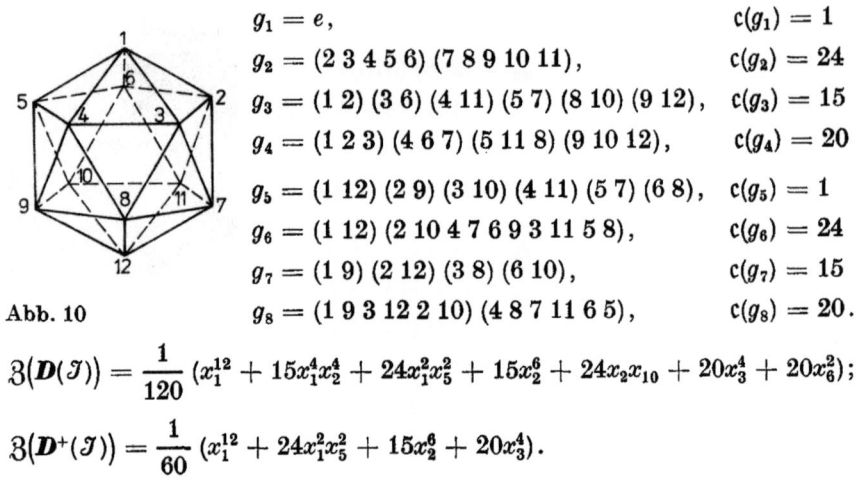

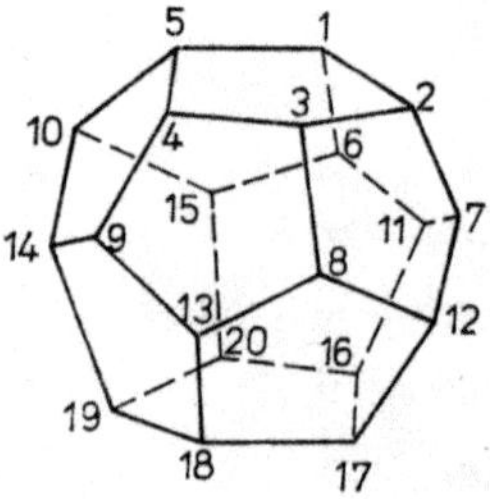

Abb. 11

$g_1 = e,$

$g_2 = (1\,2\,3\,4\,5)\,(6\,7\,8\,9\,10)\,(11\,12\,13\,14\,15)\,(16\,17\,18\,19\,20),$

$g_3 = (1\,2)\,(3\,6)\,(4\,11)\,(5\,7)\,(8\,15)\,(9\,16)\,(10\,12)\,(13\,20)\,(14\,17)\,(18\,19),$

$g_4 = (2\,5\,6)\,(3\,10\,11)\,(4\,15\,7)\,(8\,14\,16)\,(9\,20\,12)\,(13\,19\,17),$

$g_5 = (1\,18)\,(2\,19)\,(3\,20)\,(4\,16)\,(5\,17)\,(6\,13)\,(7\,14)\,(8\,15)\,(9\,11)\,(10\,12),$

$g_6 = (1\,19\,3\,16\,5\,18\,2\,20\,4\,17)\,(6\,14\,8\,11\,10\,13\,7\,15\,9\,12),$

$$g_7 = (1\ 19)\ (2\ 18)\ (3\ 13)\ (4\ 9)\ (5\ 14)\ (6\ 20)\ (7\ 17)\ (11\ 16),$$

$$g_8 = (1\ 18)\ (2\ 17\ 6\ 19\ 5\ 13)\ (3\ 12\ 11\ 20\ 10\ 9)\ (4\ 8\ 7\ 16\ 15\ 14),$$

$$\mathfrak{c}(g_1) = 1,\ \mathfrak{c}(g_2) = 24,\ \mathfrak{c}(g_3) = 15,\ \mathfrak{c}(g_4) = 20,$$

$$\mathfrak{c}(g_5) = 1,\ \mathfrak{c}(g_6) = 24,\ \mathfrak{c}(g_7) = 15,\ \mathfrak{c}(g_8) = 20.$$

$$\mathfrak{Z}(\boldsymbol{D}(\mathcal{D})) = \frac{1}{120}\,(x_1^{20} + 20x_1^2x_3^6 + 15x_1^4x_2^8 + 16x_2^{10} + 20x_2x_6^3 + 24x_5^4 + 24x_{10}^2);$$

$$\mathfrak{Z}(\boldsymbol{D}^+(\mathcal{D})) = \frac{1}{60}\,(x_1^{20} + 20x_1^2x_3^6 + 15x_2^{10} + 24x_5^4).$$

E. Invariante Relationen der Symmetriegruppen

Die Symmetriegruppen der regelmäßigen Polyeder werden oft zur Lösung kombinatorisch-geometrischer Aufgaben herangezogen. Es liegt daher nahe, die invarianten Relationen dieser Gruppen zu betrachten. Wir weisen nochmal darauf hin, daß die in den Abb. 7 bis 11 angegebenen Darstellungen der regelmäßigen Polyeder auch als Graphen Φ aufgefaßt werden können (als symmetrische zweistellige Relationen auf $V(\Phi)$), wie am Anfang von 1.6 (vor 1.6.1) erläutert wurde.

1.6.17. Wir geben zunächst alle antireflexiven 2-Bahnen der Transformationsgruppen der regelmäßigen Polyeder an. Diese erhält man nach der folgenden Methode: Für $i = 1, 2, \ldots$ betrachte man die zweistellige Relation $\Psi_i(\Phi)$ aller Paare $(a, b) \in V(\Phi) \times V(\Phi)$ des Polyeders Φ, so daß die Punkte a und b den Abstand i im Graphen Φ haben (*Abstand* heißt die Anzahl der Kanten eines kürzesten Weges zwischen a und b längs der Kanten von Φ, vgl. A.3.8). Nun kann man aus 1.6.12 bis 1.6.16 (mit mehr oder — bei genügender geometrischer Vorstellungskraft — weniger Mühe) ableiten, daß diese $\Psi_i(\Phi)$ 2-Bahnen von $\boldsymbol{D}(\Phi)$ sind. Da jedes Paar (a, b) in irgendeinem $\Psi_i(\Phi)$ vorkommen muß, haben wir damit alle antireflexiven 2-Bahnen erfaßt. Im einzelnen ergibt sich:

a) Die Gruppe $\boldsymbol{D}(\mathcal{T})$ hat nur eine antireflexive 2-Bahn, den Graphen $\mathcal{T} = \Psi_1(\mathcal{T})$ selbst.

b) Die Gruppe $\boldsymbol{D}(\mathcal{O})$ hat zwei antireflexive 2-Bahnen, den Graphen $\mathcal{O} = \Psi_1(\mathcal{O})$ und den ungerichteten Graphen $\Psi_2(\mathcal{O})$, dessen Kanten die Diagonalen des Oktaeders sind.

c) Die Gruppe $\boldsymbol{D}(\mathcal{W})$ hat schon drei antireflexive 2-Bahnen, da es in $\mathcal{W}$ auch Punkte mit dem Abstand 3 gibt. Es sind der Graph $\mathcal{W} = \Psi_1(\mathcal{W})$ selbst, der Graph $\Psi_2(\mathcal{W})$ der Flächendiagonalen und der Graph $\Psi_3(\mathcal{W})$ der Raumdiagonalen.

d) Ebenfalls drei antireflexive 2-Bahnen hat die Gruppe $\boldsymbol{D}(\mathcal{J})$: den Graphen $\mathcal{J} = \Psi_1(\mathcal{J})$, den Graphen $\Psi_2(\mathcal{J})$ der Diagonalen, die Ecken benachbarter Flächen verbinden ((1, 8) ist z. B. eine Kante dieses Graphen) und den Graphen $\Psi_3(\mathcal{J})$ der Symmetrieachsen, die entgegengesetzt liegenden Ecken (z. B. 1 und 12) verbinden.

e) Schließlich hat $\boldsymbol{D}(\mathcal{D})$ sogar fünf antireflexive 2-Bahnen $\Psi_1(\mathcal{D})$, $\Psi_2(\mathcal{D})$, $\Psi_3(\mathcal{D})$, $\Psi_4(\mathcal{D})$, $\Psi_5(\mathcal{D})$. Sie werden durch die Paare (3, 2), (3, 1), (3, 6), (3, 15) und (3, 20) repräsentiert (vgl. Abb. 11).

1.6.18. Satz. *Die Transformationsgruppen der regelmäßigen Polyeder $\Phi \in \{\mathcal{T}, \mathcal{O}, \mathcal{W}, \mathcal{J}, \mathcal{D}\}$ sind 2-abgeschlossen, und es gilt*

$$\boldsymbol{D}(\Phi) = \boldsymbol{Aut}\,\Phi.$$

Beweis. Aus $\boldsymbol{D}(\Phi) = \boldsymbol{Aut}\,\Phi$ (= Automorphismengruppe des Graphen Φ) folgt wegen 1.5.20d) die 2-Abgeschlossenheit von $\boldsymbol{D}(\Phi)$. Wir wissen schon, daß $|\boldsymbol{D}(\Phi)| = 2\varepsilon = 2|\Phi|$ ist (siehe 1.6.D, 1.6.12—16) und daß $\boldsymbol{D}(\Phi) \subseteq \boldsymbol{Aut}\,\Phi$ ist (vgl. Ausführungen nach dem Beweis von 1.6.4). Um $\boldsymbol{D}(\Phi) = \boldsymbol{Aut}\,\Phi$ zu beweisen, genügt es also, $|\boldsymbol{Aut}\,\Phi| = 2|\Phi|$ zu zeigen. Das geschieht für alle Polyeder analog:

Wir betrachten für eine Kante $(a, b) \in \Phi$ den Stabilisator $G_{a,b}$ der Gruppe $G = \boldsymbol{Aut}\,\Phi$. Dann gibt es genau eine nichtidentische Permutation $g \in G_{a,b}$, nämlich die Spiegelung an der Symmetrieebene, die durch die Kante (a, b) von Φ geht. Also ist $|G_{a,b}| = |\{e, g\}| = 2$. Andererseits kann man durch geeignete Drehung jede Kante in jede andere überführen, d. h., die von (a, b) erzeugte 2-Bahn $(a, b)^G$ von G enthält alle Kanten, d. h. $(a, b)^G = \Phi$. Nach dem Satz von Lagrange (in der Bemerkung zu 1.3.13) haben wir dann für die Permutationsgruppe $(G, V(\Phi)^2)$, die auf den Paaren aus $V(\Phi) \times V(\Phi)$ operiert (vgl. 1.5.1), offenbar die Beziehung $|G| = |(a, b)^G| \cdot |G_{(a,b)}| = |\Phi| \cdot |G_{a,b}| = |\Phi| \cdot 2$, was zu beweisen war. ∎

Die Transformationsgruppen der regelmäßigen Polyeder haben also sämtlich eine bemerkenswerte Eigenschaft: Sie können als Automorphismengruppen eines Graphen aufgefaßt werden. Der folgende Satz zeigt, daß dies für die Drehgruppen nicht immer richtig ist.

1.6.19. Satz. *Die Drehgruppen von Tetraeder, Oktaeder, Würfel und Ikosaeder sind 3-abgeschlossen, aber nicht 2-abgeschlossen.*

Beweis. Man prüft leicht nach, daß die Drehgruppen $\boldsymbol{D}^+(\Phi)$ der genannten Polyeder dieselben 2-Bahnen wie die jeweiligen vollen Transformationsgruppen $\boldsymbol{D}(\Phi)$ haben. Folglich ist $\boldsymbol{D}^+(\Phi) \approx_{(2)} \boldsymbol{D}(\Phi)$, und $\boldsymbol{D}^+(\Phi)$ ist nach 1.5.20b) nicht 2-abgeschlossen. Im Beweis von 1.6.18 sahen wir, daß der Stabilisator $\boldsymbol{D}(\Phi)_{a,b}$ nur aus e und einer Spiegelung besteht, also ist $\boldsymbol{D}^+(\Phi)_{a,b} = \{e\}$. Nach Satz 1.5.22 folgt die 3-Abgeschlossenheit von $\boldsymbol{D}^+(\Phi)$. ∎

1.6.20. Satz. *Die Drehgruppe $\boldsymbol{D}^+(\mathcal{D})$ des Dodekaeders ist 2-abgeschlossen.*

Beweis. Im Unterschied zur Gruppe $\boldsymbol{D}(\mathcal{D})$ hat $G = \boldsymbol{D}^+(\mathcal{D})$ sieben antireflexive 2-Bahnen $(a, b)^G$, deren Repräsentanten (a, b) die 2-Punkte $(3, 4)$, $(3, 5)$, $(3, 6)$, $(3, 11)$, $(3, 15)$ und $(3, 20)$ sind. Daher sind $\boldsymbol{D}^+(\mathcal{D})$ und $\boldsymbol{D}(\mathcal{D})$ nicht 2-äquivalent (vgl. 1.5.18). Aus $G \subset \boldsymbol{D}(\mathcal{D})$ folgt aber $G^{(2)} \subset \boldsymbol{D}(\mathcal{D})^{(2)} = \boldsymbol{D}(\mathcal{D})$, so daß $[\boldsymbol{D}(\mathcal{D}) : G^{(2)}] \geqq 2$ ist. Andererseits haben wir $[\boldsymbol{D}(\mathcal{D}) : G] = 2$, so daß nach dem Satz von Lagrange 1.3.2

$$2 \cdot |G| = |\boldsymbol{D}(\mathcal{D})| = [\boldsymbol{D}(\mathcal{D}) : G^{(2)}] \cdot |G^{(2)}| \geqq 2 \cdot |G^{(2)}| \geqq 2 \cdot |G|$$

folgt, also $|G| = |G^{(2)}|$, d. h., $G = G^{(2)}$ ist 2-abgeschlossen. ∎

1.7. Operationen über Permutationsgruppen

In diesem Abschnitt wollen wir einige der für Anwendungen gebräuchlichsten Operationen über Permutationsgruppen behandeln. Eine Reihe von Eigenschaften dieser Operationen erwähnen wir dabei allerdings ohne Beweis (die als *Üb*! gekennzeichneten Aussagen sind jedoch leicht nachzurechnen). Worum handelt es sich bei diesen Operationen? Einigen (hier zwei) Permutationsgruppen wird auf bestimmte Art und Weise eine neue Permutationsgruppe zugeordnet (z. B. das direkte Produkt). Da wir es mit Permutationsgruppen zu tun haben, müssen wir nicht nur eine Gruppe als Ergebnis der Operation angeben, sondern auch die Menge, auf der diese Gruppe operiert, und wir müssen genau zeigen, welche Permutation auf dieser Menge jedes Gruppenelement darstellt. Bei den Operationen direkte Summe und direktes Produkt, Kranzprodukt und Exponentiation, die wir untersuchen, werden wir wie folgt vorgehen: Für zwei Permutationsgruppen $(G, \boldsymbol{N})$ und $(H, \boldsymbol{M})$ wird zunächst eine bereits aus der Gruppentheorie bekannte Konstruktion auf die Gruppen G und H angewendet. Man erhält eine (abstrakte) Gruppe (aber noch keine Permutationsgruppe), z. B. das direkte Produkt $G \times H$. Dann wird aus $\boldsymbol{N}$ und $\boldsymbol{M}$ eine Menge (z. B. $\boldsymbol{N} \times \boldsymbol{M}$) konstruiert und angegeben, wie jedes Element der abstrakten Gruppe auf dieser Menge operieren soll. Dabei wird sich zeigen, daß diese Wirkung tatsächlich eine Permutationsgruppe ist. Der Grund für diese Vorgehensweise liegt darin, daß ein und dieselbe abstrakte Gruppe auf verschiedenen Mengen als Permutationsgruppe operieren kann. Wir trennen damit den rein gruppentheoretischen Hintergrund der vorgestellten Operationen von dem spezifisch permutationsgruppentheoretischen Teil ab (dadurch lassen sich auch rein gruppentheoretische Sätze leichter anwenden).

A. Das direkte Produkt von (abstrakten) Gruppen

1.7.1. Es seien G und H beliebige Gruppen (vgl. A.2.1). Dann kann man auf der Menge $G \times H = \{(g, h) \mid g \in G, h \in H\}$ eine zweistellige Operation $\circ$ wie folgt definieren:

$$(g, h) \circ (g', h') := (gg', hh')$$

(gg' bzw. hh' bedeuten das Produkt in G bzw. H). Ohne Mühe läßt sich zeigen, daß $G \times H$ mit der Operation $\circ$ eine Gruppe bildet (*Üb*!), die das *direkte Produkt* von G und H genannt wird. Die Mengen $G' = \{(g, e) \mid g \in G\}$ bzw. $H' = \{(e, h) \mid h \in H\}$ sind zwei zu G bzw. H isomorphe Untergruppen von $G \times H$, sie sind sogar Normalteiler (A.2.4) (*Üb*!).

Es gibt noch eine andere Möglichkeit, das direkte Produkt zu definieren, und zwar als Eigenschaft von Untergruppen.

1.7.2. Eine Gruppe G heißt das *direkte Produkt* ihrer Untergruppe G' und G'', wenn folgende Bedingungen erfüllt sind:

1. G' und G'' sind Normalteiler in G.
2. $G' \cap G'' = \{e\}$ (e bezeichnet das Einselement).
3. Jedes Element aus G läßt sich als Produkt $a'a''$ mit $a' \in G'$ und $a'' \in G''$ darstellen.

Beide Definitionen (1.7.1 und 1.7.2) des direkten Produkts unterscheiden sich (bis auf Isomorphie) nicht. Identifiziert man nämlich G' und H' aus 1.7.1 mit G bzw. H, so ist $G \times H$ tatsächlich das direkte Produkt (im Sinne von 1.7.2) der Untergruppen G und H. Umgekehrt ist das direkte Produkt (im Sinne von 1.7.1) $G' \times G''$ isomorph zu G (vgl. 1.7.2), wie aus der Eigenschaft a) des nächsten Satzes folgt. Daher werden wir im weiteren die Schreibweise $G = G' \times G''$ auch verwenden, wenn G das direkte Produkt von Untergruppen ist (im Sinne von 1.7.2).

1.7.3. Satz. a) *Jedes Element der Gruppe* $G = G' \times G''$ *läßt sich eindeutig als Produkt* $a'a''$ *mit* $a' \in G'$ *und* $a'' \in G''$ *darstellen.*

b) *Jedes Element* $a' \in G'$ *ist mit jedem Element* $a'' \in G''$ *vertauschbar, d. h., es gilt* $a'a'' = a''a'$. ∎ (*Üb*!)

Anhand der Definitionen lassen sich die folgenden Sätze nachprüfen.

1.7.4. Satz. $|G \times H| = |G| \cdot |H|$. ∎

1.7.5. Satz. a) *Es seien* A *und* B *Konjugiertheitsklassen von* G *bzw.* H. *Dann ist* $A \times B = \{(g, h) \mid g \in A, h \in B\}$ *eine Konjugiertheitsklasse von* $G \times H$. *Jede Konjugiertheitsklasse von* $G \times H$ *ist in dieser Weise darstellbar.*

b) *Es seien* p *bzw.* q *die Anzahl der Konjugiertheitsklassen von* G *bzw.* H. *Dann hat* $G \times H$ *genau* $p \cdot q$ *Konjugiertheitsklassen.* ∎ (*Üb*!)

Es ist eine wichtige Strukturaussage, wenn eine Gruppe das direkte Produkt von Untergruppen ist. Als Beispiel zeigen wir den folgenden Satz.

1.7.6. Satz. *Die Transformationsgruppen von Oktaeder, Würfel, Ikosaeder und Dodekaeder lassen sich jeweils als das direkte Produkt aus ihrer Drehgruppe und einer Gruppe der Ordnung 2 darstellen.*

Beweis. Für alle vier genannten Polyeder $\Phi \in \{\mathcal{O}, \mathcal{W}, \mathcal{J}, \mathcal{D}\}$ wird der Beweis in einheitlicher Weise geführt. Wir wählen die Untergruppen $G' = \boldsymbol{D}^+(\Phi)$ und $G'' = \{e, z_0\}$, wobei z_0 die Zentralsymmetrie bezüglich des Symmetriezentrums O des regelmäßigen Polyeders Φ sei (für einen Punkt i ist i^{z_0} der an O gespiegelte gegenüberliegende Punkt; deshalb ist der Beweis auch nicht auf das Tetraeder anwendbar, da dieses kein Symmetriezentrum hat). Offenbar ist $z_0 \notin \boldsymbol{D}^+(\Phi)$, d. h. $G' \cap G'' = \{e\}$. Andererseits sind alle Produkte $g'g''$ mit $g' \in G'$ und $g'' \in G''$ paarweise verschieden (das kann man nachrechnen), so daß $|G'G''| = |G'| \cdot |G''| = n \cdot 2 = |\boldsymbol{D}(\Phi)|$, also $G'G'' = \boldsymbol{D}(\Phi)$ gilt. Schließlich kann man zeigen, daß G' und G'' Normalteiler von G sind (G' ist Normalteiler, weil $[G : G'] = 2$ ist, und G'' ist Normalteiler, weil z_0 mit allen Ebenenspiegelungen vertauschbar ist und $\boldsymbol{D}(\Phi)$ von allen diesen erzeugt wird). Gemäß 1.7.2 haben wir $\boldsymbol{D}(\Phi) = G' \times G''$. ∎

1.7.7. Bemerkungen. Es gilt (*Üb*!)

$$\boldsymbol{D}(\mathcal{O}) \cong \boldsymbol{D}(\mathcal{W}) \cong S_4 \times S_2, \quad \boldsymbol{D}^+(\mathcal{O}) \cong \boldsymbol{D}^+(\mathcal{W}) \cong S_4,$$
$$\boldsymbol{D}(\mathcal{J}) \cong \boldsymbol{D}(\mathcal{D}) \cong A_5 \times S_2, \quad \boldsymbol{D}^+(\mathcal{J}) \cong \boldsymbol{D}^+(\mathcal{D}) \cong A_5,$$
$$\boldsymbol{D}(\mathcal{T}) \cong S_4.$$

Die Transformationsgruppen von Würfel und Oktaeder bzw. Ikosaeder und Dodekaeder sind zueinander isomorph, weil $\mathcal{O}$ und $\mathcal{W}$ bzw. $\mathcal{J}$ und $\mathcal{D}$

dual sind (vgl. [50; S. 114, 116]), d. h., sie gehen jeweils auseinander hervor, wenn man die Flächenmitten benachbarter Flächen miteinander verbindet. Das Tetraeder $\mathcal{T}$ ist zu sich selbst dual. Für $\mathcal{T}$ gilt nicht 1.7.6, denn die Gruppe $\boldsymbol{D}(\mathcal{T}) = S_4$ zerfällt nicht in das direkte Produkt zweier ihrer Untergruppen (*Üb*!).

B. Die direkte Summe und das direkte Produkt von Permutationsgruppen

Es seien (G, N) und (H, M) Permutationsgruppen. Dann kann die abstrakte Gruppe $G \times H$ (vgl. 1.7.1) als Permutationsgruppe auf verschiedenen Mengen operieren. Wir wählen $N \cup M$ (falls $N \cap M = \emptyset$ ist, anderenfalls betrachte man die disjunkte Vereinigung) sowie $N \times M$ und erhalten Permutationsgruppen, die hier zur Unterscheidung direkte Summe bzw. direktes Produkt genannt werden.

1.7.8. Es sei $N \cap M = \emptyset$. Jedes $f = (g, h) \in G \times H$ lassen wir nach folgender Vorschrift auf der Menge $N \cup M$ operieren:

$$z^f = \begin{cases} z^g & \text{für} \quad z \in N, \\ z^h & \text{für} \quad z \in M. \end{cases}$$

Dadurch wird f eine Permutation auf $N \cup M$, und $(G \times H, N \cup M)$ ist eine Permutationsgruppe (*Üb*!), die auch mit $(G, N) \otimes (H, M)$ bezeichnet wird und *direkte Summe* von (G, N) mit (H, M) heißt.

1.7.9. Operiert $f = (g, h) \in G \times H$ auf der Menge $N \times M$ nach folgender Vorschrift

$$(a, b)^f = (a^g, b^h) \quad \text{für} \quad (a, b) \in N \times M,$$

dann ist dadurch eine Permutationsgruppe $(G \times H, N \times M)$ gegeben (*Üb*!), die das *direkte* oder *kartesische Produkt* von (G, N) mit (H, M) genannt und mit $(G, N) \times (H, M)$ bezeichnet wird.

1.7.10. Satz. a) *Die direkte Summe $(G \times H, N \cup M)$ zweier Permutationsgruppen (G, N) und (H, M) ist eine Permutationsgruppe der Ordnung $|G| \cdot |H|$ und des Grades $|N| + |M|$.*

b) *Das direkte Produkt $(G \times H, N \times M)$ ist eine Permutationsgruppe der Ordnung $|G| \cdot |H|$ und des Grades $|N| \cdot |M|$.*

c) *Sind (G, N) und (H, M) beide transitiv, so ist $(G \times H, N \cup M)$ intransitiv, während $(G \times H, N \times M)$ wieder transitiv ist.* ∎ (*Üb*!)

1.7.11. Beispiele. Es sei $(G, N) = (\boldsymbol{S}(\{1, 2\}), \{1, 2\})$ und $(H, M) = (\boldsymbol{S}(\{3, 4, 5\}), \{3, 4, 5\})$.

a) $(G \times H, N \cup M)$ besteht aus den Permutationen (1) (2) (3) (4) (5), (1) (2) (3) (45), (1) (2) (34) (5), (1) (2) (35) (4), (1) (2) (345), (1) (2) (354), (12) (3) (4) (5), (12) (3) (45), (12) (34) (5), (12) (35) (4), (12) (345), (12) (354).

b) Bezeichnen wir zur Abkürzung die Elemente (1, 3), (1, 4), (1, 5), (2, 3), (2, 4), (2, 5) der Menge $\{1, 2\} \times \{3, 4, 5\}$ der Reihe nach mit a, b, c, d, e, f, so besteht $(G \times H, N \times M)$ aus den Permutationen $(a)\,(b)\,(c)\,(d)\,(e)\,(f)$, $(a)\,(bc)\,(d)\,(ef)$, $(ab)\,(c)\,(de)\,(f)$, $(ac)\,(b)\,(df)\,(e)$, $(abc)\,(def)$, $(acb)\,(dfe)$, $(ad)\,(be)\,(cf)$, $(ad)\,(bf)\,(ce)$, $(ae)\,(bd)\,(cf)$, $(af)\,(be)\,(cd)$, $(aecdbf)$, $(afbdce)$. Man mache sich klar, daß z. B. der Permutation $(afbdce)$ das Paar $(g, h) \in G \times H$ mit $g = (12)$ und $h = (354)$ entspricht.

1.7.12. Beispiel. Mit $\mathbf{Z}_n$ bezeichnen wir die Menge der Restklassen modulo n und mit $(C_n, \mathbf{Z}_n)$ die *reguläre zyklische Gruppe der Ordnung n vom Grad n*, d. h., die Gruppe C_n besteht aus allen Potenzen der Permutation $g = (012\ldots n-1)$. Wir wollen zeigen, daß

$$(C_{10}, \mathbf{Z}_{10}) = (C_5, \mathbf{Z}_5) \times (C_2, \mathbf{Z}_2) = (C_5 \times C_2, \mathbf{Z}_5 \times \mathbf{Z}_2)$$

ist. Genauer gesagt handelt es sich dabei nicht um eine Gleichheit, sondern um eine Isomorphie (Ähnlichkeit). Man kann nämlich $\mathbf{Z}_{10}$ mit $\mathbf{Z}_5 \times \mathbf{Z}_2$ identifizieren, indem jedem $a \in \mathbf{Z}_{10}$ das Paar $(a', a'') \in \mathbf{Z}_5 \times \mathbf{Z}_2$ mit $a' \equiv a \bmod 5$, $a'' \equiv a \bmod 2$ zugeordnet wird (Chinesischer Restsatz). Wählt man $g' = (01234) \in (C_5, \mathbf{Z}_5)$ und $g'' = (01) \in (C_2, \mathbf{Z}_2)$, so operiert die Permutation $(g', g'') \in C_5 \times C_2$ auf der Menge $\mathbf{Z}_5 \times \mathbf{Z}_2$ genauso wie die Permutation $g = (012\ldots9) \in C_{10}$ auf der Menge $\mathbf{Z}_{10}$ (*Üb*!). Damit ist die Behauptung bewiesen. (Bemerkung. Allgemeiner gilt: Sind G bzw. H zyklische Gruppen mit den erzeugenden Elementen g bzw. h, deren Ordnungen teilerfremd sind, dann ist $G \times H$ eine zyklische Gruppe mit dem erzeugenden Element (g, h)).

C. Das Kranzprodukt

1.7.13. Es seien (G, N) eine Permutationsgruppe und H eine (zunächst abstrakte) Gruppe. Wir betrachten die Menge $G \times H^N$ aller Paare (g, α), wobei $g \in G$ und $\alpha \in H^N$ eine Funktion $\alpha: N \to H$ ist, die jedem $i \in N$ ein Element $\alpha(i) \in H$ zuordnet. Dann läßt sich auf $G \times H^N$ eine binäre Operation $\circ$ wie folgt erklären:

$$(g', \alpha') \circ (g'', \alpha'') := (g, \alpha)$$

mit

$$g = g'g'' \text{ (Multiplikation in } G\text{)},$$

$$\alpha\colon N \to H\colon i \mapsto \alpha'(i)\, \alpha''(i^{g'}) \text{ (Multiplikation in } H\text{)}.$$

Es zeigt sich, daß $G \times H^N$ mit $\circ$ eine (abstrakte) Gruppe[1]) ist (das Einselement ist (e, α_e) mit $\alpha_e(i) = e$, und zu (g, α) ist (g^{-1}, α') mit $\alpha'(i) = \left(\alpha(i^{g^{-1}})\right)^{-1}$ das Inverse), *Üb*!. Ist $N = \{0, 1, \ldots, n-1\}$, so schreiben wir für $(g, \alpha) \in G \times H^N$ auch $\left(g, (h_0, \ldots, h_{n-1})\right)$, wobei $h_i = \alpha(i) \in H$ $(i \in N)$ ist, und nennen dies die *Tabellenform* von (g, α). In Tabellenform sieht die obige Multiplikationsregel wie folgt aus:

$$\left(g', (h'_0, \ldots, h'_{n-1})\right) \circ \left(g'', (h''_0, \ldots, h''_{n-1})\right) = \left(g'g'', (h'_0 h''_{0^{g'}}, \ldots, h'_{n-1} h''_{(n-1)^{g'}})\right).$$

Bemerkung. Für die obigen Definitionen ist es wichtig, daß die Elemente $g \in G$ auch Permutationen auf N sind. Die Gruppe $G \times H^N$ mit der Multiplikation $\circ$ ist ein Spezialfall eines sogenannten *halbdirekten Produkts* $G \rtimes G'$ zweier Gruppen G und G' (hier ist $G' = H^N$) bezüglich eines Homomorphismus $\varphi\colon G \to \textit{Aut}\, G'$ (hier wird jedem $g \in G$ der Automorphismus φ_g von $G' = H^N$ zugeordnet, wobei $\varphi_g(\alpha)\colon i \mapsto \alpha(i^{g^{-1}})$ ist). Als Multiplikation im halbdirekten Produkt von G, G' hat man $(g_1, g'_1) \circ (g_2, g'_2) = \left(g_1 g_2, g'_1 g_2'^{\varphi(g_1^{-1})}\right)$.

1.7.14. Definition. Es seien (G, N) und (H, M) Permutationsgruppen. Jedem Element (g, α) der in 1.7.13 definierten Gruppe $G \times H^N$ ordnen wir eine Permutation $\lambda(g, \alpha)$ auf der Menge $N \times M$ wie folgt zu:

$$(i, j)^{\lambda(g,\alpha)} = (i^g, j^{\alpha(i)}) \quad \text{für} \quad (i, j) \in N \times M.$$

(Wir überlassen dem Leser den Nachweis, daß $\lambda(g, \alpha)$ wirklich eine Permutation ist.) In Tabellenform sieht dies für $(g, \alpha) = \left(g, (h_0, \ldots, h_{n-1})\right)$ so aus:

$$(i, j)^{\lambda(g,\alpha)} = (i^g, j^{h_i}).$$

Die Menge $\{\lambda(g, \alpha) \mid (g, \alpha) \in G \times H^N\}$ bildet eine Permutationsgruppe auf $N \times M$ (*Üb*!), die das *Kranzprodukt* von (G, N) mit (H, M) heißt und mit $(G, N) \wr (H, M)$ (kurz auch $G \wr H$) bezeichnet wird. Die Permutation $\lambda(g, \alpha)$ werden wir auch einfach mit (g, α) bezeichnen, denn die Zuordnung $(g, \alpha) \mapsto \lambda(g, \alpha)$ ist ein Gruppenisomorphismus (*Üb*!, die Homomorphie folgt aus $(i, j)^{\lambda(g,\alpha)\lambda(g',\alpha')} = (i^g, j^{\alpha(i)})^{\lambda(g',\alpha')} = (i^{gg'}, j^{\alpha(i)\alpha'(i^g)}) = (i, j)^{\lambda((g,\alpha)\circ(g',\alpha'))}$ und zeigt, wie die Gruppe $G \times H^N$ (aus 1.7.13) als Wirkung auf der Menge $N \times M$ betrachtet werden kann. Dabei heißt G die *aktive*, H die *passive*

[1]) Diese Gruppe ist aber nicht das direkte Produkt (vgl. 1.7.1) von G mit der direkten Potenz H^N, das durch $\alpha(i) = \alpha'(i)\, \alpha''(i)$ definiert wäre.

Gruppe. (Eine andere Bezeichnung für das Kranzprodukt ist $G \text{ wr } H$ nach dem englischen „*wreath product*".)

Aus der Definition folgt unmittelbar:

1.7.15. Satz. *Das Kranzprodukt* $(G, N) \wr (H, M) = (G \times H^N, N \times M)$ *hat die Ordnung* $|G| \cdot |H|^{|N|}$ *und den Grad* $|N| \cdot |M|$. *Das Kranzprodukt transitiver Permutationsgruppen ist wieder transitiv* (*Üb*!). ∎

1.7.16. Beispiel. Das Kranzprodukt $G \wr H$ mit $(G, N) = (C_2, \{0, 1\})$ und $(H, M) = (C_3, \{0, 1, 2\})$ (vgl. 1.7.12) besteht aus $2 \cdot 3^2 = 18$ Permutationen auf der Menge $\{0, 1\} \times \{0, 1, 2\}$. Es sei $C_2 = \{e, g\}$ mit $g = (01)$ und $C_3 = \{e, h, h^2\}$ mit $h = (012)$. Die Elemente von $\{0, 1\} \times \{0, 1, 2\}$ bezeichnen wir folgendermaßen:

$$a = (0, 0), \quad b = (0, 1), \quad c = (0, 2),$$
$$a' = (1, 0), \quad b' = (1, 1), \quad c' = (1, 2).$$

In der Tabellenform hat jedes Element (f, α) von $G \wr H$ die Gestalt $(f, (h_0, h_1))$, wobei $h_i = \alpha(i)$ $(i \in N = \{0, 1\})$. Wir geben hier zu jeder Tabellenform die Zyklenzerlegung an:

$$\begin{aligned}
&(e, (e, e)) = (a)(b)(c)(a')(b')(c'), && (g, (e, e)) = (aa')(bb')(cc'),\\
&(e, (h, e)) = (abc)(a')(b')(c'), && (g, (h, e)) = (a'ab'bc'c),\\
&(e, (h^2, e)) = (acb)(a')(b')(c'), && (g, (h^2, e)) = (a'ac'cb'b),\\
&(e, (e, h)) = (a)(b)(c)(a'b'c'), && (g, (e, h)) = (aa'bb'cc'),\\
&(e, (h, h)) = (abc)(a'b'c'), && (g, (h, h)) = (ab'ca'bc'),\\
&(e, (h^2, h)) = (acb)(a'b'c'), && (g, (h^2, h)) = (ac')(ba')(cb'),\\
&(e, (e, h^2)) = (a)(b)(c)(a'c'b'), && (g, (e, h^2)) = (aa'cc'bb'),\\
&(e, (h, h^2)) = (abc)(a'c'b'), && (g, (h, h^2)) = (ab')(bc')(ca'),\\
&(e, (h^2, h^2)) = (acb)(a'c'b'), && (g, (h^2, h^2)) = (ac'ba'cb').
\end{aligned}$$

Das Ausrechnen vereinfacht sich durch die Beobachtung, daß

$$(f, (h_0, h_1)) = (e, (h_0, e)) \circ (e, (e, h_1)) \circ (f, (e, e))$$

gilt $(f \in G, h_0, h_1 \in H)$. Diese Zerlegung ist auch ein Schlüssel zu einem anschaulicheren Verständnis des Kranzproduktes. Man stelle sich $|N|$ Kopien (hier $|N| = 2$) der Elemente von $M = \{0, 1, 2\}$ vor, z. B. $K_0 = \{a, b, c\}$ und $K_1 = \{a', b', c'\}$. Die Elemente jeder einzelnen Kopie werden gemäß gewisser $h_0 \in H$ und $h_1 \in H$ permutiert (dem entspricht $(e, (h_0, e))$

und $(e, (e, h_1))$. Zum Schluß werden die Kopien als Ganzes gemäß der Permutation $f \in G$ (auf den Indizes; dem entspricht $(f, (e, e))$) permutiert. Auf diese Weise entsteht jede der $|H|^{|N|} \cdot |G|$ Permutationen von $G \wr H$ (der Leser überzeuge sich davon anhand der obigen Liste aller Permutationen aus $G \wr H$). Im vorliegenden Beispiel ist H als Automorphismengruppe des Graphen Φ_0 (vgl. Abb. 12) darstellbar. Nimmt man zwei Kopien Φ_0, Φ_1 dieses Graphen und betrachtet den Graphen $\Phi_0 \cup \Phi_1 = \Phi$, so bildet jeder Automorphismus von Φ entweder jede Komponente auf sich oder eine Komponente auf die andere ab. Man kann sich das auch so vorstellen, daß

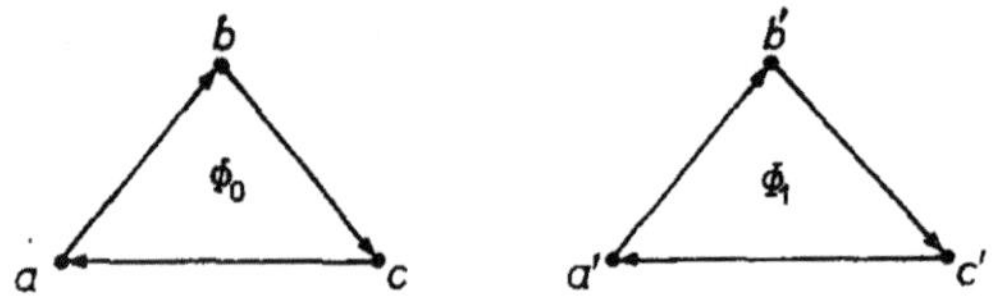

Abb. 12. Der Graph $\Phi = \Phi_0 \cup \Phi_1$ mit $\boldsymbol{Aut}\, \Phi = C_2 \wr C_3$

jede Komponente erst mit einem Automorphismus $h_0 \in \boldsymbol{Aut}\, \Phi_0$ bzw. $h_1 \in \boldsymbol{Aut}\, \Phi_1$ permutiert wird und dann, falls nötig, die Komponenten noch (mit der Permutation $(aa')\,(bb')\,(cc')$) auf sich abgebildet werden. Dies zeigt $\boldsymbol{Aut}\, \Phi = C_2 \wr \boldsymbol{Aut}\, \Phi_0 = C_2 \wr C_3 = G \wr H$.

D. Exponentiation von Permutationsgruppen

Wir werden die Gruppe $G \times H^N$ nun auf einer anderen Menge, nämlich M^N, wirken lassen. M^N ist die Menge aller Abbildungen $f: N \to M$; falls $N = \{0, 1, 2, \ldots, n-1\}$ ist, schreiben wir auch $f = (b_0, b_1, \ldots, b_{n-1})$, wenn $f(i) = b_i$ für $i \in N$ ist.

1.7.17. Definition. Es seien (G, N) und (H, M) Permutationsgruppen. Jedem Element (g, α) der in 1.7.13 definierten Gruppe $G \times H^N$ ordnen wir eine Permutation $\mu(g, \alpha)$ auf der Menge M^N zu: Für $f \in M^N$ sei

$$f^{\mu(g,\alpha)}: N \to M: a \mapsto \left(f(a^{g^{-1}})\right)^{\alpha(a^{g^{-1}})}.$$

(Man zeige, daß $\mu(g, \alpha)$ eine Permutation auf M^N ist, *Üb*!). Um die kompliziert aussehende Bildung des Wertes $f^{\mu(g,\alpha)}(a)$ der Funktion $f^{\mu(g,\alpha)} \in M^N$ zu überschauen, bemerken wir, daß $a^{g^{-1}} \in N$, $f(a^{g^{-1}}) \in M$ und $\alpha(a^{g^{-1}}) \in H$ ist. Setzt man a^g statt a ein, so erhält man die etwas übersichtlichere Definition

$$f^{\mu(g,\alpha)}(a^g) := \left(f(a)\right)^{\alpha(a)}.$$

In Tabellenform mit $(g, \alpha) = \big(g, (h_0, h_1, \ldots, h_{n-1})\big)$ und $f = (b_0, b_1, \ldots, b_{n-1})$ sieht diese Beziehung wie folgt aus (der Übersichtlichkeit wegen bezeichne $0', 1', \ldots, (n-1)'$ die Werte $0^{g^{-1}}, 1^{g^{-1}}, \ldots, (n-1)^{g^{-1}}$):

$$f^{\mu(g,\alpha)} = \big((b_{0'})^{h_{0'}}, (b_{1'})^{h_{1'}}, \ldots, (b_{(n-1)'})^{h_{(n-1)'}}\big).$$

Anschaulich bedeutet das: Wir nehmen die i-te Koordinate b_i von f und lassen auf sie die i-te Permutation h_i aus der Tabellenform von (g, α) wirken. Das Ergebnis kommt dann auf den Platz mit der Nummer i^g ($i \in N = \{0, 1, \ldots, n-1\}$).

Die Menge $\{\mu(g, \alpha) \mid (g, \alpha) \in G \times H^N\}$ bildet eine Permutationsgruppe auf M^N, die *Exponentiation* von (H, M) mit (G, N) heißt und mit $(H, M) \uparrow (G, N)$ (kurz $H \uparrow G$) bezeichnet wird (es ist auch die Bezeichnung $[H]^G$ üblich). Die Abbildung $\mu\colon (g, \alpha) \mapsto \mu(g, \alpha)$ ist ein Gruppenisomorphismus der (abstrakten) Gruppe $G \times H^N$ (vgl. 1.7.13) auf $H \uparrow G$ (*Üb*!, besonders durch den Nachweis der Homomorphieeigenschaft $\mu\big((g, \alpha) \circ (g', \alpha')\big) = \mu(g, \alpha)\, \mu(g', \alpha')$ kann man sich gut mit der Exponentiation vertraut machen). Daher können wir der Einfachheit halber statt $\mu(g, \alpha)$ auch wieder die Bezeichnung (g, α) verwenden.

1.7.18. Beispiel. Wir verwenden die gleichen Gruppen $(G, N) = (C_2, \mathbf{Z}_2)$ und $(H, M) = (C_3, \mathbf{Z}_3)$ und die Permutationen g, h wie in Beispiel 1.7.16. Die Elemente $f = \big(f(0), f(1)\big)$ von $M^N = \{0, 1, 2\}^{\{0,1\}}$ bezeichnen wir zur Abkürzung mit a_{ij}, falls $f(0) = i$ und $f(1) = j$ ist ($i, j \in \{0, 1, 2\}$). Die 18 Permutationen $(g, \alpha) \in H \uparrow G$ $(= G \times H^N)$ wirken dann auf $M^N = \big\{a_{ij} \mid i, j \in \{0, 1, 2\}\big\}$ wie folgt:

$$\big(e, (e, e)\big) = e \text{ (identische Permutation)},$$
$$\big(e, (h, e)\big) = (a_{00}a_{10}a_{20})\,(a_{01}a_{11}a_{21})\,(a_{02}a_{12}a_{22}),$$
$$\big(e, (h^2, e)\big) = (a_{00}a_{20}a_{10})\,(a_{01}a_{21}a_{11})\,(a_{02}a_{22}a_{12}),$$
$$\big(e, (e, h)\big) = (a_{00}a_{01}a_{02})\,(a_{10}a_{11}a_{12})\,(a_{20}a_{21}a_{22}),$$
$$\big(e, (e, h^2)\big) = (a_{00}a_{02}a_{01})\,(a_{10}a_{12}a_{11})\,(a_{20}a_{22}a_{21}),$$
$$\big(g, (e, e)\big) = (a_{00})\,(a_{11})\,(a_{22})\,(a_{01}a_{10})\,(a_{02}a_{20})\,(a_{12}a_{21}).$$

Die weiteren Permutationen der Gestalt $\big(q, (h_0, h_1)\big)$ mit $q \in G$, $h_0, h_1 \in H$ lassen sich daraus mittels

$$\big(q, (h_0, h_1)\big) = \big(e, (h_0, e)\big) \circ \big(e, (e, h_1)\big) \circ \big(q, (e, e)\big)$$

gewinnen (vgl. 1.7.16), z. B. ist

$$\big(g, (h, h^2)\big) = (a_{00}a_{21})\,(a_{11}a_{02})\,(a_{22}a_{10})\,(a_{01})\,(a_{12})\,(a_{20}).$$

Um eine Vorstellung von Exponentiation zu bekommen, fragen wir nach der Wirkung der drei speziellen Formen, aus denen sich alle anderen durch Produktbildung ergeben. Für $f = (b_0, b_1) = a_{b_0 b_1} \in \boldsymbol{M}^N$ haben wir

$$(b_0, b_1)^{(e,(h_0,e))} = (b_0^{h_0}, b_1) \quad \text{(Wirkung auf erster Koordinate)},$$
$$(b_0, b_1)^{(e,(e,h_1))} = (b_0, b_1^{h_1}) \quad \text{(Wirkung auf zweiter Koordinate)},$$
$$(b_0, b_1)^{(g,(e,e))} = (b_1, b_0) \quad \text{(Vertauschung der Koordinaten)}.$$

Man betrachte also $\boldsymbol{M}^N = \{(b_0, b_1, \ldots, b_{n-1}) \mid b_i \in \boldsymbol{M}\}$ als einen $|N|$-dimensionalen Würfel (im Beispiel haben wir ein Quadrat, da $|N| = 2$ ist) mit $|\boldsymbol{M}|$ Punkten auf jeder Achse. Die Permutationen von $\boldsymbol{H} \uparrow G$ wirken auf

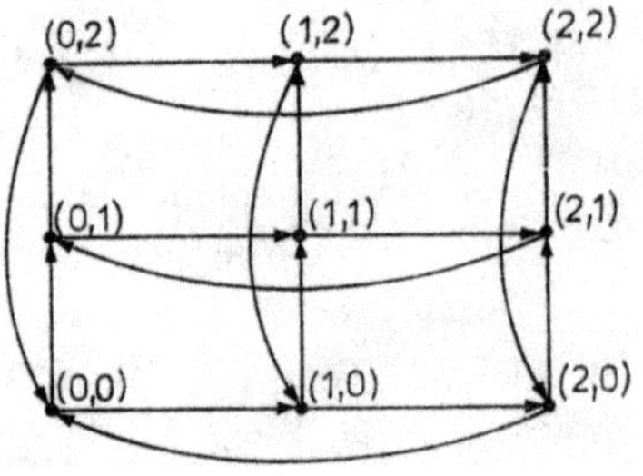

Abb. 13. Der Graph Φ mit $\boldsymbol{Aut}\, \Phi = C_3 \uparrow C_2$

diesem „Würfel" wie folgt: $(e, (h_0, e, \ldots))$ bzw. $(e, (e, h_1, \ldots)), \ldots$ permutieren jeweils als Ganzes die „Flächen" (hier sind es Achsen) parallel zu der „Fläche" mit konstanter Koordinate $b_0 = 0$ bzw. $b_1 = 0, \ldots$ gemäß der Permutation h_0 bzw. $h_1, \ldots$ aus $\boldsymbol{H}$. Die Permutationen $(g, (e, e, \ldots))$ $(g \in G)$ permutieren dagegen simultan alle Koordinaten so, daß $(b_0, b_1, \ldots)$ in $(b_{0^g}, b_{1^g}, \ldots)$ übergeht (im Beispiel mit $n = 2$ ergibt sich für g die Vertauschung der Koordinaten, d. h. die Spiegelung an der Hauptdiagonalen). Jede Permutation $(g, (h_0, h_1, \ldots, h_{n-1}))$ aus $\boldsymbol{H} \uparrow G$ ist dann als

$$(e, (h_0, e, \ldots, e)) \circ (e, (e, h_1, \ldots, e)) \circ \cdots \circ (e, (e, e, \ldots, h_{n-1})) \circ (g, (e, e, \ldots, e))$$

darstellbar. Die eben beschriebenen Bewegungen eines Quadrats mit den Punkten $\{(b_0, b_1) \mid b_0, b_1 \in \{0, 1, 2\}\}$ bilden beispielsweise gerade die Automorphismengruppe des Graphen Φ aus Abb. 13. Daher ist $\boldsymbol{Aut}\, \Phi = \boldsymbol{H} \uparrow G = C_3 \uparrow C_2$ (man veranschauliche sich alle Permutationen von $C_3 \uparrow C_2$ an Abb. 13, *Üb*!).

Aus den Definitionen folgt ohne Schwierigkeiten:

1.7.19. Satz. a) *Die Exponentiation* $(H, M) \uparrow (G, N) = (G \times H^N, M^N)$ *ist eine Permutationsgruppe der Ordnung* $|G| \cdot |H|^{|N|}$ *vom Grad* $|M|^{|N|}$.

b) *Ist* (H, M) *transitiv auf* M, *so ist auch* $H \uparrow G$ *transitiv auf* M^N.

c) *Als abstrakte Gruppen sind Kranzprodukt* $G \wr H$ *und Exponentiation* $H \uparrow G$ (*sowie die Gruppe* $G \times H^N$ *aus* 1.7.13) *isomorph.* ∎

1.8. Aufgaben

1. Für jede der folgenden Permutationen g bestimme man den zugehörigen Graphen $\Gamma(g)$ (vgl. 1.1.3) und die Zyklendarstellung und zeichne die 2-Bahn $(1,2)^G$ der von g erzeugten Gruppe $G = \langle g \rangle$ als gerichteten Graphen (= binäre Relation):

   a) $g \in (S_4, N)$, $N = \{1, 2, 3, 4\}$; b) $g = \begin{pmatrix} 1 & 2 & 3 & 4 & 5 & 6 & 7 \\ 3 & 6 & 4 & 5 & 7 & 2 & 1 \end{pmatrix} \in S_7$.

2. Man stelle die Elemente der symmetrischen Gruppe $(S_4, \{1, 2, 3, 4\})$ als Produkt der Transpositionen (12), (13), (14) dar.

3. Man zeige: Die alternierende Gruppe A_n (auf $N = \{1, 2, \ldots, n\}$) läßt sich erzeugen durch die Dreierzyklen (123), (124), ..., $(12n)$. Insbesondere zeige man $A_4 = \langle (123), (124) \rangle$.

4. Man zeige, daß die im Satz 1.1.16 konstruierte Permutationsgruppe (G^*, G) regulär ist (vgl. 1.4.2).

5. Man beweise Satz 1.4.5.

6. Man zerlege die alternierende Gruppe A_4 a) in Ähnlichkeitsklassen (vgl. 1.4.7); b) in Konjugiertheitsklassen (vgl. 1.4.12).

7. Sind $g, g' \in S_n$ ähnliche Permutationen, so sind die von ihnen erzeugten Untergruppen $\langle g \rangle$ und $\langle g' \rangle$ ähnlich (im Sinne von 1.1.18).

8. a) Man zeige, daß die Gruppe D_4 der Deckabbildungen eines Quadrats (mit Eckpunkten 1, 2, 3, 4) von den Permutationen (13) und (14) (23) erzeugt wird. Man berechne den Zyklenzeiger $\mathfrak{Z}(D_4)$ und bestimme alle Untergruppen von D_4. b) Man berechne die Zyklenzeiger $\mathfrak{Z}(D_5)$, $\mathfrak{Z}(D_6)$.

9. Ist $\{e, g_2, \ldots, g_k\}$ ein vollständiges Repräsentantensystem der Zerlegung einer Gruppe G in Rechtsnebenklassen nach einer Untergruppe H, so ist $\{e, g_2^{-1}, \ldots, g_k^{-1}\}$ ein vollständiges Repräsentantensystem für eine Linksnebenklassenzerlegung.

10. Für $a \in N$ und eine Permutationsgruppe (G, N) ist der Stabilisator G_a eine Untergruppe von G.

11. Man gebe alle 30 Untergruppen der symmetrischen Gruppe S_4 an (vgl. 1.3.5).

12. Man charakterisiere in Beispiel 1.3.14 alle Nebenklassen von G nach H.

13. Man zeige, daß der Satz von LAGRANGE für Diedergruppen D_n umkehrbar ist (vgl. 1.6.5), d. h., zu jedem Teiler der Gruppenordnung gibt es eine Untergruppe (die Gruppe D_n hat insgesamt $d(n) + \sigma(n)$ Untergruppen, wobei $d(n)$ und $\sigma(n)$ die Anzahl bzw. die Summe der Teiler von n bezeichnen).

14. Die Anzahl der k-Punkte einer k-stelligen antireflexiven Relation kann höchstens $n(n-1) \cdots (n-k+1)$ sein.

15. Man beweise Satz 1.5.3.

16. Man bestimme alle 64 Relationen der Menge 2-***Inv*** (G, N) im Beispiel 1.5.11. Insbesondere charakterisiere man dabei die antireflexiven.

17. Man beweise Satz 1.5.13.

18. Aus den Relationen $\Phi_1 = N = \{1, 2, 3, 4\}$, $\Phi_2 = \Delta \subset N^2$ und $\Phi_3 = \{(1, 2), (2, 3), (3, 4), (4, 1)\} \subset N^2$ bilde man (vgl. 1.5.12):

    a) $\Phi_2 \cap \Phi_3$, b) $\Phi_2 \cup \Phi_3$, c) $\neg \Phi_2$, d) $\Phi_2 \times \Phi_1 \times \Phi_2$, e) $\Phi_3\pi$ mit $\pi = (12) \in S_2$, f) $pr\, \Phi_3$, g) $\nabla\Phi_1$, h) $\Phi_2 \circ \Phi_3$, i) Φ_3^g mit $g = (12) \in S_4$ (vgl. 1.5.1).

19. Man zeige k-***Inv Aut*** k-***Inv*** $(G, N) = k$-***Inv*** (G, N) (vgl. Beweis von 1.5.20a).

20. Man zeige ***Aut*** $\Phi = (H, N)$ für die Gruppe H und die dreistellige Relation Φ aus 1.5.21,3.

21. Man beweise die Sätze 1.7.3 und 1.7.5.

22. Man beweise 1.7.7 und zeige, daß die symmetrische Gruppe $\boldsymbol{D}(\mathcal{T}) = S_4$ nicht in das direkte Produkt zweier ihrer Untergruppen zerfällt.

23. Man weise nach, daß $G \times H^N$ mit der in 1.7.13 definierten Operation $\circ$ eine Gruppe ist.

24. Man zeige, daß a) gemäß Definition 1.7.17 durch $\mu(g, \alpha)$ eine Permutation auf M^N erklärt ist und b) durch die Abbildung $\mu: (g, \alpha) \mapsto \mu(g, \alpha)$ ein Isomorphismus von der (abstrakten) Gruppe $G \times H^N$ auf die Gruppe $H \uparrow G$ gegeben ist. c) Man beweise Satz 1.7.19.

25. Für eine Permutationsgruppe (G, N) zeige man: Ist $\Phi \in$ 2-***Orb*** (G, N), so ist $\Gamma_\Phi(a) = \{b \mid (a, b) \in \Phi\} \in$ 1-***Orb*** (G_a, N), und jede 1-Bahn des Stabilisators G_a ist als $\Gamma_\Phi(a)$ für eine geeignete 2-Bahn Φ von (G, N) darstellbar.

2. Einführung in die Abzählungstheorie

2.1. Das Lemma von Cauchy-Frobenius-Burnside

A. Formulierung und Beweis des Lemmas

2.1.1. Definition. Unter dem *Charakter* $\chi(g)$ einer Permutation $g \in S(N)$ der Menge N versteht man die Anzahl der Fixpunkte von g bei der Wirkung auf N, d. h. die Anzahl der Zyklen der Länge 1 in der Zyklendarstellung von g.

So ist beispielsweise $\chi(g) = 2$ für $g = (1)(234)(5) \in S_5$. Man bemerke, daß ähnliche und damit auch konjugierte Permutationen die gleichen Charaktere haben (vgl. 1.4.7, 1.4.13).

Kennt man den Charakter aller Permutationen einer Gruppe (G, N), so kann man sehr leicht die Anzahl $t(G)$ der Bahnen von G in der Menge N bestimmen. Der Satz, der diese Abzählung praktisch ermöglicht, bildet die Grundlage der gesamten Abzählungstheorie und ist in der Literatur als das Lemma von Burnside bekannt; historisch zutreffender wollen wir es das Lemma von Cauchy, Frobenius und Burnside nennen (vgl. 2.1.7, Seite 79f.).

2.1.2. Lemma von Cauchy-Frobenius-Burnside. *Die Anzahl $t(G)$ der 1-Bahnen einer Permutationsgruppe G ist gleich dem arithmetischen Mittel der Charaktere der Elemente von G, d. h.*

$$t(G) = \frac{1}{|G|} \sum_{g \in G} \chi(g).$$

Beweis. Wir betrachten einen Graphen Φ, dessen Knotenpunktmenge aus zwei disjunkten Teilmengen, nämlich N und G besteht: $V(\Phi) = N \cup G$. Die Kanten $E(\Phi)$ des Graphen verlaufen nur zwischen den verschiedenen Teilen, und zwar vom Knoten $a \in N$ zum Knoten $g \in G$ genau dann, wenn a Fixpunkt von g ist, d. h. $E(\Phi) = \{(a, g) \mid a \in N, g \in G_a\}$. Wir zählen nun die Anzahl $|E(\Phi)|$ dieser Kanten auf zwei verschiedene Arten. Wir wählen zunächst ein festes $g \in G$. Dann ist $\{a \mid (a, g) \in E(\Phi)\}$ die Menge der Fixpunkte und hat $\chi(g)$ Elemente. Es gibt also $\chi(g)$ Kanten, die zum Knoten g führen, d. h. $|E(\Phi)| = \sum_{g \in G} \chi(g)$.

Zum anderen wählen wir ein $a \in N$. Dann ist $G_a = \{g \in G \mid (a, g) \in E(\Phi)\}$. Es gibt also $|G_a|$ Kanten, die von einem Punkt $a \in N$ ausgehen, d. h. $|E(\Phi)| = \sum_{a \in N} |G_a|$. Wenn a und b in der gleichen Bahn von G liegen (d. h. $a^G = b^G$, vgl. 1.3.8), so folgt aus dem Satz von LAGRANGE (vgl. 1.3.13) $|G_a| = |G_b|$, d. h. $\sum_{b \in a^G} |G_b| = |a^G| \cdot |G_a| = |G|$.

Weil es $t(G)$ Bahnen a^G gibt, folgt daraus sofort

$$|E(\Phi)| = \sum_{a \in N} |G_a| = t(G) \cdot |G| .$$

Zusammengefaßt erhalten wir

$$t(G) \cdot |G| = |E(\Phi)| = \sum_{g \in G} \chi(g) ,$$

woraus das Lemma folgt. ∎

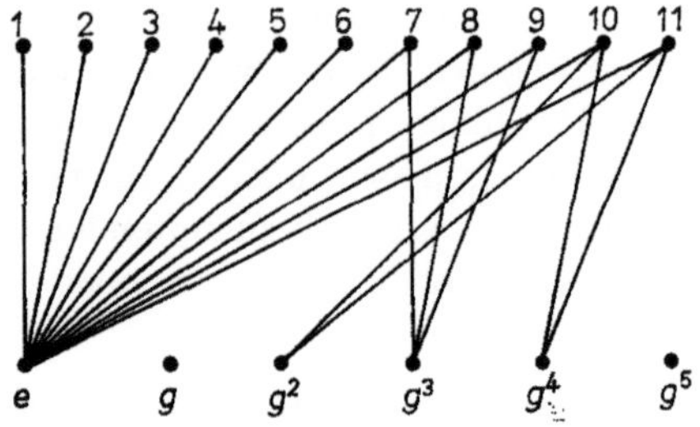

Abb. 14. Der Graph $\Phi = \{(a, h) \mid h \in G_a\}$

2.1.3. Beispiel. Die zyklische Gruppe $G = \langle g \rangle \subseteq S_{11}$ mit $g = (1\,2\,3\,4\,5\,6)\,(7\,8\,9)\,(10\,11)$ besteht aus den sechs Elementen e, g, g^2, g^3, g^4, g^5 (vgl. A.2.3). Abb. 14 zeigt für G den Graphen Φ, wie er im Beweis von 2.1.2 auftrat (die Pfeile wurden weggelassen). Wir haben

$$t(G) = \frac{1}{6} \sum_{i=0}^{5} \chi(g^i) = \frac{1}{6} (11 + 0 + 2 + 3 + 2 + 0) = 3 .$$

B. Allgemeines Anwendungsschema

In der Regel wird das Lemma von CAUCHY-FROBENIUS-BURNSIDE folgendermaßen in der Abzählungstheorie angewendet. Zunächst wird eine Permutationsgruppe (G, N) eingeführt (die mit dem ursprünglichen Problem in Zusammenhang steht) und untersucht, danach wird aus der Menge N eine neue Menge $\tilde{N}$ konstruiert, und die Wirkung von G wird auf $\tilde{N}$ erweitert. Dadurch entsteht eine neue Permutationsgruppe $(\tilde{G}, \tilde{N})$, die sogenannte *induzierte Permutationsgruppe*. Auf diese induzierte Permutationsgruppe wird schließlich das Lemma angewendet, um die Anzahl $t(\tilde{G})$ der Bahnen von $\tilde{G}$ auf $\tilde{N}$ zu finden ($\tilde{G}$ wird so gewählt, daß $t(\tilde{G})$ die Lösung eines gestellten Problems ist). Dieses Schema erweist sich besonders dann als effektiv, wenn sich die Charaktere der induzierten Permutationen aus dem Zyklenzeiger der Gruppe (G, N), also ohne die explizite Form der Permutationen selbst zu benutzen, berechnen lassen.

2.1.4. Beispiel. Es sei $G = \langle g \rangle$ die zyklische Gruppe der Ordnung 6 vom Grad 11 aus Beispiel 2.1.3. G ist intransitiv und besitzt auf $N = \{1, 2, \ldots, 11\}$ drei Bahnen. Wir wollen an diesem Beispiel die Anwendung des Lemmas von CAUCHY-FROBENIUS-BURNSIDE demonstrieren, jedoch ohne den Hintergrund eines konkreten, „praktischen" Problems. Nehmen wir an, für ein kombinatorisches Problem benötigten wir die Anzahl der antireflexiven 2-Bahnen dieser Permutationsgruppe (G, N). Dazu brauchen wir zunächst die neue Menge $\tilde{N} = N^2 \setminus \Delta = \{(a, b) \in N^2 \mid a \neq b\}$, die aus 110 geordneten Paaren verschiedener Elemente von N besteht. Läßt man G auf $\tilde{N}$ operieren (vgl. 1.5.1), so erhält man die induzierte Gruppe $(\tilde{G}, \tilde{N})$, für die die Anzahl $t(\tilde{G}) = \frac{1}{6} \sum_{i=0}^{5} \chi(\tilde{g}_i)$ der Bahnen gleich der Anzahl der antireflexiven 2-Bahnen von (G, N) ist (dabei sei $\tilde{g}_i$ die von $g_i = g^i$ auf $\tilde{N}$ induzierte Permutation). Zur Berechnung der Charaktere der induzierten Permutationen $\tilde{g}$ bemerken wir, daß $\alpha = (a, b) \in N$ genau dann ein Fixpunkt von $\tilde{g}$ ist (d. h. $\alpha^{\tilde{g}} = \alpha$), wenn a und b Fixpunkte von g sind (d. h. $a^g = a$, $b^g = b$). Daher ist

$$\chi(\tilde{g}_i) = \chi(g_i)\big(\chi(g_i) - 1\big).$$

Folglich gilt $t(G) = \frac{1}{6}(11 \cdot 10 + 0 + 2 \cdot 1 + 3 \cdot 2 + 2 \cdot 1 + 0) = 20$. Die Gruppe (G, N) hat also 20 antireflexive 2-Bahnen. Um diese Anzahl zu berechnen, mußten wir die 2-Bahnen selbst nicht Punkt für Punkt kennen. Das ist eine für die Abzählungstheorie typische Situation.

2.1.5. Beispiel. Wir wählen n ($n \leqq 4$) verschiedene Symbole und bezeichnen jede Seite eines Quadrates mit einem dieser Symbole. Es gibt dafür offenbar n^4 Möglichkeiten. Davon gehen einige durch Drehungen des Quadrats auseinander hervor. Wir stellen die Frage: Wieviel wesentlich verschiedene (d. h. nicht durch Drehung auseinander hervorgehende) Möglichkeiten gibt es, die Seiten eines Quadrates zu bezeichnen?

Wir geben noch eine andere Formulierung dieser Aufgabe, die dadurch vielleicht interessanter wird. Die beiden Diagonalen eines Quadrats teilen dieses in vier Teildreiecke. Diese sollen mit n Farben gefärbt werden. Jede solche Färbung wollen wir einen *n-farbigen quadratischen Dominostein* nennen. Aufgabe. *Man finde alle wesentlich verschiedenen Dominosteine*! Für $n = 2$ sind alle wesentlich verschiedenen Dominosteine in Abb. 15 wiedergegeben. Im Fall $n = 3$ gibt es 24 wesentlich verschiedene Dominosteine (vgl. 2.2.3, Abb. 17), und es bedarf schon einer gewissen Anstrengung, sie zu finden. Für $n = 4$ wird die Lösung dieser Aufgabe schon sehr aufwendig, wenn man alle Dominosteine explizit angeben will.

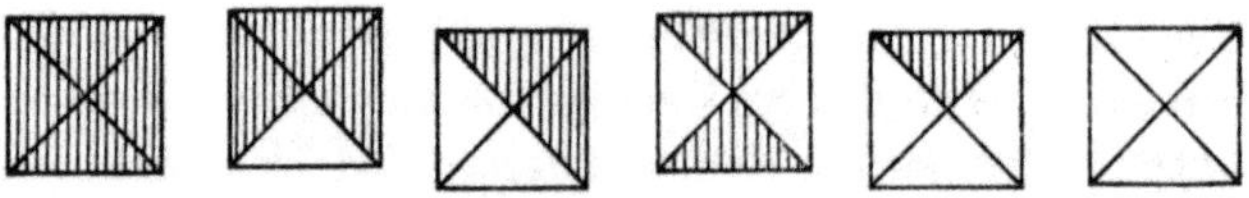

Abb. 15. Die sechs wesentlich verschiedenen zweifarbigen Dominosteine

Um nun eine Formel zur Berechnung der Anzahl der wesentlich verschiedenen n-farbigen Dominosteine zu bekommen, gehen wir wie folgt vor: Wir betrachten die Gruppe C_4 (vgl. 1.7.12) der Drehungen des Quadrats, die wir als Permutationsgruppe auf der Menge $\{1, 2, 3, 4\}$ der Seiten (bzw. der Dreiecke) des Quadrats operieren lassen. Nun wird die Menge $\tilde{N}$ aller n^4 möglichen Färbungen des Quadratseiten sowie die induzierte Gruppe $\tilde{C}_4$ auf $\tilde{N}$ betrachtet (ist $f(i)$ die Farbe der Seite i des Quadrats, so operiert $\tilde{g} \in \tilde{C}_4$ auf der Färbung $f \in \tilde{N}$ gemäß $f^{\tilde{g}}(i^g) := f(i)$; dann ist $f^{\tilde{g}}$ wieder eine Färbung). Man sieht, daß die Anzahl $t_n = t(\tilde{C}_4, \tilde{N})$ der Bahnen von $\tilde{C}_4$ die gesuchte Anzahl der wesentlich verschiedenen n-farbigen Dominosteine ist. Wie berechnet man t_n? Es sei $\tilde{g} \in \tilde{C}_4$. Dann läßt $\tilde{g}$ eine Färbung f der Quadratseiten genau dann unverändert, wenn $f^{\tilde{g}}(i) = f(i)$ ist, was mit $f(i^g) = f(i)$ gleichbedeutend ist $(i = 1, 2, 3, 4)$, d. h., die Seiten, die in ein und demselben Zyklus der Permutation g auftreten, müssen die gleiche Farbe tragen. Also ist

$$\chi(\tilde{g}) = n^{c(g)},$$

wobei $c(g)$ die Gesamtzahl der Zyklen der Zyklendarstellung von g sei. Nun kann man für $C_4 = \{e, h, h^2, h^3\}$ leicht den Zyklenzeiger (vgl. 1.4.16) berechnen:

$$\mathfrak{Z}(C_4) = \frac{1}{4}\,(x_1^4 + x_2^2 + 2x_4) = \frac{1}{4}\,(x_1^{c(e)} + x_2^{c(h^2)} + x_4^{c(h)} + x_4^{c(h^3)}).$$

Daraus folgt

$$t_n = \frac{1}{4} \sum_{\tilde{g} \in \tilde{C}_4} \chi(\tilde{g}) = \frac{1}{4} \sum_{g \in C_4} n^{c(g)} = \frac{1}{4} (n^4 + n^2 + 2n).$$

Insbesondere ist $t_2 = 6$, $t_3 = 24$ und $t_4 = 70$.

Wir können hier eine wichtige Beobachtung machen: *Die gesuchte Anzahl der Bahnen von $\tilde{C}_4$ kann man hier aus dem Zyklenzeiger von C_4 erhalten, indem jede Variable mit dem Wert n belegt wird.*

Als Übung stellen wir noch eine ähnliche Abzählungsaufgabe: *Man berechne die Anzahl der n-farbigen quadratischen Dominosteine für $n \leqq 3$ bezüglich der ganzen Symmetriegruppe des Quadrats* (das ist die Diedergruppe D_4, vgl. 1.6.6), d. h., zwei Dominosteine werden als nicht wesentlich verschieden angesehen, wenn sie durch eine Transformation aus D_4 auseinander hervorgehen. Die Aufgabe besteht also darin, die Zahl $t(\tilde{D}_4, \tilde{N})$ zu berechnen!

2.1.6. Beispiel. Auf einem Schachbrett mit $n \times n$ Feldern sollen n Türme so untergebracht werden, daß sie sich gegenseitig nicht schlagen können, d. h., auf jeder Waagerechten und jeder Senkrechten darf höchstens ein Turm sein. Auf wie viele, wesentlich verschiedene Arten ist das möglich? Dabei wollen wir zwei Turmverteilungen als äquivalent (d. h. nicht wesentlich verschieden) ansehen, wenn sie durch eine Symmetrie des Schachbretts ineinander übergeführt werden können. Wir lösen die Aufgabe für $n = 4$. Die Symmetriegruppe des 4×4-Schachbretts ist die Diedergruppe D_4, betrachtet als Permutationsgruppe auf der Menge K der 16 Felder des Brettes. Man überlegt sich leicht, daß es insgesamt $4! = 24$ Möglichkeiten gibt, vier Türme so unterzubringen, daß sie sich gegenseitig nicht schlagen. Diese Menge aller möglichen Verteilungen der Türme bezeichnen wir mit $\tilde{K}$; die Wirkung der Gruppe D_4 kann auf $\tilde{K}$ ausgedehnt werden, denn jede Transformation des Brettes ist zugleich eine Transformation der daraufstehenden Turmverteilung. Nun können wir das Lemma von CAUCHY-FROBENIUS-BURNSIDE auf diese induzierte Gruppe $(\tilde{D}_4, \tilde{K})$ anwenden. Dazu berechnen wir die Charaktere der induzierten Permutationen. Wir haben $D_4 = \{e, s_1, s_1', s_2, s_2', r, r^2, r^3\}$ (vgl. 1.6.6), wobei

e	die identische Permutation,
s_1, s_1'	Spiegelungen an Symmetrieachsen durch die Mitten gegenüberliegender Seiten,
s_2, s_2'	Spiegelungen an den Diagonalen,
r	die Drehung um 90°

sind. Offenbar ist $\chi(\tilde{e}) = 24$. Da s_1 eine Spiegelung an einer durch die Seitenmitten gehenden Geraden ist, kann sie keine Verteilung der Türme festlassen, da sonst zwei Türme auf derselben Horizontalen (oder Vertikalen) stehen müßten. Folglich ist $\chi(\tilde{s}_1) = 0$. Weiter ist $\chi(\tilde{r}) = 2$; wenn nämlich bei r eine Verteilung der Türme in sich übergeht, so kann kein Turm in einem Eckfeld stehen. Stellen wir in der ersten Zeile einen Turm auf eine Nichtecke (das sind zwei Möglichkeiten), so ist damit die Stellung der anderen drei Türme eindeutig bestimmt. Analog finden wir für $r_2 = r^2$ (Drehung um 180°), daß $\chi(\tilde{r}_2) = 8$. Schwieriger ist es, $\chi(\tilde{s}_2)$ zu finden. Da s_2 eine Diagonalenspiegelung ist, müssen wir zwei Fälle unterscheiden: Erstens kann in der ersten Zeile ein Turm auf der Symmetrieachse liegen. Für die übrigen drei Türme steht dann ein 3×3-Schachbrett zur Verfügung (das ergibt vier Möglichkeiten). Zweitens kann ein Turm in der ersten Zeile nicht auf der Symmetrieachse liegen (drei Möglichkeiten), dann steht auch der Standpunkt eines zweitens Turms fest, und es bleibt ein 2×2-Schachbrett für die restlichen Türme zu betrachten. Damit findet man $\chi(\tilde{s}_2) = 4 + 3 \cdot 2 = 10$. Da konjugierte Elemente (nämlich $\tilde{s}_1$, $\tilde{s}_1'$ sowie $\tilde{s}_2$, $\tilde{s}_2'$ und $\tilde{r}$, $\tilde{r}^3$) die gleichen Charaktere haben, liefert die Anwendung des Lemmas 2.1.2 nun

$$t(D_4) = \frac{1}{8}(24 + 2 \cdot 0 + 2 \cdot 10 + 2 \cdot 2 + 8) = 7 .$$

Es gibt also sieben paarweise nicht äquivalente Stellungen; diese findet man in Abb. 16. Die Türme sind dabei durch Dreiecke symbolisiert.

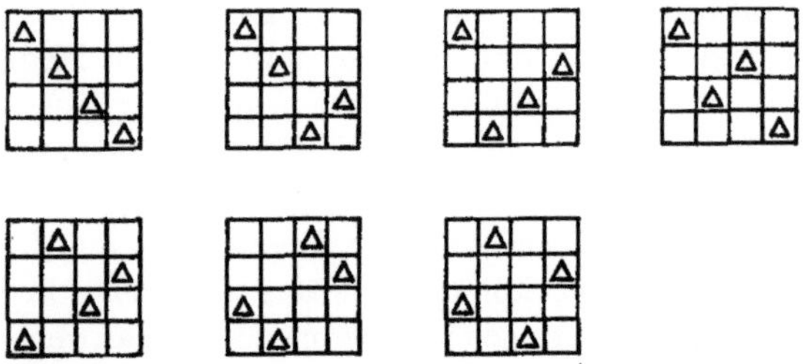

Abb. 16. Die sieben nichtäquivalenten Turmverteilungen auf dem 4×4-Schachbrett

Bemerkung. Die oben erwähnten konjugierten Elemente sind deshalb in $\tilde{D}_4$ konjugiert, weil s_1, s_1' sowie s_2, s_2' und r, r^3 schon in D_4 konjugiert sind (man bemerke, daß s_1 und $r_2 = r^2$ ähnlich sind, aber dennoch nicht in D_4 zueinander konjugiert sind, da ihre induzierten Charaktere $\chi(\tilde{s}_1)$ und $\chi(\tilde{r}_2)$ nicht übereinstimmen). Für große n ist die Berechnung der Charaktere der Permutationen $\tilde{s}_2$, $\tilde{r}$ und $\tilde{r}_2$ eine selbständige kombinatorische Aufgabe, zu deren Lösung rekurrente Relationen (vgl. [72, S. 148—151]) herangezogen werden.

Wir fügen hier noch eine Aufgabe als Übung an: Man beweise, daß man auf einem 8×8-Schachbrett genau 5282 paarweise nicht äquivalente Stellungen von acht sich gegenseitig nicht schlagenden Türmen finden kann.

C. Anmerkungen zur Geschichte des Lemmas von Cauchy-Frobenius-Burnside und seiner Anwendungen

2.1.7. Die angeführten drei Beispiele lassen schon erkennen, daß das Lemma von Cauchy-Frobenius-Burnside ein starkes Hilfsmittel für die Lösung kombinatorischer Aufgaben ist, bei denen es um die Berechnung der Anzahl gewisser nicht äquivalenter Lösungen geht. Aus dem Blickwinkel der bei der Anwendung dieses Lemmas entstehenden technischen Schwierigkeiten lassen sich drei Schwierigkeitsstufen unterscheiden. In der ersten Stufe läßt sich die Berechnung der Charaktere der induzierten Permutationen auf die Charaktere der Ausgangspermutationen zurückführen. Im zweiten Fall müssen bereits Informationen über den Zyklenzeiger der Permutationsgruppe mit herangezogen werden. Schließlich reicht zur Lösung von Aufgaben der dritten Schwierigkeitsstufe die Kenntnis des Zyklenzeigers allein nicht mehr aus. Die Permutationen selbst müssen bekannt sein. Die Beispiele 2.1.4, 2.1.5 und 2.1.6 entsprechen gerade diesen genannten Schwierigkeitsstufen.

In den letzten Jahrzehnten wurde eine spezielle algebraische Technik zur Lösung von Aufgaben der zweiten Schwierigkeitsstufe entwickelt. Die Berechnung der Charaktere induzierter Permutationen ist damit weitgehend standardisiert. Im Mittelpunkt dieser Technik steht die Methode von Pólya, auf die wir im nächsten Abschnitt zu sprechen kommen. Grundlegend für die Lösung von Aufgaben der dritten Schwierigkeitsstufe ist das Lemma von Cauchy-Frobenius-Burnside selbst. Etwa seit 1960 wurde es üblich, dieses zu Ehren des Algebraikers W. Burnside (1852—1927), der es 1911 in seinem Buch „Theory of groups of finite order“ [13] publizierte, nur als Lemma von Burnside zu bezeichnen. Dieses Buch, das für Generationen von Mathematikern zur wichtigsten Quelle über Permutationsgruppen wurde, bringt nicht nur Formulierung und Beweis dieses Lemmas, sondern enthält auch Sätze und Aufgaben zur Anwendung des Lemmas. Es ist wohl sicher, daß dieses Lemma erst durch Burnsides Buch zum Allgemeingut vieler Mathematiker geworden ist. Mathematikhistorische Forschungen der letzten Jahre belegen aber, daß das Resultat über die Anzahl der Bahnen von Permutationsgruppen bereits im 19. Jh. bekannt war. Schon A. L. Cauchy (1789–1857) und G. Frobenius (1849–1917) bezogen sich in ihren Arbeiten darauf, wenn auch Formulierung und Beweis damals weniger durchsichtig waren als bei Burnside. P. J. Neumann schlug 1979 vor [54], das Lemma von Burnside in Lemma von Cauchy-Frobenius umzubenennen. Wir sind der Ansicht, daß wir dem historischen Verdienst der Entdecker Cauchy und Frobenius und des ersten Verbreiters Burnside dieses ausgezeichneten kombinatorisch-algebraischen Resultats am besten gerecht werden, wenn das Lemma die Namen aller drei Mathematiker trägt. Zur Anwendung des Lemmas von Cauchy-Frobenius-Burnside in der Kombinatorik verweisen wir auf die Literatur (z. B. [31]).

2.2. Grundlagen der Pólyaschen Abzählungstheorie

A. Erzeugende Funktionen

2.2.1. Wir haben schon mehrfach von Abzählungstheorie gesprochen und wollen nun erst einmal die hierher gehörenden Aufgaben und Probleme formal kennzeichnen. Wir nehmen an, uns interessieren alle kombinatorischen Objekte mit gewissen Eigenschaften. Eine erschöpfende Information über diese Objekte läßt sich offenbar durch systematische Konstruktion aller Objekte gewinnen. In diesem Fall sprechen wir von einer *konstruktiven Angabe* oder *konstruktiven Aufzählung* der Objekte. Bei Aufgaben dieser Art stößt man jedoch häufig auf ernsthafte, meist unüberwindliche Schwierigkeiten. Das hängt damit zusammen, daß die Menge der erhaltenen Informationen und die Zeiten, die zum Erhalt oder zur Verarbeitung dieser Informationen notwendig sind, sehr umfangreich werden können.

Daher interessiert man sich gewöhnlich nur für eine Gesamtinformation über die gesuchten Objekte. Die erste, der Formulierung nach einfachste Aufgabe dieser Art ist die Berechnung der Gesamtzahl t der Objekte. Ist die Zahl t allerdings sehr groß, so ist ihr genauer Wert eher von sportlichem als von praktischem Nutzen. Der genaue Wert von t trägt dann wenig zu einem Überblick über alle Objekte bei. In diesen Fällen ist es natürlich, nach detaillierteren numerischen Informationen zu streben. Das läßt sich durch *Klassifikation*, d. h. durch Einführung einer Äquivalenz in der Menge aller Objekte und durch Angabe der Mächtigkeit jeder der zugehörigen Äquivalenzklassen erreichen. Besonders günstig ist der Fall, wenn die Äquivalenzklassen durch bestimmte Parameter (Zahlen, die gewisse Eigenschaften repräsentieren) eindeutig charakterisiert werden können. Hat eine Äquivalenzklasse dann die Parameter $k_1, \ldots, k_r$, so ordnen wir ihr den Ausdruck $x_1^{k_1}x_2^{k_2}\cdots x_r^{k_r}$ zu. Dieses Monom in den Variablen $x_1, \ldots, x_r$ ist sozusagen eine Codierung für die zugehörige Äquivalenzklasse (x_i bedeute eine Eigenschaft, k_i den zugehörigen Parameter). Unter einer *Abzählung kombinatorischer Objekte bezüglich einer Äquivalenzrelation* verstehen wir die Aufgabe, eine erzeugende Funktion für diese Objekte anzugeben, die wie folgt definiert ist.

2.2.2. Definition. Es sei M eine Menge von Objekten und $\sim$ eine Äquivalenzrelation auf M. Jeder Äquivalenzklasse $[a]_\sim = \{b \in M \mid b \sim a\}$ sei eindeutig eine Folge $(k_1, \ldots, k_r)$ von Zahlen $k_1, \ldots, k_r \in \{0, 1, 2, 3, \ldots\}$ zugeordnet ($r \in \{1, 2, \ldots\}$ kann von a abhängen) und $A_{k_1k_2\ldots k_r}$ sei die Anzahl der Elemente dieser Äquivalenzklasse. Dann nennt man das Polynom

$$\sum A_{k_1k_2\ldots k_r} x_1^{k_1}x_2^{k_2}\cdots x_r^{k_r}$$

die *erzeugende Funktion* für die Äquivalenzklassen von $\sim$ in M. Die Summe ist dabei über alle $(k_1, k_2, \ldots, k_r)$ zu bilden, die einer Äquivalenzklasse entsprechen. (Bemerkung. Die Variablen $x_1, x_2, \ldots$ bezeichnen wir manchmal auch mit anderen Buchstaben, z. B. $x, y, \ldots$).

2.2.3. Beispiel. Wir kehren noch einmal zu der Aufgabe zurück, alle bezüglich der Drehgruppe des Quadrats paarweise nicht äquivalenten dreifarbigen Dominosteine zu finden. In Beispiel 2.1.5 hatten wir vermerkt, daß es 24 wesentlich verschiedene solcher Steine gibt. Diese sind in Abb. 17 dargestellt, wobei x, y, z die drei verschiedenen Farben bezeichnen. Ordnet man jedem Dominostein das Tripel (k_1, k_2, k_3) zu, wobei k_1, k_2 bzw. k_3 die Anzahl der Teildreiecke mit der Farbe x, y bzw. z sei, dann ist das Polynom

$$\begin{aligned} f(x, y, z) = {} & x^4 + x^3y + 2x^2y^2 + xy^3 + y^4 + x^3y + x^3z + 3x^2yz + 3xy^2z \\ & + 2x^2z^2 + 3xyz^2 + 2y^2z^2 + xz^3 + yz^3 + z^4 \end{aligned}$$

die erzeugende Funktion für die Äquivalenzklassen der Dominosteine, die gleich viele Dreiecke gleicher Farbe haben. Die Summe aller Koeffizienten ist 24, also gleich der Anzahl der wesentlich verschiedenen Dominosteine. Die erzeugende Funktion $f(x, y, z)$ liefert vielseitige Informationen über die Struktur aller wesentlich verschiedenen Steine (u. a. löst sie auch die Aufgabe, ihre Gesamtzahl zu bestimmen).

Hier erhebt sich die Frage, ob es einen Algorithmus gibt, wonach sich die erzeugende Funktion rein algebraisch ohne konstruktive Angabe aller

Objekte gewinnen läßt. Eine positive Antwort auf diese Frage gibt die Abzählungstheorie, die Ende der 30er Jahre durch GEORG PÓLYA begründet wurde [57]. Wir wollen uns nun mit den Grundzügen dieser Theorie beschäftigen. Für eine erschöpfendere Behandlung der Pólyaschen Methode verweisen wir auf die Literatur (z. B. [31], [29], [22]).

Abb. 17. Die 24 wesentlich verschiedenen dreifarbigen Dominosteine

B. Zerlegungen und verträgliche Mengen (Blöcke)

2.2.4. Jeder Äquivalenzrelation entspricht eine Zerlegung (in die Äquivalenzklassen) und umgekehrt (vgl. A.1.3). Wir erinnern uns, eine *Zerlegung* einer n-elementigen Menge N ist eine Familie $\mu = \{M_1, \ldots, M_s\}$ von nichtleeren Teilmengen von N mit folgenden Eigenschaften:

1. Jedes Element gehört zu einer Teilmenge, d. h. $\bigcup_{i=1}^{s} M_i = N$.
2. Die Teilmengen sind disjunkt, d. h., für $i \neq j$ ist $M_i \cap M_j = \emptyset$.

Es sei j_k die Anzahl der k-elementigen Teilmengen der Zerlegung μ. Dann nennt man den Vektor

$$\mathfrak{j}(\mu) = (j_1, j_2, \ldots, j_n)$$

den *Zerlegungsvektor* von μ.

2.2.5. Definition. Eine Teilmenge A einer Menge N heißt *verträglich* mit einer Zerlegung μ von N oder *Block* von μ, wenn für $M_i \in \mu$ aus $M_i \cap A \neq \emptyset$

stets $M_i \subseteq A$ folgt, d. h., entweder ist $A = \emptyset$ (trivialer Block) oder aber A läßt sich als Vereinigung gewisser Mengen aus μ darstellen.

Offenbar ist jedes $M_i \in \mu$ ein Block von μ, und die Vereinigung von Blöcken ist wieder ein Block.

2.2.6. Definition. Es sei a_k die Anzahl der k-elementigen Blöcke einer Zerlegung μ einer n-elementigen Menge N $(k = 1, 2, \ldots, n)$. Dann heißt das Polynom

$$f(x) = 1 + \sum_{k=1}^{n} a_k x^k$$

die *erzeugende Funktion der Blöcke von* μ (der Summand 1 entspricht dem leeren Block).

2.2.7. Lemma. *Die erzeugende Funktion der Blöcke einer Zerlegung* $\mu = \{M_1, M_2, \ldots, M_s\}$ *von* N *ist gegeben durch*

$$f(x) = \prod_{k=1}^{n} (1 + x^k)^{j_k},$$

wobei j_k *die* k*-te Komponente des Zerlegungsvektors* $\mathfrak{j}(\mu) = (j_1, j_2, \ldots, j_n)$ *ist* $(n = |N|)$.

Beweis. Ist $|M_i| = m_i$ $(i = 1, 2, \ldots, s)$, so läßt sich das Polynom $f(x) = \prod (1 + x^k)^{j_k}$ auch als

$$f(x) = (1 + x^{m_1})(1 + x^{m_2}) \cdots (1 + x^{m_s})$$

schreiben. Löst man auf der rechten Seite die Klammern auf, so erhält man $1 + \sum_{k=1}^{n} c_k x^k$, wobei c_k die Anzahl der verschiedenen Möglichkeiten ist, x^k als Produkt gewisser x^{m_i}, d. h. k als Summe gewisser m_i darzustellen. Das ist aber nichts anderes als die Anzahl der Möglichkeiten, Vereinigungen mit k Elementen aus den Mengen M_i zu bilden, d. h. die Anzahl der k-elementigen Blöcke von μ. Also ist $f(x)$ die erzeugende Funktion von μ. ∎

2.2.8. Beispiel. Für $N = \{1, 2, 3, 4, 5, 6\}$ und $\mu = \{\{1\}, \{2, 4\}, \{3, 5, 6\}\}$ ist $\mathfrak{j}(\mu) = (1, 1, 1, 0, 0, 0)$, also

$$\begin{aligned} f(x) = (1 + x)(1 + x^2)(1 + x^3) &= 1 + x + x^2 + x^3 + x^3 + x^4 + x^5 + x^6 \\ &= 1 + x + x^2 + 2x^3 + x^4 + x^5 + x^6. \end{aligned}$$

Die verträglichen Mengen, d. h. die Blöcke von μ, sind $\emptyset$, $\{1\}$, $\{2, 4\}$, $\{1, 2, 4\}$, $\{3, 5, 6\}$, $\{1, 3, 5, 6\}$, $\{2, 4, 3, 5, 6\}$, $\{1, 2, 3, 4, 5, 6\}$. Diesen Blöcken entsprechen gerade die einzelnen Summanden von $f(x)$ (vor dem Zusammenfassen der Glieder).

2.2.9. Beispiel. Es sei $|N| = n$ und μ die Zerlegung von N in einelementige Teilmengen. Dann ist $\mathfrak{j}(\mu) = (n, 0, \ldots, 0)$, und nach 2.2.7 haben wir als erzeugende Funktion

$$f(x) = (1 + x)^n = \sum_{k=0}^{n} \binom{n}{k} x^k.$$

Jede Teilmenge von N ist ein Block. Daher ist der Koeffizient $\binom{n}{k}$ von x^k in $f(x)$ gleich der Anzahl der k-elementigen Teilmengen von N. Das ist eine wohlbekannte mengentheoretische Interpretation der Binomialkoeffizienten.

C. Der Satz von Pólya (für einen Spezialfall)

2.2.10. Definition. Die einstelligen invarianten Relationen 1-***Inv*** (G, N) einer Gruppe (G, N) (vgl. 1.5.2) wollen wir auch kurz *invariante Mengen* von (G, N) nennen.

Wir erinnern daran, daß 1-***Orb*** (G, N) eine Zerlegung von N ist. Nach 1.5.8 und 1.5.9 ist jede Bahn eine invariante Menge, und jede invariante Menge ist die Vereinigung von gewissen Bahnen von (G, N). Daraus folgt sofort:

2.2.11. Lemma. *Eine Teilmenge $A \subseteq N$ ist genau dann ein Block der Zerlegung* 1-***Orb*** (G, N), *wenn A eine invariante Menge der Permutationsgruppe* (G, N) ist. ∎

Die Abzählungstheorie wurde von G. Pólya [57] maßgeblich begründet und von N. G. de Bruijn weiterentwickelt [12]. Wir behandeln zunächst einen Spezialfall des Satzes von Pólya, der für die Abzählungstheorie äußerst wichtig ist. Für eine Permutationsgruppe (G, N) beschreibt er die Anzahl der Bahnen der induzierten Permutationsgruppe $\tilde{G}$ auf der Potenzmenge $\boldsymbol{P}(N)$ aller Teilmengen von N. Die von einem $g \in G$ induzierte Permutation $\tilde{g}$ wirkt dabei auf einer Teilmenge $M \subseteq N$ gemäß $M^{\tilde{g}} = \{m^g \mid m \in M\}$ (vgl. 1.5.25). Da $|M| = |M^{\tilde{g}}|$ ist, haben alle Elemente einer Bahn von $(\tilde{G}, \boldsymbol{P}(N))$ die gleiche Mächtigkeit. Deshalb induziert G auch eine Gruppe $(\tilde{G}, \boldsymbol{P}_k(N))$ auf der Menge $\boldsymbol{P}_k(N)$ der k-elementigen Teilmengen von N (vgl. 1.5.25).

2.2.12. Für (G, N) sei t_k die Anzahl der Bahnen von $(\tilde{G}, \boldsymbol{P}(N))$, die aus k-elementigen Teilmengen von N bestehen ($k = 0, 1, \ldots, n = |N|$; $t_0 = 1$

berücksichtigt die leere Menge). Dann stimmt t_k gerade mit der Anzahl $\boldsymbol{t}\big(\overline{G}, \boldsymbol{P}_k(N)\big)$ der Bahnen der soeben betrachteten induzierten Gruppe $\big(\overline{G}, \boldsymbol{P}_k(N)\big)$ überein. In geschlossener Form kann man alle diese Zahlen durch das Polynom

$$\boldsymbol{t}_G(x) = \sum_{k=0}^{n} t_k x^k$$

(die *erzeugende Funktion für die Bahnen* von $\tilde{G}$) beschreiben. Der nächste Satz zeigt, wie sich $\boldsymbol{t}_G(x)$ aus dem Zyklenzeiger $\mathfrak{Z}(G, N)$ von G berechnen läßt. Dazu führen wir noch eine Bezeichnung ein: Ist

$$\mathfrak{Z}(G) = \frac{1}{|G|} \sum_{g \in G} \mathfrak{z}(g) = \frac{1}{|G|} \sum_{g \in G} x_1^{j_1(g)} x_2^{j_2(g)} \cdots x_n^{j_n(g)}$$

(vgl. 1.4.16) und ersetzen wir jede Variable x_k durch $1 + x^k$ $(k = 1, 2, \ldots, n)$, so erhalten wir das folgende Polynom, das mit $\mathfrak{Z}(G, 1 + x)$ bezeichnet werden:

$$\begin{aligned}\mathfrak{Z}(G, 1 + x) &= \frac{1}{|G|} \sum_{g \in G} \mathfrak{z}(g, 1 + x)\\ &= \frac{1}{|G|} \sum_{g \in G} (1 + x)^{j_1(g)} (1 + x^2)^{j_2(g)} \cdots (1 + x^n)^{j_n(g)}.\end{aligned}$$

Dabei sei $\mathfrak{z}(g, 1 + x)$ das aus $\mathfrak{z}(g)$ durch die Ersetzung entstehende Polynom.

2.2.13. Satz (Satz von Pólya für einen Spezialfall). *Es sei* (G, N) *eine Permutationsgruppe. Dann gilt*

$$\boldsymbol{t}_G(x) = \mathfrak{Z}(G, 1 + x)$$

(vgl. 2.2.12). *Insbesondere erhält man die Gesamtanzahl* $\big(= \boldsymbol{t}_G(1)\big)$ *aller Bahnen von* $\big(\tilde{G}, \boldsymbol{P}(N)\big)$ *aus dem Zyklenzeiger* $\mathfrak{Z}(G)$, *wenn man in* $\mathfrak{Z}(G)$ *alle Variablen mit dem Wert 2 belegt.*

Beweis. Für ein Polynom $f(x)$ bezeichne $\mathrm{Coef}_k\big(f(x)\big)$ den Koeffizienten von x^k in $f(x)$. Wir müssen zeigen, daß $t_k = \mathrm{Coef}_k\big(\boldsymbol{t}_G(x)\big)$ mit $\mathrm{Coef}_k\big(\mathfrak{Z}(G, 1 + x)\big)$ übereinstimmt $(k = 0, 1, \ldots, n;\ n = |N|)$.

Für $g \in G$ betrachten wir den Charakter $\chi(\bar{g})$ der induzierten Permutation $\bar{g}$ auf der Menge $\boldsymbol{P}_k(N)$. $\chi(\bar{g})$ ist gleich der Anzahl der für g (und damit auch für $\langle g \rangle$) invarianten k-elementigen Teilmengen, nach 2.2.11 also gleich der Anzahl der k-elementigen Blöcke der Zerlegung $\mu = 1\text{-}\boldsymbol{Orb}\,(\langle g \rangle, N)$ von N in die Bahnen der von g erzeugten zyklischen Gruppe $\langle g \rangle$. Die Bahnen von $\langle g \rangle$ bestehen aber gerade aus den Elementen, die in einem Zyklus der Zyklendarstellung von g vorkommen, d. h., für den Zerlegungsvektor $\mathfrak{j}(\mu) = (j_1, \ldots, j_n)$ (vgl. 2.2.4) ist j_k die Anzahl der k-elementigen Zyklen, also ist $x_1^{j_1} \cdots x_n^{j_n}$ der Typ $\mathfrak{z}(g)$ von g (vgl. S. 37f., vor 1.4.16). Nun wenden wir noch 2.2.7 an und sehen, daß $\mathfrak{z}(g, 1 + x)$ die erzeugende Funktion der Blöcke von μ ist. Zusammengefaßt erhalten wir also $\mathrm{Coef}_k\big(\mathfrak{z}(g, 1 + x)\big) = \chi(\bar{g})$. Das Lemma von CAUCHY-FROBENIUS-BURNSIDE liefert schließlich

$$t_k = \frac{1}{|G|} \sum_{g \in G} \chi(\bar{g}) = \frac{1}{|G|} \sum_{g \in G} \mathrm{Coef}_k\big(\mathfrak{z}(g, 1 + x)\big)$$
$$= \mathrm{Coef}_k\left(\frac{1}{|G|} \sum_{g \in G} \mathfrak{z}(g, 1 + x)\right) = \mathrm{Coef}_k\big(\mathfrak{Z}(G, 1 + x)\big),$$

was zu beweisen war. Die Schlußfolgerung über die Gesamtanzahl $\boldsymbol{t}_G(1)$ (= Koeffizientensumme) aller Bahnen folgt unmittelbar aus den Definitionen. ∎

2.2.14. Beispiel. Wir bestimmen noch einmal die Menge der wesentlich verschiedenen zweifarbigen quadratischen Dominosteine (vgl. 2.1.5): Eine Farbe sei fest gewählt, und die Dreiecke seien mit $1, 2, 3, 4$ numeriert. Dann ist jeder Dominostein eindeutig durch die Menge der Dreiecke mit dieser festen Farbe charakterisiert, d. h. durch eine Teilmenge von $N = \{1, 2, 3, 4\}$. Es verbleibt die Aufgabe, alle Bahnen der von (C_4, N) induzierten Gruppe $\big(\tilde{C}_4, \boldsymbol{P}(N)\big)$ zu bestimmen. Mit dem Zyklenzeiger aus 2.1.5 erhält man nach dem Satz 2.2.13 von PÓLYA

$$\boldsymbol{t}_{C_4}(x) = \mathfrak{Z}(C_4, 1 + x) = \frac{1}{4}\big((1 + x)^4 + (1 + x^2)^2 + 2(1 + x^4)\big)$$
$$= 1 + x + 2x^2 + x^3 + x^4.$$

Die Koeffizienten $t_k = \mathrm{Coef}_k\big(\boldsymbol{t}_{C_4}(x)\big)$ klassifizieren die 6 $\big(= \boldsymbol{t}_{C_4}(1)\big)$ wesentlich verschiedenen zweifarbigen Dominosteine. Dieses Resultat stimmt mit dem in 2.1.5 konstruktiv gewonnenen Ergebnis überein.

D. Der polynomische Lehrsatz

Wir verallgemeinern hier den binomischen Lehrsatz und untersuchen, wie sich eine beliebige Potenz $(x_1 + x_2 + \cdots + x_k)^n$ eines Polynoms aus den Potenzen der einzelnen Glieder zusammensetzt. Dieses Ergebnis wird später benötigt, es ist aber auch von selbständigem Interesse.

2.2.15. Definition. Es seien $m_1, m_2, \ldots, m_k$ natürliche Zahlen und $n = m_1 + m_2 + \cdots + m_k$. Unter einer *Permutation mit Wiederholung vom Typ* $(m_1, m_2, \ldots, m_k)$ auf einer Menge A mit k Symbolen (z. B.

$A = \{a_1, a_2, \ldots, a_k\}$) versteht man ein Element $(b_1, b_2, \ldots, b_n) \in A^n$ mit der Eigenschaft, daß das Symbol $a_i \in A$ genau m_i-mal unter den $b_1, b_2, \ldots, b_n$ vorkommt ($i = 1, \ldots, k$).

Anmerkung. Es sei N eine n-elementige Menge und $\mu = \{M_1, M_2, \ldots, M_k\}$ eine Zerlegung von N mit $|M_i| = m_i$ ($i = 1, \ldots, k$). Dann ist $m_1 + m_2 + \cdots + m_k = n$. Elemente, die in derselben Teilmenge M_i liegen, sollen nun als nicht unterscheidbar gelten. Dann wird man zwei Folgen[1] $(b_1, \ldots, b_n)$ und $(b_1', \ldots, b_n')$ der n Elemente von N als nicht unterscheidbar ansehen, wenn ihre Komponenten b_i und b_i' (für $i = 1, \ldots, n$) nicht unterscheidbar sind, mit anderen Worten, wenn die Permutation $\begin{pmatrix} b_1 \ldots b_n \\ b_1' \ldots b_n' \end{pmatrix} \in \mathbf{S}(N)$ die Zerlegung μ respektiert, d. h. jede Teilmenge M_i in sich überführt. Die Menge der (bezüglich μ) unterscheidbaren Folgen $(b_1, \ldots, b_n)$ der Elemente von N entspricht dann gerade der Menge der Permutationen mit Wiederholung vom Typ $(m_1, \ldots, m_k)$.

2.2.16. Satz. *Die Anzahl der verschiedenen Permutationen mit Wiederholung vom Typ $(m_1, m_2, \ldots, m_k)$ mit $m_1 + m_2 + \cdots + m_k = n$ ist*

$$P(m_1, m_2, \ldots, m_k) = \frac{n!}{m_1!\, m_2! \cdots m_k!}.$$

Beweis. Wie in der obigen Anmerkung sei $\mu = \{M_1, \ldots, M_k\}$ eine Zerlegung von N, $|N| = n$, $|M_i| = m_i$. Weiter sei G die Untergruppe von $\mathbf{S}(N)$, die aus allen Permutationen besteht, welche die Zerlegung μ respektieren. Offenbar ist $G \cong \mathbf{S}(M_1) \times \mathbf{S}(M_2) \times \cdots \times \mathbf{S}(M_k)$, d. h. $|G| = m_1!\, m_2! \cdots m_k!$.

Ordnet man nun jeder Folge[1] $(b_1, b_2, \ldots, b_n)$ der Elemente von N, aufgefaßt als Permutation mit Wiederholung vom Typ $(m_1, m_2, \ldots, m_k)$, die Linksnebenklasse gG (vgl. 1.3.1) mit $g = \begin{pmatrix} 1 & 2 & \ldots & n \\ b_1 & b_2 & \ldots & b_n \end{pmatrix}$ zu, so ist dies eine Bijektion, denn nach der Anmerkung zu 2.2.15 sind zwei Folgen $(b_1, \ldots, b_n)$, $(b_1', \ldots, b_n')$ genau dann nicht unterscheidbar (d. h. stellen die gleiche Permutation mit Wiederholung dar), wenn $\begin{pmatrix} b_1 \ldots b_n \\ b_1' \ldots b_n' \end{pmatrix} = g^{-1}g' \in G$ ist, d. h. $g' \in gG$, für die Permutation $g' = \begin{pmatrix} 1 \ldots n \\ b_1' \ldots b_n' \end{pmatrix}$. Der Satz von Lagrange (1.3.2) liefert deshalb

$$P(m_1, m_2, \ldots, m_k) = [\mathbf{S}(N) : G] = \frac{|\mathbf{S}(N)|}{|G|} = \frac{n!}{m_1!\, m_2! \cdots m_k!}. \blacksquare$$

---

[1]) d. h. Anordnung der Elemente von N (vgl. S. 17)

2.2.17. Beispiel. Wieviel verschiedene Wörter kann man aus allen Buchstaben des Wortes *ARARAT* bilden? Wir fassen diese Wörter als Permutation mit Wiederholung vom Typ (3, 2, 1) auf der Menge $\{A, R, T\}$ der Buchstaben auf und finden $P(3, 2, 1) = \frac{6!}{3!\,2!\,1!} = 60$.

2.2.18. Definition. Zerlegt man eine natürliche Zahl in die Summe von k nichtnegativen ganzen Zahlen gemäß

$$n = m_1 + m_2 + \cdots + m_k,$$

so spricht man von einer *Partition* von n. Je nachdem, ob die Reihenfolge der Summanden eine Rolle spielt oder nicht, unterscheidet man zwischen (*geordneten*) *Partitionen* und *ungeordneten Partitionen*. Im letzteren Fall kann man $m_1 \geqq m_2 \geqq \cdots \geqq m_k$ annehmen. Die Menge aller Partitionen von n in k Summanden bezeichnen wir mit $\mathfrak{R}(n, k)$.

2.2.19. Beispiel. Es gibt genau die folgenden neun ungeordneten Partitionen der Zahl 6 als Summe von vier Summanden:

$$\begin{aligned} 6 &= 6 + 0 + 0 + 0, \qquad & 6 &= 3 + 2 + 1 + 0,\\ 6 &= 5 + 1 + 0 + 0, & 6 &= 3 + 1 + 1 + 1,\\ 6 &= 4 + 2 + 0 + 0, & 6 &= 2 + 2 + 2 + 0,\\ 6 &= 4 + 1 + 1 + 0, & 6 &= 2 + 2 + 1 + 1.\\ 6 &= 3 + 3 + 0 + 0, \end{aligned}$$

Durch Vertauschung der Summanden entstehen daraus alle Partitionen aus $\mathfrak{R}(6, 4)$.

2.2.20. Satz (Polynomischer Lehrsatz). *Es gilt*

$$(x_1 + x_2 + \cdots + x_k)^n = \sum_{\mathfrak{R}(n,k)} \frac{n!}{m_1!\, m_2! \cdots m_n!}\, x_1^{m_1} x_2^{m_2} \cdots x_k^{m_k}.$$

Dabei erstreckt sich die Summe über alle (geordneten) Partitionen $n = m_1 + m_2 + \cdots + m_k$ *aus* $\mathfrak{R}(n, k)$.

Beweis. Offenbar ist $(x_1 + x_2 + \cdots + x_k)^n$ ein homogenes symmetrisches Polynom n-ten Grades in k Variablen. Beim Ausmultiplizieren treten alle Glieder der Form $x_1^{m_1} x_2^{m_2} \cdots x_k^{m_k}$ auf, die den geordneten Partitionen $n = m_1 + m_2 + \cdots + m_k$ entsprechen. Und zwar tritt dabei $x_1^{m_1} x_2^{m_2} \cdots x_k^{m_k}$ genausooft auf, wie es Permutationen mit Wiederholung vom Typ $(m_1, m_2, \ldots, m_k)$ gibt, also ist $P(m_1, m_2, \ldots, m_k)$ (vgl. 2.2.16) der entsprechende

Koeffizient. (Bemerkung. Glieder, die ein und derselben ungeordneten Partition entsprechen, haben dabei gleiche Koeffizienten.) Mit 2.2.16 ist alles bewiesen. ∎

E. Der Pólyasche Abzählungssatz für den Fall von mehreren Variablen

2.2.21. Der Pólyasche Satz 2.2.13 gab eine Übersicht über die Bahnen einer Permutationsgruppe (G, N) auf der Potenzmenge $\boldsymbol{P}(N)$. Die Potenzmenge kann man äquivalent als die Menge $\{0, 1\}^N$ aller Funktionen $f\colon N \to \{0, 1\}$ beschreiben; jedem $M \subseteq N$ entspricht dabei seine charakteristische Funktion f_M (d. h. $f_M(a) = 1$, falls $a \in M$, $f_M(a) = 0$, falls $a \notin M$ ist). Die Wirkung $\tilde{g}$ von $g \in G$ auf f_M ist gegeben durch $f_M^{\tilde{g}} := f_{M^g}$, was elementweise durch $f_M^{\tilde{g}}(a) = f_M(a^{g^{-1}})$ oder $f_M^{\tilde{g}}(a^g) = f_M(a)$ beschrieben werden kann $(a \in N)$.

Diese Situation wird nun verallgemeinert: Statt $\{0, 1\}$ wird eine beliebige Menge R genommen und die Menge R^N aller Funktionen $f\colon N \to R$ betrachtet. Jede Permutation $g \in G$ induziert auf R^N eine Permutation $\tilde{g}$ gemäß

$$f^{\tilde{g}}(a) := f(a^{g^{-1}}) \quad (\text{für } a \in N)$$

(d. h., $f^{\tilde{g}}$ ist die Hintereinanderausführung der Abbildung g^{-1} und f), und wir erhalten eine induzierte Permutationsgruppe $(\tilde{G}, R^N)$ (häufig schreibt man g statt $\tilde{g}$ und G statt $\tilde{G}$, wenn klar ist, daß es sich um die induzierte Wirkung handelt). Ist die Reihenfolge der Elemente von R vorgegeben, beispielsweise $R = \{1, 2, \ldots, r\}$, und ist $f \in R^N$, so nennt man den Ausdruck $z_1^{m_1} z_2^{m_2} \cdots z_r^{m_r}$ ($z_1, \ldots, z_r$ sind als Variable aufzufassen) den *Typ* von f, wobei $m_i = |\{a \in N \mid f(a) = i\}|$ die Anzahl der Elemente von N ist, die f auf i abbildet $(i \in R)$. Es gilt dabei stets $n = m_1 + m_2 + \cdots + m_r$ für $n = |N|$. Offenbar haben f und $f^{\tilde{g}}$ für jedes $f \in R^N$ und $g \in G$ den gleichen Typ, so daß man die Gruppe G auch als Permutationsgruppe auf allen Funktionen $f \in R^N$ eines festen Typs betrachten kann. Es bezeichne $A_{m_1 m_2 \ldots m_r}$ die Anzahl der Bahnen von G auf der Menge aller Funktionen $f \in R^N$ mit dem Typ $z_1^{m_1} z_2^{m_2} \cdots z_r^{m_r}$. Dann gibt die erzeugende Funktion für die Bahnen von $\tilde{G}$, d. h. das Polynom

$$\boldsymbol{t}_G(z_1, z_2, \ldots, z_r) = \sum A_{m_1 m_2 \ldots m_r} z_1^{m_1} z_2^{m_2} \cdots z_r^{m_r}$$

(die Summe erstreckt sich über alle Partitionen $n = m_1 + m_2 + \cdots + m_r$ aus $\mathfrak{R}(n, r)$, vgl. 2.2.18) eine weitreichende Information über alle Bahnen der Gruppe $(\tilde{G}, R^N)$. Insbesondere ist $\boldsymbol{t}_G(1, 1, \ldots, 1)$ die Anzahl $\boldsymbol{t}(\tilde{G}, R^N)$ aller Bahnen.

Vergegenwärtigen wir uns dies noch einmal für den Fall einer zweielementigen Menge R ($r = 2$). Dann ist stets $m_1 = n - m_2$. Der Koeffizient $A_{m_1m_2}$ von $z_1^{m_1}z_2^{m_2}$ ist daher gleich dem Koeffizienten von $z_2^{m_2}$ in dem Polynom $\boldsymbol{t}_G(1, z_2)$. Da R^N, wie wir oben sahen, mit der Potenzmenge $\boldsymbol{P}(N)$ identifiziert werden kann und $f_M \in R^N$ den Typ $z_1^{n-k}z_2^k$ genau dann hat, wenn die f_M entsprechende Teilmenge $M \subseteq N$ k-elementig ist, so ist $A_{n-k,k}$ nichts anderes als t_k, d. h., wir haben $\boldsymbol{t}_G(x) = \boldsymbol{t}_G(z_1, z_2)$ mit $z_1 = 1$ und $z_2 = x$ (vgl. 2.2.12).

Der nächste Satz wird uns zeigen, wie das wichtige Polynom $\boldsymbol{t}_G(z_1, z_2, \ldots, z_r)$ aus dem Zyklenzeiger $\mathfrak{Z}(G)$ berechnet werden kann. Dazu benötigen wir noch eine Bezeichnung:

2.2.22. Ist $\mathfrak{Z}(G) = \frac{1}{|G|} \sum_{g \in G} x_1^{j_1(g)} x_2^{j_2(g)} \cdots x_n^{j_n(g)}$ der Zyklenzeiger einer Permutationsgruppe G, so bezeichne $\mathfrak{Z}(G; z_1, z_2, \ldots, z_r)$ das Polynom

$$\mathfrak{Z}(G; z_1, z_2, \ldots, z_r)$$
$$= \frac{1}{|G|} \sum_{g \in G} (z_1 + \cdots + z_r)^{j_1(g)} (z_1^2 + \cdots + z_r^2)^{j_2(g)} \cdots (z_1^n + \cdots + z_r^n)^{j_n(g)},$$

das aus $\mathfrak{Z}(G)$ hervorgeht, wenn die Variable x_i durch $z_1^i + z_2^i + \cdots + z_r^i$ ersetzt wird ($i = 1, \ldots, n$).

2.2.23. Satz (Pólyascher Abzählungssatz für mehrere Variable). *Es sei* (G, N) *eine Permutationsgruppe. Dann gilt*

$$\boldsymbol{t}_G(z_1, z_2, \ldots, z_r) = \mathfrak{Z}(G; z_1, z_2, \ldots, z_r)$$

(zu den Bezeichnungen vgl. 2.2.21, 2.2.22).

Auf den Beweis verzichten wir hier. Er verläuft analog zum Beweis von 2.2.13, ist aber technisch aufwendiger (∎).

2.2.24. Bemerkungen. a) Den Satz 2.2.13 erhält man (mit den Überlegungen in 2.2.21) aus 2.2.23, wenn $r = 2$, $z_1 = 1$ und $z_2 = x$ gesetzt wird.

b) Auch im allgemeinen setzt man meist $z_1 = 1$, da dabei keine Information verlorengeht: wegen $n = m_1 + m_2 + \cdots + m_r$ ist der Koeffizient $A_{m_1m_2\cdots m_r}$ von $z_1^{m_1}z_2^{m_2} \cdots z_r^{m_r}$ im Polynom $\mathfrak{Z}(G; z_1, z_2, \ldots, z_r)$ gleich dem Koeffizienten von $z_2^{m_2} \cdots z_r^{m_r}$ im Polynom $\mathfrak{Z}(G; 1, z_2, \ldots, z_r)$.

c) Die Sätze 2.2.13 und 2.2.23 werden in der Pólyaschen Abzählungstheorie gewöhnlich noch allgemeiner formuliert. Jedes Element aus R ist dann mit einem gewissen „Gewicht“ (aus einem kommutativen Ring) versehen.

2.2.25. Beispiel. In 2.2.3 konnten wir die erzeugende Funktion $f(x, y, z)$ für die wesentlich verschiedenen dreifarbigen quadratischen Dominosteine angeben, nachdem zuvor alle diese Dominosteine konstruktiv gegeben waren (Abb. 17). Mit Satz 2.2.23 haben wir es leichter: Jeder dreifarbige Dominostein kann durch eine Funktion aus R^N für die Menge $R = \{x, y, z\}$ der Farben und die Menge $N = \{1, 2, 3, 4\}$ der Dreiecke beschrieben werden, indem jedem Dreieck seine Farbe zugeordnet wird. Wir müssen also die Bahnen der Drehgruppe C_4 des Quadrats auf der Menge R^N kennen, um alle wesentlich verschiedenen Dominosteine zu beschreiben. Mit 2.2.23 erhalten wir aus dem Zyklenzeiger $\mathfrak{Z}(C_4, N) = \frac{1}{4}(x_1^4 + x_2^2 + 2x_4)$ die erzeugende Funktion

$$\begin{aligned} t_{C_4}(x, y, z) &= \mathfrak{Z}(C_4; x, y, z) \\ &= \frac{1}{4}\left((x + y + z)^4 + (x^2 + y^2 + z^2)^2 + 2(x^4 + y^4 + z^4)\right) \end{aligned}$$

für die Bahnen der induzierten Gruppe $(\tilde{C}_4, R^N)$. Durch Ausrechnen überzeugt man sich, daß tatsächlich $t_{C_4}(x, y, z) = f(x, y, z)$ für die in 2.2.3 beschriebene erzeugende Funktion f gilt.

2.3. Abzählung von Färbungen

In diesem Abschnitt betrachten wir Aufgaben aus der Unterhaltungsmathematik, um den Leser mit der Pólyaschen Methode weiter vertraut zu machen. Zu Beginn wenden wir uns einer Aufgabe zu, die zunächst mit dem Lemma von Cauchy-Frobenius-Burnside gelöst wird. Danach zeigen wir anhand mehrerer Beispiele das Standardverfahren, nach dem mit der Methode von Pólya bei solchen Abzählungsaufgaben vorzugehen ist.

A. Färbungen von Polyedern

2.3.1. Beispiel. Die Flächen eines Würfels sollen mit zwei Farben (schwarz und weiß) gefärbt werden. Zwei Färbungen nennen wir dabei *äquivalent*, wenn sie durch eine Drehung des Würfels ineinander übergeführt werden können. Wieviel paarweise nichtäquivalente Färbungen der Würfelflächen gibt es?

Bevor wir an die Lösung dieser Aufgabe gehen, schauen wir noch einmal Abb. 8 (S. 57) an und bezeichnen die Flächen des Würfels wie folgt:

α_1	Vorderfläche (3, 6, 7, 4),	α_4	rechte Fläche (3, 2, 5, 6),
α_2	linke Fläche (4, 1, 8, 7),	α_5	untere Fläche (5, 6, 7, 8),
α_3	obere Fläche (1, 2, 3, 4),	α_6	hintere Fläche (1, 2, 5, 8).

Jede Drehung des Würfels $g \in \boldsymbol{D}^+(\mathscr{W})$ bewirkt eine Permutation $\bar{g}$ der Menge $\boldsymbol{F}(\mathscr{W}) = \{\alpha_1, \alpha_2, \alpha_3, \alpha_4, \alpha_5, \alpha_6\}$ der Flächen. Dabei haben die fünf Klassen zueinander konjugierter Elemente der so durch $\boldsymbol{D}^+(\mathscr{W})$ induzierten Gruppe $\bar{\boldsymbol{D}}^+(\mathscr{W})$ (vgl. 1.6.13) folgende Repräsentaten:

$$\bar{g}_1 = (\alpha_1)(\alpha_2)(\alpha_3)(\alpha_4)(\alpha_5)(\alpha_6) = e,$$

$$\bar{g}_2 = (\alpha_1\alpha_5\alpha_4)(\alpha_2\alpha_6\alpha_3),$$

$$\bar{g}_3 = (\alpha_1)(\alpha_2\alpha_4)(\alpha_3\alpha_5)(\alpha_6),$$

$$\bar{g}_4 = (\alpha_1\alpha_5)(\alpha_2\alpha_4)(\alpha_3\alpha_6),$$

$$\bar{g}_5 = (\alpha_1)(\alpha_2\alpha_3\alpha_4\alpha_5)(\alpha_6).$$

Folglich ist der Zyklenzeiger

$$\mathfrak{Z}\big(\bar{\boldsymbol{D}}^+(\mathscr{W}), \boldsymbol{F}(\mathscr{W})\big) = \frac{1}{24}(x_1^6 + 3x_1^2x_2^2 + 6x_1^2x_4 + 6x_2^3 + 8x_3^2).$$

Mit 1.7.7 hätte man dieses Ergebnis auch sofort erhalten können, da $\mathfrak{Z}\big(\bar{\boldsymbol{D}}^+(\mathscr{W}), \boldsymbol{F}(\mathscr{W})\big) = \mathfrak{Z}\big(\boldsymbol{D}^+(\mathscr{O}), V(\mathscr{O})\big)$ ist ($V(\mathscr{O})$ bezeichne die Eckpunkte von $\mathscr{O}$). Man sieht hier übrigens, daß die Permutationen der dritten und vierten Konjugiertheitsklasse bei Wirkung auf die Ecken ähnlich sind, bei Wirkung auf die Flächen dagegen nicht.

Mit $\tilde{\boldsymbol{F}}$ bezeichnen wir die Menge aller Färbungen der Würfelflächen; eine Färbung können wir dabei eindeutig durch eine Funktion $f \in \{w, s\}^{\boldsymbol{F}(\mathscr{W})}$ charakterisieren, die jeder Würfelseite $\alpha \in \boldsymbol{F}(\mathscr{W})$ eine Farbe $f(\alpha)$ zuordnet, wobei $f(\alpha) = \mathrm{w}$ (weiß) oder $f(\alpha) = \mathrm{s}$ (schwarz) sein kann. Also gibt es insgesamt $|\tilde{\boldsymbol{F}}| = 2^{|\boldsymbol{F}(\mathscr{W})|} = 2^6 = 64$ verschiedene Färbungen des Würfels. Bei einer Drehung des Würfels geht jede Färbung in eine andere über; $\bar{\boldsymbol{D}}^+(\mathscr{W})$ induziert also eine Permutationsgruppe $\big(\tilde{\boldsymbol{D}}^+(\mathscr{W}), \tilde{\boldsymbol{F}}\big)$ auf der Menge der Färbungen. Der gleiche Schluß wie in 2.1.5 (Färbung von Quadratseiten mit n Farben) liefert uns $\chi(\tilde{g}) = 2^{c(\bar{g})}$ für den Charakter $\chi(\tilde{g})$ der einem $g \in \boldsymbol{D}^+$ (genauer $\bar{g} \in \bar{\boldsymbol{D}}^+$) entsprechenden induzierten Permutation $\tilde{g} \in \tilde{\boldsymbol{D}}^+$ (hier ist $n = 2$). Wendet man das Lemma von Cauchy-Frobenius-Burnside auf $(\tilde{\boldsymbol{D}}^+, \tilde{\boldsymbol{F}})$ an, so erhält man für die Anzahl der Bahnen von $\tilde{\boldsymbol{D}}^+$ in $\tilde{\boldsymbol{F}}$ die Zahl

$$t(\tilde{\boldsymbol{D}}^+, \tilde{\boldsymbol{F}}) = \frac{1}{24}(2^6 + 3 \cdot 2^4 + 6 \cdot 2^3 + 6 \cdot 2^3 + 8 \cdot 2^2) = 10.$$

Es gibt also zehn paarweise nichtäquivalente Färbungen der Würfelflächen mit zwei Farben. Ihnen entsprechen etwa die folgenden Färbungen:

w w w w w w,	w w s s s w,
w s s s s s,	s w w w w s,
w w s s s s,	s s w w w w,
w s s s s w,	s w w w w w,
w w w s s s,	s s s s s s

(dabei haben wir eine Färbung f durch die Folge $f(\alpha_1)\, f(\alpha_2) \cdots f(\alpha_6)$ der Farben der einzelnen Würfelflächen beschrieben).

2.3.2. Noch einfacher erhalten wir das Resultat aus 2.3.1, wenn wir die Pólya-Theorie anwenden. Wie in 2.2.21 speziell für Funktionen $f \in R^N$ mit $|R| = 2$ vorgeführt wurde, erhält man $\boldsymbol{t}(\tilde{\boldsymbol{D}}^+, \tilde{\boldsymbol{F}})$ aus $\boldsymbol{t}_{(\tilde{\boldsymbol{D}}^+, \tilde{\boldsymbol{F}})}(x)$, wenn $x = 1$ gesetzt wird, nach 2.2.13 also aus dem Zyklenzeiger von $\left(\overline{\boldsymbol{D}}^+(\mathcal{W}), \boldsymbol{F}(\mathcal{W})\right)$, wenn jede Variable x_i gleich $1 + 1^i = 2$ gesetzt wird. Mit dem in 2.3.1 berechneten Zyklenzeiger ergibt sich

$$\begin{aligned}\boldsymbol{t}_{(\tilde{\boldsymbol{D}}^+, \tilde{\boldsymbol{F}})}(x) &= \mathfrak{Z}\left(\overline{\boldsymbol{D}}^+(\mathcal{W}), 1 + x\right)\\ &= \frac{1}{24}\left((1 + x)^6 + 3(1 + x)^2\,(1 + x^2)^2 + 6(1 + x)^2\,(1 + x^4)\right.\\ &\qquad \left. + 6(1 + x^2)^3 + 8(1 + x^3)^2\right)\\ &= 1 + x + 2x^2 + 2x^3 + 2x^4 + x^5 + x^6.\end{aligned}$$

Insbesondere ist $\boldsymbol{t}(\tilde{\boldsymbol{D}}^+, \tilde{\boldsymbol{F}}) = \boldsymbol{t}_{(\tilde{\boldsymbol{D}}^+, \tilde{\boldsymbol{F}})}(1) = 10$, was mit 2.3.1 übereinstimmt.

Völlig analog lassen sich ähnliche Aufgaben lösen. Wir demonstrieren das an weiteren Beispielen.

2.3.3. Beispiel. Auf wieviel wesentlich verschiedene Arten (im gleichen Sinn wie in 2.3.1, d. h. bezüglich $\overline{\boldsymbol{D}}^+(\mathcal{W})$) lassen sich die Flächen eines Würfels mit höchstens drei Farben färben?

Die Antwort auf diese Frage ergibt sich folgendermaßen: Jede Färbung ist als Abbildung $f \in \tilde{\boldsymbol{F}} = \{x, y, z\}^{\boldsymbol{F}(\mathcal{W})}$ der Menge $\boldsymbol{F}(\mathcal{W})$ der Flächen in die Menge $R = \{x, y, z\}$ der Farben beschreibbar. Die Anzahl der wesentlich verschiedenen Färbungen ist gleich der Anzahl der Bahnen der induzierten Permutationsgruppe $G = \left(\tilde{\boldsymbol{D}}^+(\mathcal{W}), \tilde{\boldsymbol{F}}\right)$. Nach 2.2.23 erhält man nun die Gesamtzahl $\boldsymbol{t}_G(1, 1, 1)$ der Bahnen von G aus dem Zyklenzeiger von $\left(\overline{\boldsymbol{D}}^+(\mathcal{W}), \boldsymbol{F}(\mathcal{W})\right)$ (vgl. 2.3.1), wenn die Variablen x_i durch $z_1^i + z_2^i + z_3^i$ mit

$z_1 = z_2 = z_3 = 1$, also durch den Wert 3, ersetzt werden, d. h.

$$t(\tilde{D}^+, \tilde{F}) = \frac{1}{24}\,(3^6 + 3 \cdot 3^2 \cdot 3^2 + 6 \cdot 3^2 \cdot 3 + 6 \cdot 3^3 + 8 \cdot 3^2) = 57.$$

2.3.4. Beispiel. Auf wieviel bezüglich der Drehgruppe $\boldsymbol{D}^+(\mathfrak{I})$ wesentlich verschiedene Arten kann man drei gleichgroße Kugeln in den Ecken eines regelmäßigen Ikosaeders unterbringen?

Diese Aufgabe führt zur Abzählung der Bahnen der durch $G = (\boldsymbol{D}^+(\mathfrak{I}), V(\mathfrak{I}))$ induzierten Gruppe $\tilde{\boldsymbol{D}}^+(\mathfrak{I})$ auf der Menge der dreielementigen Teilmengen von $V(\mathfrak{I})$ (= Menge der Ecken von $\mathfrak{I}$). Die Anzahl dieser Bahnen ist nach 2.2.12 gleich dem Koeffizienten t_3 von x^3 im erzeugenden Polynom $t_G(x)$, gemäß 2.2.13 (Satz von Pólya) also gleich dem Koeffizienten $\mathrm{Coef}_3\,(\mathfrak{Z}(G, 1 + x))$ von x^3 im Polynom

$$\mathfrak{Z}(G, 1 + x) = \frac{1}{60}\Big((1 + x)^{12} + 24(1 + x)^2\,(1 + x^5)^2 + 15(1 + x^2)^6 + 20(1 + x^3)^4\Big)$$

(vgl. 1.6.15), d. h.

$$\mathrm{Coef}_3\,(\mathfrak{Z}(G, 1 + x)) = \frac{1}{60}\left(\binom{12}{3} + 20 \cdot \binom{4}{1}\right) = 5;$$

es gibt also fünf wesentlich verschiedene Möglichkeiten für die drei Kugeln, z. B. die folgenden Eckpunktmengen (vgl. Abb. 10, S. 58) $\{1, 2, 6\}$, $\{1, 2, 5\}$, $\{1, 2, 9\}$, $\{1, 2, 10\}$, $\{1, 7, 9\}$.

2.3.5. Beispiel. Auf wieviel wesentlich verschiedene (vgl. 2.3.4) Arten lassen sich in den Ecken eines Ikosaeders zwei rote, eine weiße und eine blaue Kugel unterbringen? Die roten Kugeln gelten dabei als nicht unterscheidbar.

Jede Verteilung der Kugeln läßt sich als Abbildung $f \in R^{V(\mathfrak{I})}$ der Eckpunktmenge $V(\mathfrak{I})$ von $\mathfrak{I}$ in die Menge $R = \{1, 2, 3, 4\}$ charakterisieren, wobei $f(a)$ gleich 1, 2, 3 bzw. 4 sei, wenn sich in der Ecke $a \in V(\mathfrak{I})$ keine Kugel, eine rote, eine weiße bzw. eine blaue Kugel befindet. Gemäß 2.2.23 gibt die Antwort auf die obige Frage der Koeffizient A_{8211} von $z_1^8 z_2^2 z_3^1 z_4^1$ im Polynom $t_{\boldsymbol{D}^+(\mathfrak{I})}(z_1, z_2, z_3, z_4) = \mathfrak{Z}(\boldsymbol{D}^+(\mathfrak{I}); z_1, z_2, z_3, z_4)$ oder aber (vgl. 2.2.24 b), wir setzen $z_1 = 1$, $z_2 = x$, $z_3 = y$, $z_4 = z$) der Koeffizient von x^2yz im Polynom

$$\mathfrak{Z}(\boldsymbol{D}^+(\mathfrak{I}); 1, x, y, z) = \frac{1}{60}\Big((1 + x + y + z)^{12} + 24(1 + x + y + z)^2\,(1 + x^5 + y^5 + z^5)^2 + 15(1 + x^2 + y^2 + z^2)^6 + 20(1 + x^3 + y^3 + z^3)^4\Big);$$

dieser Koeffizient ergibt sich dabei zu (vgl. 2.2.20)

$$\frac{1}{60}\cdot\frac{12!}{8!\,2!\,1!\,1!} = 99.$$

2.3.5. Beispiel. Die vorige Aufgabe 2.3.5 ist unter der zusätzlichen Voraussetzung zu lösen, daß zwei Kugelverteilungen äquivalent sind, wenn sie durch eine beliebige Symmetrietransformation des Ikosaeders ineinander übergeführt werden. In diesem Fall ist der Zyklenzeiger der gesamten Ikosaedergruppe $\boldsymbol{D}(\mathcal{J})$ (nicht nur $\boldsymbol{D}^+(\mathcal{J})$) zu berücksichtigen. Wir finden für

$$\begin{aligned}\mathfrak{Z}\big(\boldsymbol{D}(\mathcal{J});\,1,x,y,z\big) = \frac{1}{120}\big(&(1+x+y+z)^{12}\\ &+15(1+x+y+z)^4\,(1+x^2+y^2+z^2)^4\\ &+24(1+x+y+z)^2\,(1+x^5+y^5+z^5)^2\\ &+15(1+x^2+y^2+z^2)^6\\ &+24(1+x^2+y^2+z^2)\,(1+x^{10}+y^{10}+z^{10})\\ &+20(1+x^3+y^3+z^3)^4+20(1+x^6+y^6+z^6)^2\big)\end{aligned}$$

(vgl. 1.6.15) als Koeffizient von x^2yz

$$\frac{1}{120}\left(\frac{12!}{8!\,2!\,1!\,1!}+15\left(\frac{4!}{0!\,2!\,1!\,1!}+\frac{4!}{2!\,0!\,1!\,1!}\cdot\frac{4!}{3!\,1!\,0!\,0!}\right)\right) = 57.$$

B. Färbungen von Ketten

2.3.7. In diesem Abschnitt beschäftigen wir uns mit folgender Aufgabe: Es seien n Glasperlen in m verschiedenen Farben gegeben. Dabei sollen genau n_i Perlen mit der Farbe i vorhanden sein, d. h.

$$n_1+n_2+\cdots+n_m = n.$$

Perlen gleicher Farbe gelten als nicht unterscheidbar.

Fädelt man die Perlen auf einen Faden, der danach an den Enden zusammengebunden wird, so erhält man Ketten, von denen zwei *äquivalent* genannt werden sollen, wenn sie durch zyklisches Verschieben (längs des Fadens) oder durch Umdrehen der Kette als Ganzes auseinander hervorgehen. Die Frage ist nun, wieviel wesentlich verschiedene (d. h. nicht äquivalente) Ketten kann man aus den gegebenen Perlen auffädeln?

Legt man eine Perlenkette kreisförmig, so daß die Perlen ein regelmäßiges n-Eck bilden, dann sieht man sofort, daß erstens jede Kette durch eine Funktion f der Menge $V_n = \{1, 2, \ldots, n\}$ der Punkte des n-Ecks in die Menge $R = \{1, 2, \ldots, m\}$ der Farben beschrieben werden kann und daß zweitens zwei Ketten genau dann äquivalent sind, wenn sie (d. h. die entsprechend gefärbten n-Ecke) mit einer Transformation aus der Diedergruppe D_n (vgl. 1.6.5) ineinander übergeführt werden können. Die Anwendung von 2.2.23 (Abzählungssatz für mehrere Variable) liefert die erzeugende Funktion für die Bahnen der von D_n auf R^{V_n} induzierten Gruppe, wenn man im Zyklenzeiger $\mathfrak{Z}(D_n, V_n)$ die Variablen x_i durch $z_1^i + z_2^i + \cdots + z_m^i$ (bzw. durch $1 + z_2^i + \cdots + z_m^i$, vgl. 2.2.24b)) ersetzt. Berechnet man den Koeffizienten von $z_1^{n_1} z_2^{n_2} \cdots z_m^{n_m}$ (bzw. von $z_2^{n_2} \cdots z_m^{n_m}$) in diesem Polynom $\mathfrak{Z}(D_n; z_1, z_2, \ldots, z_m)$ (bzw. $\mathfrak{Z}(D_n; 1, z_2, \ldots, z_m)$), so ist dieser gleich der Anzahl der Bahnen von D_n auf der Menge der Funktionen $f \in R^{V_n}$ vom Typ $z_1^{n_1} z_2^{n_2} \cdots z_m^{n_m}$ (vgl. 2.2.21), also gleich der gesuchten Anzahl der wesentlich verschiedenen Ketten mit n_i Perlen der Farbe i $(i = 1, \ldots, m)$.

2.3.8. Beispiel. Wieviel wesentlich verschiedene Ketten lassen sich aus zwei roten, zwei blauen, zwei gelben und zwei grünen Perlen fädeln?

Wir gehen gemäß 2.3.7 vor und erhalten $n = 8$, $n_1 = n_2 = n_3 = n_4 = 2$, $m = 4$,

$$\mathfrak{Z}(D_8) = \frac{1}{16} (x_1^8 + 4x_1^2 x_2^3 + 5x_2^4 + 2x_4^2 + 4x_8) \qquad \text{(vgl. 1.6.8)},$$

$$\begin{aligned} \mathfrak{Z}(D_8; z_1, z_2, z_3, z_4) = \frac{1}{16} \Big(& (z_1 + z_2 + z_3 + z_4)^8 \\ & + 4(z_1 + z_2 + z_3 + z_4)^2 (z_1^2 + z_2^2 + z_3^2 + z_4^2)^3 \\ & + 5(z_1^2 + z_2^2 + z_3^2 + z_4^2)^4 + 2(z_1^4 + z_2^4 + z_3^4 + z_4^4)^2 \\ & + 4(z_1^8 + z_2^8 + z_3^8 + z_4^8) \Big). \end{aligned}$$

Für den Koeffizienten A_{2222} von $z_1^2 z_2^2 z_3^2 z_4^2$ ergibt sich damit (vgl. 2.2.20)

$$\begin{aligned} A_{2222} &= \frac{1}{16} \left(\frac{8!}{2!\,2!\,2!\,2!} + 4 \cdot 4 \cdot \frac{3!}{1!\,1!\,1!} + 5 \cdot \frac{4!}{1!\,1!\,1!\,1!} \right) \\ &= \frac{1}{16} (2520 + 4 \cdot 24 + 5 \cdot 24) = 171. \end{aligned}$$

Es existieren 171 wesentlich verschiedene Ketten aus den gegebenen Perlen.

2.4. Abzählungen von Graphen

Wir wollen nun Anwendungen der Pólyaschen Methode zur Lösung von Abzählungsaufgaben für Graphen besprechen, wie sie in der theoretischen Kybernetik, Diskreten Mathematik und Informatik auftreten können. Dazu bestimmen wir vorbereitend den Zyklenzeiger der symmetrischen Gruppe.

A. Der Zyklenzeiger der symmetrischen Gruppe

Zur Bestimmung des Zyklenzeigers von $S(N)$ benötigen wir einige Fakten aus der abstrakten Gruppentheorie.

2.4.1. Definition. Es sei G eine (abstrakte) Gruppe und $g \in G$. Dann heißt die Menge

$$\mathfrak{N}_G(g) = \{h \in G \mid gh = hg\} = \{h \in G \mid h^{-1}gh = g\}$$

der *Normalisator* von g. Es ist die Menge aller mit g vertauschbaren Elemente von G.

Offenbar gilt

2.4.2. Satz. *Der Normalisator $\mathfrak{N}_G(g)$ eines Elementes $g \in G$ ist eine Untergruppe der Gruppe G.* ∎

Wir zerlegen nun G in Rechtsnebenklassen nach $\mathfrak{N}(g)$ (vgl. 1.3.1) und finden einen wichtigen Zusammenhang mit der Menge der zu g konjugierten Elemente von G (vgl. 1.4.12).

2.4.3. Satz. *Die Anzahl der zu g konjugierten Elemente ist gleich dem Index $[G : \mathfrak{N}_G(g)]$ des Normalisators $\mathfrak{N}_G(g)$ in G.*

Beweis. Es sei $[G : \mathfrak{N}_G(g)] = k$ und $G = \mathfrak{N}g_1 \cup \mathfrak{N}g_2 \cup \cdots \cup \mathfrak{N}g_k$ eine Zerlegung von G in Rechtsnebenklassen nach $\mathfrak{N} = \mathfrak{N}_G(g)$ $(g_1 = e)$. Jedes Element $q \in G$ läßt sich also als hg_i für ein geeignetes $h \in \mathfrak{N}$ $(i \in \{1, \ldots, k\})$ darstellen. Nun gilt

$$q^{-1}gq = (hg_i)^{-1}\, g(hg_i) = g_i^{-1}h^{-1}ghg_i = g_i^{-1}gg_i,$$

d. h., die Menge $\{q^{-1}gq \mid q \in G\}$ der zu g konjugierten Elemente ist gleich der Menge $\{g_i^{-1}gg_i \mid i = 1, \ldots, k\}$; diese enthält k verschiedene Elemente, denn aus $g_i^{-1}gg_i = g_j^{-1}gg_j$ folgt $(g_jg_i^{-1})\, g = g(g_jg_i^{-1})$, d. h. $g_jg_i^{-1} \in \mathfrak{N}$ und damit $g_j \in \mathfrak{N}g_i$, was nur für $g_i = g_j$ möglich ist, da g_i und g_j für $i \neq j$ zu verschiedenen Nebenklassen gehören. ∎

In einer endlichen Gruppe ist daher die Anzahl der Elemente einer Konjugiertheitsklasse ein Teiler der Gruppenordnung.

Wir betrachten nun den Graphen $\Gamma = \Gamma(g)$ einer Permutation $g \in \mathbf{S}(N)$:

$$V(\Gamma) = N, \quad E(\Gamma) = \{(x, y) \in N^2 \mid y = x^g\}$$

(vgl. 1.1.A, S. 18). Eine Permutation $h \in \mathbf{S}(N)$ ist genau dann ein Automorphismus von Γ (vgl. 1.5.2), wenn $(x, y) \in E(\Gamma) \Rightarrow (x^h, y^h) \in E(\Gamma)$, d. h., wenn $(x^g)^h = (x^h)^g$ für alle $x \in N$ gilt. Daraus folgt sofort:

2.4.4. Satz. *Für $g \in S_n$ gilt $\mathfrak{N}_{S_n}(g) = \mathbf{Aut}\, \Gamma(g)$.* ∎

Wir wollen nun die Struktur der Automorphismengruppe des Graphen $\Gamma(g)$ einer Permutation g, d. h. die Struktur von $\mathfrak{N}_{S_n}(g)$ etwas genauer studieren.

2.4.5. Satz. *Es sei $m = k \cdot l$ und $g \in S_m$ eine Permutation vom Typ x_k^l* (d. h. in der Zyklendarstellung von g kommen genau l Zyklen der Länge k vor). *Dann ist $\mathfrak{N}_{S_n}(g)$ isomorph zum Kranzprodukt $S_l \wr C_k$* (C_k ist eine zyklische Gruppe der Ordnung k vom Grad k, vgl. 1.7.12).

Anmerkung. *Setzt man $L = \{1,2,\ldots,l\}$, $K = \{1,2,\ldots,k\}$, $C_K = \langle(12\ldots k)\rangle$, $M = L \times K$ und $a_{ij} = (i, j)$ für $(i, j) \in M$, so erhält man für*

$$g = (a_{11} \ldots a_{1k})\,(a_{21} \ldots a_{2k}) \ldots (a_{l1} \ldots a_{lk}) \in \mathbf{S}(M)$$

statt der Isomorphie die Gleichheit $\mathfrak{N}_{\mathbf{S}(M)}(g) = \mathbf{S}(L) \wr C_K$.

Beweis. Der Graph $\Gamma(g)$ besteht aus l isomorphen Zusammenhangskomponenten, die ihrerseits gerichtete Kreise der Länge k sind. Die Automorphismengruppe von $\Gamma(g)$ ist daher (vgl. auch 1.7.16) das Kranzprodukt der symmetrischen Gruppe S_l, die auf der Menge der Zusammenhangskomponenten operiert (und diese als Ganzes permutiert), und der Automorphismengruppe eines gerichteten Kreises der Länge k. Die Automorphismengruppe eines solchen (sehnenlosen) k-Kreises ist aber gleich C_k (*Üb*!). Die Behauptung folgt nun aus 2.4.4. ∎

2.4.6. Satz. *Es sei $g \in S_n$ vom Typ $x_1^{j_1} x_2^{j_2} \cdots x_n^{j_n}$. Dann ist $\mathfrak{N}_{S_n}(g)$ isomorph zu*

$$S_{j_1} \times (S_{j_2} \wr C_2) \times \cdots \times (S_{j_n} \wr C_n),$$

wobei $S_{j_k} \wr C_k = \{e\}$ gesetzt werde, falls $j_k = 0$ ist ($k = 1, 2, \ldots, n$).

Beweis. Der Graph $\Gamma(g)$ hat für jedes $k = 1, 2, \ldots, n$ genau j_k Zusammenhangskomponenten, die gerichtete Kreise der Länge k sind. Ein Automorphismus von $\Gamma(g)$ kann nur Kreise gleicher Länge aufeinander abbilden. Daher ist

$$\textit{\textbf{Aut}}\; \Gamma(g) = \textit{\textbf{Aut}}\; \Gamma_1(g) \times \cdots \times \textit{\textbf{Aut}}\; \Gamma_n(g),$$

wobei $\Gamma_k(g)$ den Untergraphen aller Kreise der Länge k von $\Gamma(g)$ bezeichne. Nach 2.4.5 ist $\textit{\textbf{Aut}}\; \Gamma_k(g) = S_{j_k} \wr C_k$; $\Gamma_1(g)$ besteht nur aus isolierten Punkten (die den Zyklen der Länge 1 von g entsprechen), d. h. $\textit{\textbf{Aut}}\; \Gamma_1(g) = S_{j_1}$ $(= S_{j_1} \wr C_1)$. Mit 2.4.4 folgt daraus die Behauptung. ∎

2.4.7. Satz. *In der symmetrischen Gruppe S_n gibt es genau*

$$\frac{n!}{j_1!\,1^{j_1} \cdot j_2!\,2^{j_2} \cdots j_n!\,n^{j_n}}$$

Permutationen vom Typ $x_1^{j_1}x_2^{j_2} \cdots x_n^{j_n}$ (dabei ist $1j_1 + 2j_2 + \cdots + nj_n = n$, vgl. Definition des Typs in 1.4. C, S. 38).

Beweis. Es sei $g \in S_n$ vom Typ $\mathfrak{z}(g) = x_1^{j_1}x_2^{j_2} \cdots x_n^{j_n}$. Nach 1.4.13 sind in S_n konjugierte Permutationen und Permutationen gleichen Typs dasselbe. Gemäß 2.4.3, 2.4.6 und 1.7.15 gibt es daher

$$[S_n : \mathfrak{N}_{S_n}(g)] = \frac{|S_n|}{|\mathfrak{N}_{S_n}(g)|} = \frac{n!}{j_1!\,j_2!\,2^{j_2} \cdots j_n!\,n^{j_n}}$$

Permutationen vom gleichen Typ wie g. ∎

Als Folgerung ergibt sich

2.4.8. Satz. *Der Zyklenzeiger der symmetrischen Gruppe S_n ist*

$$\mathfrak{Z}(S_n) = \frac{1}{n!} \sum \frac{n!}{j_1!\,1^{j_1} \cdot j_2!\,2^{j_2} \cdots j_n!\,n^{j_n}}\, x_1^{j_1}x_2^{j_2} \cdots x_n^{j_n}.$$

Die Summation erstreckt sich dabei über alle $j_1, j_2, \ldots, j_n \in \{0, 1, 2, \ldots, n\}$, die der Bedingung $1j_1 + 2j_2 + \cdots + nj_n = n$ genügen. ∎ (Vgl. 1.4.16, 2.4.7.)

2.4.9. Beispiel. Wir bestimmen den Zyklenzeiger von S_6. Es gibt elf 6-Tupel $(j_1, j_2, j_3, j_4, j_5, j_6)$, die der Bedingung $6 = j_1 + 2j_2 + 3j_3 + 4j_4 + 5j_5 + 6j_6$ aus 2.4.8 genügen (vgl. Tab. 3).

Tabelle 3

j_1	6	4	3	2	2	1	1	0	0	0	0
j_2	0	1	0	2	0	1	0	3	1	0	0
j_3	0	0	1	0	0	1	0	0	0	2	0
j_4	0	0	0	0	1	0	0	0	1	0	0
j_5	0	0	0	0	0	0	1	0	0	0	0
j_6	0	0	0	0	0	0	0	0	0	0	1

Wir erhalten

$$\begin{aligned}\mathfrak{Z}(S_6) &= \frac{1}{6!}\left(\frac{6!}{6!\,1^6}x_1^6 + \frac{6!}{4!\,1^4\cdot 1!\,2^1}x_1^4x_2 + \frac{6!}{3!\,1^3\cdot 1!\,3^1}x_1^3x_3\right.\\ &\quad + \frac{6!}{2!\,1^2\cdot 2!\,2^2}x_1^2x_2^2 + \frac{6!}{2!\,1^2\cdot 1!\,4^1}x_1^2x_4 + \frac{6!}{1\cdot 2\cdot 3}x_1x_2x_3\\ &\quad \left. + \frac{6!}{1\cdot 5}x_1x_5 + \frac{6!}{3!\,2^3}x_2^3 + \frac{6!}{2\cdot 4}x_2x_4 + \frac{6!}{2!\,3^2}x_3^2 + \frac{6!}{6}x_6\right)\\ &= \frac{1}{720}(x_1^6 + 15x_1^4x_2 + 40x_1^3x_3 + 45x_1^2x_2^2 + 90x_1^2x_4\\ &\quad + 120x_1x_2x_3 + 144x_1x_5 + 15x_2^3 + 90x_2x_4 + 40x_3^2 + 120x_6).\end{aligned}$$

B. Abzählungen von gerichteten Graphen

2.4.10. Wir betrachten die Menge $\mathfrak{D}(N)$ aller gerichteten Graphen Γ mit n Knotenpunkten und ohne Schlingen. Sind die Knotenpunkte $V(\Gamma)$ numeriert, z. B. $V(\Gamma) = N = \{1, 2, \ldots, n\}$, so gibt es genauso viele schlingenlose gerichtete Graphen $\Gamma = (V(\Gamma), E(\Gamma))$, wie es binäre (d. h. zweistellige) Relationen $E(\Gamma) \subseteq \tilde{N} = V(\Gamma) \times V(\Gamma) \setminus \Delta$ ($\Delta = \{(k, k) \mid k \in N\}$) gibt, also 2^{n^2-n}. Läßt man die Markierung der Knotenpunkte weg, so entsteht aus zwei markierten Graphen derselbe unmarkierte Graph genau dann, wenn sie durch eine Permutation aus $S(N)$ ineinander übergeführt werden können, d. h., wenn sie isomorph sind. Es ist eine wichtige kombinatorische Aufgabe, die *Isomorphietypen*, d. h. die unmarkierten Graphen zu bestimmen. Wie wir sehen, entspricht jedem Isomorphietyp gerade eine Bahn der auf $\mathfrak{D}(N)$ operierenden Gruppe $S(N)$.

Um die Pólyasche Methode einsetzen zu können, bemerken wir zunächst, daß jeder Graph Γ durch $E(\Gamma) \subseteq \tilde{N}$ charakterisiert ist, statt $\mathfrak{D}(N)$ also auch die Potenzmenge $\boldsymbol{P}(\tilde{N})$ betrachtet werden kann. Bezeichnet man die von S_n auf $\tilde{N}$ induzierte Gruppe mit $(S_n^{[2]}, \tilde{N})$, so erhält man nach 2.2.13 die erzeugende Funktion $\boldsymbol{t}_{S_n^{[2]}}(x)$ für die Bahnen der von $S_n^{[2]}$ auf $\boldsymbol{P}(\tilde{N})$ induzierten Gruppe gemäß $\boldsymbol{t}_{S_n^{[2]}}(x) = \mathfrak{Z}(S_n^{[2]}, 1 + x)$. Der Koeffizient t_k von x^k ist dabei genau die Anzahl der Isomorphietypen der Graphen mit k gerichteten Kanten ($k = 0, 1, \ldots, n^2 - n$).

Das Abzählproblem für die Isomorphietypen gerichteter Graphen kann also als gelöst angesehen werden, wenn es gelingt, den Zyklenzeiger $\mathfrak{Z}(S_n^{[2]}, \tilde{N})$ zu bestimmen. Das geschieht nach folgendem Schema: Jedem Typ $x_1^{j_1}x_2^{j_2} \cdots x_n^{j_n}$ einer Permutation $g \in S_n$ entspricht eine Ähnlichkeitsklasse und damit eine Konjugiertheitsklasse K von S_n. Die induzierten Permutationen $\tilde{g} \in S_n^{[2]}$ sind deshalb für alle $g \in K$ ebenfalls konjugiert und somit ähnlich (vgl. 1.4.13, 1.4.14). Nimmt man für jede Konjugiertheitsklasse von S_n einen Repräsentanten g vom Typ $\mathfrak{z}(g) = x_1^{j_1}x_2^{j_2} \cdots x_n^{j_n}$ und bestimmt den Typ $\mathfrak{z}(\tilde{g}) = x_1^{j'_1}x_2^{j'_2} \cdots x_m^{j'_m}$ $\big(m = |\tilde{N}| = n(n-1)\big)$ der induzierten Permutation $\tilde{g} \in S_n^{[2]}$, so erhält man offenbar den Zyklenzeiger $\mathfrak{Z}(S_n^{[2]}, \tilde{N})$ aus dem Zyklenzeiger $\mathfrak{Z}(S_n, N)$, wenn man $x_1^{j_1}x_2^{j_2} \cdots x_n^{j_n}$ durch $x_1^{j'_1}x_2^{j'_2} \ldots x_m^{j'_m}$ ersetzt.

Wir wollen dieses Vorgehen an zwei Beispielen erläutern.

2.4.11. Beispiel. Wir bestimmen die Isomorphietypen der Graphen mit drei Knotenpunkten ($N = \{1, 2, 3\}$). Der Zyklenzeiger der symmetrischen Gruppe S_3 ist

$$\mathfrak{Z}(S_3) = \frac{1}{6}\,(x_1^3 + 3x_1x_2 + 2x_3) = \frac{1}{6}\,\big(\mathfrak{z}(g_1) + 3\mathfrak{z}(g_2) + 2\mathfrak{z}(g_3)\big)$$

(vgl. 1.4.17); Repräsentanten für die drei Zyklentypen (d. h. Konjugiertheitsklassen!) sind beispielsweise $g_1 = e$, $g_2 = (12)\,(3)$, $g_3 = (123)$. Dann ergibt sich für die induzierten Permutationen $\tilde{g}_i$, die auf der Menge $\tilde{N} = \{(1, 2), (1, 3), (2, 1), (2, 3), (3, 1), (3, 2)\}$ operieren, folgendes (die Elemente (i, j) von $\tilde{N}$ sollen dabei mit a_{ij} bezeichnet werden):

$$\tilde{g}_1 = e, \quad \mathfrak{z}(\tilde{g}_1) = x_1^6,$$

$$\tilde{g}_2 = (a_{12}a_{21})\,(a_{13}a_{23})\,(a_{31}a_{32}), \quad \mathfrak{z}(\tilde{g}_2) = x_2^3,$$

$$\tilde{g}_3 = (a_{12}a_{23}a_{31})\,(a_{13}a_{21}a_{32}), \quad \mathfrak{z}(\tilde{g}_3) = x_3^2.$$

Wie in 2.4.10 erläutert, erhalten wir

$$\mathfrak{Z}(S_3^{[2]}, \tilde{N}) = \frac{1}{6}\,\big(\mathfrak{z}(\tilde{g}_1) + 3\mathfrak{z}(\tilde{g}_2) + 2\mathfrak{z}(\tilde{g}_3)\big) = \frac{1}{6}\,(x_1^6 + 3x_2^3 + 2x_3^2),$$

sowie

$$t_{S_3^{[2]}}(x) = \mathfrak{Z}(S_3^{[2]}, 1 + x) = \frac{1}{6}\big((1 + x)^6 + 3(1 + x^2)^3 + 2(1 + x^3)^2\big)$$
$$= 1 + x + 4x^2 + 4x^3 + 4x^4 + x^5 + x^6.$$

Es gibt $t_{S_3^{[2]}}(1) = 16$ Isomorphietypen; diese sind in Abb. 18 dargestellt.

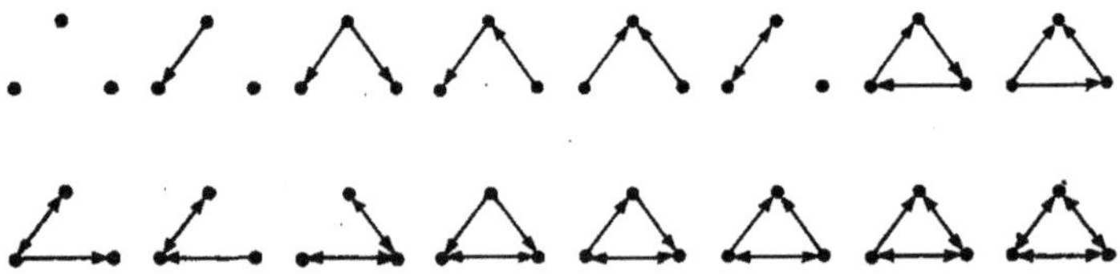

Abb. 18. Die 16 paarweise nichtisomorphen gerichteten Graphen mit drei Knotenpunkten

Bemerkung. Interessiert man sich nur für die Gesamtzahl der Isomorphietypen, so kann man diese auch direkt mit dem Lemma von Cauchy-Frobenius-Burnside wie folgt berechnen: Wir betrachten die Wirkung $\bar{S}_n$ von S_n auf $\boldsymbol{P}(\tilde{N})$ und fragen, wann die von einem $g \in S_n$ induzierte Permutation $\bar{g} \in \bar{S}_n$ eine Menge $E \in \boldsymbol{P}(\tilde{N})$ festläßt. Das ist genau dann der Fall, wenn E invariante Menge von g (und auch von $\langle g \rangle$) ist. Damit ergibt sich $\chi(\bar{g}) = |2\text{-}\boldsymbol{Inv}\,\langle g \rangle| = 2^{|2\text{-}\boldsymbol{Orb}\langle g \rangle|}$ (vgl. 1.5.9), d. h.,

$$\boldsymbol{t}\big(\bar{S}_n, \boldsymbol{P}(N)\big) = \frac{1}{n!} \sum_{g \in S_n} \chi(\bar{g})$$

erhält man aus dem Zyklenzeiger $\mathfrak{Z}(S_n)$, wenn $x_1^{j_1} x_2^{j_2} \cdots x_n^{j_n}$ durch $2^{|2\text{-}\boldsymbol{Orb}\langle g \rangle|}$ für ein g vom Typ $x_1^{j_1} x_2^{j_2} \cdots x_n^{j_n}$ ersetzt wird. Im vorliegenden Beispiel ist $|2\text{-}\boldsymbol{Orb}\,\langle e \rangle| = |\tilde{N}| = 6$, $|2\text{-}\boldsymbol{Orb}\,\langle g_2 \rangle| = 3$ und $|2\text{-}\boldsymbol{Orb}\,\langle g_3 \rangle| = 2$, also $\boldsymbol{t}\big(\bar{S}_3, \boldsymbol{P}(N)\big) = \frac{1}{6}\,(2^6 + 3 \cdot 2^3 + 2 \cdot 2^2) = 16.$

2.4.12. Beispiel. Um die Isomorphietypen der gerichteten Graphen mit vier Knotenpunkten abzuzählen, bestimmen wir den Zyklenzeiger von $S_4^{[2]}$ nach dem Schema aus 2.4.10. Es ist (vgl. 2.4.8)

$$\mathfrak{Z}(S_4) = \frac{1}{4!}\,(x_1^4 + 6x_1^2 x_2 + 3x_2^2 + 8x_1 x_3 + 6x_4)$$
$$= \frac{1}{4!}\,\big(\mathfrak{z}(e) + 6\mathfrak{z}(g_2) + 3\mathfrak{z}(g_3) + 8\mathfrak{z}(g_4) + 6\mathfrak{z}(g_5)\big)$$

mit $g_2 = (12)(3)(4)$, $g_3 = (12)(34)$, $g_4 = (123)(4)$, $g = (1234)$. Ohne Schwierigkeiten rechnet man nun $\mathfrak{z}(\bar{g}_i)$ für die induzierte Permutation $\bar{g}_i$ auf der Menge $\tilde{N} = \{(i, j) \in N^2 \mid i \neq j\}$ aus und erhält

$$\mathfrak{Z}(S_4^{[2]}, \tilde{N}) = \frac{1}{4!} \sum_{i=1}^{4} \mathfrak{z}(\bar{g}_i) = \frac{1}{24} (x_1^{12} + 6x_1^2x_2^5 + 3x_2^6 + 8x_3^4 + 6x_4^3).$$

Die erzeugende Funktion $t_{S_4^{[2]}}(x)$ für die Isomorphietypen aller gerichteten Graphen mit vier Knotenpunkten ist somit (vgl. 2.4.10)

$$\begin{aligned}\mathfrak{Z}(S_4^{[2]}, 1 + x) &= \frac{1}{24} \big((1 + x)^{12} + 6(1 + x)^2 (1 + x^2)^5 + 3(1 + x^2)^6 \\ &\quad + 8(1 + x^3)^4 + 6(1 + x^4)^3\big) \\ &= 1 + x + 5x^2 + 13x^3 + 27x^4 + 38x^5 + 48x^6 + 38x^7 \\ &\quad + 27x^8 + 13x^9 + 5x^{10} + x^{11} + x^{12}.\end{aligned}$$

Es fällt auf, daß in diesem Polynom die Koeffizienten von x^k und $x^{n(n-1)-k}$ übereinstimmen. Das liegt an der Tatsache, daß zwei Graphen genau dann isomorph sind, wenn ihre Komplemente isomorph sind. (Hat ein Graph $\Gamma = \big(V(\Gamma), E(\Gamma)\big)$ gerade k gerichtete Kanten, so besitzt sein Komplement $\bar{\Gamma} = \big(V(\Gamma), \tilde{N} \setminus E(\Gamma)\big)$ genau $n(n-1) - k$ Kanten.)

C. Abzählungen ungerichteter Graphen

Im Prinzip wird die Anzahl der Isomorphietypen der schlichten ungerichteten Graphen genauso bestimmt wie die entsprechende Anzahl bei gerichteten Graphen. Der einzige Unterschied besteht darin, daß anstelle der Gruppe $(S_n^{[2]}, \tilde{N})$ die von S_n induzierte Wirkung auf der Menge $\boldsymbol{P}_2(N)$ aller zweielementigen Teilmengen von N zu betrachten ist (jede Kante zwischen den Punkten a und b eines ungerichteten Graphen wird als die Teilmenge $\{a, b\} \in \boldsymbol{P}_2(N)$ interpretiert, vgl. A.3.1). Diese induzierte Gruppe soll mit $\big(S_n^{\{2\}}, \boldsymbol{P}_2(N)\big)$ bezeichnet werden. Alles weitere verläuft wie in 2.4.10.

2.4.13. Beispiel. Es sind die Isomorphietypen der ungerichteten Graphen mit fünf Knotenpunkten zu bestimmen. Den benötigten Zyklenzeiger berechnet man zu

$$\begin{aligned}\mathfrak{Z}\big(S_5^{\{2\}}, \boldsymbol{P}_2(N)\big) &= \frac{1}{120} (x_1^{10} + 10x_1^4x_2^3 + 15x_1^2x_2^4 + 20x_1x_3^3 \\ &\quad + 20x_1x_3x_6 + 30x_2x_4^2 + 24x_5^2).\end{aligned}$$

Nach dem Satz von PÓLYA ist dann die erzeugende Funktion für die Anzahl der Isomorphietypen gegeben durch

$$\begin{aligned}\mathfrak{Z}(S_5^{\{2\}}, 1+x) = \frac{1}{120}\big((1+x)^{10} + 10(1+x)^4(1+x^2)^3 \\ + 15(1+x)^2(1+x^2)^4 + 20(1+x)(1+x^3)^3 \\ + 20(1+x)(1+x^3)(1+x^6) + 30(1+x^2)(1+x^4)^2 \\ + 24(1+x^5)^2\big) \\ = 1 + x + 2x^2 + 4x^3 + 6x^4 + 6x^5 + 4x^7 + 2x^8 + x^9 + x^{10}.\end{aligned}$$

Es gibt also beispielsweise sechs paarweise nichtisomorphe ungerichtete Graphen mit fünf Knotenpunkten und vier ungerichteten Kanten (= Koeffizient von x^4). Die Anzahl aller Isomorphietypen ist 28.

Zum Abschluß dieses Kapitels sei erwähnt, daß es unübersehbar viele Aufgaben zur Abzählung von Graphen mit diesen oder jenen Eigenschaften gibt. Zu ihrer Lösung wurden und werden äußerst differenzierte Techniken entwickelt. Eine relativ umfassende Übersicht vermittelt [31]. Für viele Standardaufgaben reichen jedoch die hier vorgestellten Methoden aus.

2.5. Aufgaben

1. Konjugierte (wie auch ähnliche) Permutationen haben denselben Charakter (vgl. 2.1.1).
2. Man gebe die Bahnen der zyklischen Gruppe $G = \langle g \rangle \subset S_{11}$ auf $N = \{1, \ldots, 11\}$ mit $g = (1\ 2\ 3\ 4\ 5\ 6)\ (7\ 8\ 9)\ (10\ 11)$ explizit an.
3. Man berechne die Anzahl der wesentlich verschiedenen n-farbigen Dominosteine für $n \leq 3$ bezüglich der ganzen Symmetriegruppe D_4 (vgl. 2.1.5).
4. Man zeige, daß es auf einem 8×8-Schachbrett insgesamt 5282 paarweise nicht äquivalente Stellungen von acht sich gegenseitig nicht schlagenden Türmen gibt.
5. Man bestimme die erzeugenden Funktionen der folgenden Zerlegungen von $N = \{1, 2, 3, 4, 5\}$:

$$\mu_1 = \{\{1\}, \{2, 3\}, \{4, 5\}\}, \quad \mu_2 = \{\{1, 2\}, \{3, 4, 5\}\}, \quad \mu_3 = \{\{1\}, \{2\}, \{3\}, \{4, 5\}\}$$

6. Mit Hilfe von 2.2.13 ist Beispiel 2.1.6 neu zu behandeln und $\mathfrak{k}(D_4)$ zu berechnen.
7. Mit Hilfe von 2.2.23 zeige man, daß sich die Anzahl aller wesentlich verschiedenen n-farbigen quadratischen Dominosteine (vgl. 2.1.5) aus dem Zyklenzeiger von C_4 ergibt, wenn alle Variablen mit dem Wert n belegt werden (vgl. auch die Bemerkung über $\mathfrak{k}_G(1, 1, \ldots, 1)$ in 2.2.21).
8. Man berechne die erzeugende Funktion aus Beispiel 2.2.25 explizit und vergleiche das Ergebnis mit 2.2.3.

3. Automorphismengruppen von Graphen

In diesem Kapitel beschäftigen wir uns mit Permutationsgruppen in der Form, wie sie bei Anwendungen sehr häufig auftreten, nämlich als Automorphismengruppen von Graphen. Den Begriff des Automorphismus kennen wir für k-stellige Relationen bereits aus 1.5.2. Nun beschränken wir uns auf den wichtigen Fall $k = 2$ (Graphen); deshalb sind alle zu betrachtenden Automorphismengruppen 2-abgeschlossen (Abschnitt 3.1), d. h., wir müssen uns hauptsächlich mit den 2-Bahnen und 2-stelligen invarianten Relationen von Permutationsgruppen beschäftigen. Automorphismen spiegeln gewisse innere Symmetrien (vgl. 1.6) wider. Ihre Kenntnis kann helfen, die Struktur des betrachteten Graphen zu verstehen bzw. zu untersuchen. Eines der für Anwendungen wichtigsten Probleme ist das Isomorphieproblem für Graphen (Abschnitt 3.2), das eng mit der Untersuchung von Automorphismen zusammenhängt. Die umgekehrte Fragestellung, welche Graphen eine gegebene Gruppe als Automorphismengruppe haben, führt zum sogenannten König-Problem (3.1.3). Ein sehr nützliches Hilfsmittel zur Untersuchung von Graphen und Permutationsgruppen lernen wir mit der Theorie der V-Ringe bzw. zellularen Ringe kennen (Abschnitt 3.3), die eine kombinatorische Approximation für das Rechnen mit 2-Bahnen von Permutationsgruppen darstellt und hier u. a. für die Berechnung der Automorphismengruppen der Binomialgraphen (Abschnitt 3.4) genutzt werden soll.

3.1. Die 2-Abschließung von Permutationsgruppen

A. Begriffe und Bezeichnungen

Unter einem *Graphen* $\Gamma = (V(\Gamma), E(\Gamma))$, genauer einem *schlichten* (d. h. ohne Mehrfachkanten) *gerichteten* Graphen (engl. *digraph*) verstehen wir eine binäre Relation $\Phi = E(\Gamma) \subseteq N \times N$ über einer Menge $N = V(\Gamma)$

(vgl. A.3.1). Meist bezeichnen wir einen Graphen wie seine Kantenmenge, d. h., wir sprechen vom Graphen Φ. Wenn nicht anders erwähnt, sollen diese Relationen antireflexiv sein, d. h., wir betrachten Graphen ohne Schlingen. Für alle im folgenden nicht explizit definierten graphentheoretischen Begriffe verweisen wir den Leser auf den Anhang (A.3).

Wie kann man nun einen Graphen beschreiben? Außer der üblichen Angabe eines (gerichteten) Graphen Φ durch die Aufzählung seiner gerichteten Kanten (d. h. den Elementen von Φ) werden häufig auch Darstellungen von Graphen durch Matrizen benutzt, von denen hier nur eine Möglichkeit erwähnt werden soll.

3.1.1. Definitionen. Unter der *Adjazenzmatrix* des Graphen Φ auf der Punktmenge $N = \{1, 2, \ldots, n\}$ versteht man die Matrix $\mathfrak{A}(\Phi) = (a_{ij})$ mit

$$a_{ij} = \begin{cases} 1 & \text{für} \quad (i, j) \in \Phi, \\ 0 & \text{für} \quad (i, j) \notin \Phi \end{cases} \qquad (i, j \in N).$$

Offenbar wird jeder Graph eindeutig durch seine Adjazenzmatrix beschrieben. Häufig beschreibt man einen Graphen auch einfach durch ein „Diagramm“, wobei die Knoten des Graphen als Punkte und die gerichteten Kanten als Pfeile dargestellt werden (Pfeil von i nach j, falls $(i, j) \in \Phi$, bzw. Schlinge, falls $i = j$ ist). Die Lage der Pfeile in der Zeichenebene spielt dabei keine Rolle, wichtig ist nur, ob zwei Punkte durch einen Pfeil verbunden sind oder nicht. Ist die Relation Φ symmetrisch, so haben wir es mit einem *ungerichteten* (gewöhnlichen) *Graphen* zu tun; im Diagramm werden dann Pfeile in beiden Richtungen gezeichnet oder die Pfeilspitzen ganz weggelassen, und der Graph Φ selbst kann mit einer Teilmenge der Menge $\boldsymbol{P}_2(N)$ aller zweielementigen Teilmengen von N identifiziert werden: Der *ungerichteten Kante* $\{a, b\} \in \boldsymbol{P}_2(N)$ entsprechen die gerichteten Kanten (a, b) und (b, a) aus Φ. Eine Menge paarweise disjunkter binärer (nicht notwendig antireflexiver) Relationen Φ_i $(i = 1, \ldots, k)$ auf einer Menge N nennt man auch *gefärbten Graphen* mit der Knotenmenge N. Um diese Benennung zu verstehen, stelle man sich vor, die Kanten $(a, b) \in \Phi_i$ des Graphen Φ_i seien mit der „Farbe“ i gefärbt $(i = 1, \ldots, k)$. Zusammen bilden alle diese Kanten den gefärbten Graphen $\{\Phi_1, \ldots, \Phi_k\}$ mit der Kantenmenge $\bigcup_{i=1}^{k} \Phi_i$.

Im weiteren werden wir meist nur von Graphen sprechen, und es wird aus dem Zusammenhang klar sein, ob wir es mit gerichteten, ungerichteten oder gefärbten Graphen zu tun haben.

B. Die 2-Abschließung als Automorphismengruppe eines gefärbten Graphen

Ist (G, N) eine Permutationsgruppe, so kann man die Menge 2-***Orb***(G, N) (vgl. 1.5.7) als gefärbten vollständigen Graphen (mit Schlingen) mit der Knotenmenge N auffassen. Wegen $G^{(2)} = \boldsymbol{Aut}\ 2\text{-}\boldsymbol{Inv}\ G = \boldsymbol{Aut}\ 2\text{-}\boldsymbol{Orb}\ G$ ist *eine Gruppe* (G, N) *genau dann 2-abgeschlossen* (vgl. 1.5.19), *wenn sie die Automorphismengruppe eines gefärbten Graphen ist.* Als erstes wollen wir hier eine größere Klasse von 2-abgeschlossenen Permutationsgruppen vorstellen:

3.1.2. Satz. *Es sei* (G^*, G) *die rechtsreguläre Darstellung* (vgl. 1.1.16) *einer abstrakten Gruppe* G. *Dann ist* $G^{*(2)} = G^*$.

Beweis. Es sei $\Phi_g = \{(a, b) \mid a \in G \wedge b = ga\}$ für $g \in G$. Man sieht leicht (*Üb*!), daß Φ_g für jedes g eine 2-Bahn von (G^*, G) ist. Nach 1.5.20e) folgt $G^{*(2)} = \boldsymbol{Aut}\ \{\Phi_g \mid g \in G\}$. Wir werden zeigen, daß $G^{*(2)}$ regulär (vgl. 1.4.2) ist. Offenbar ist G^* und damit auch $G^{*(2)}$ transitiv. Nun wählen wir ein $h \in G^{*(2)}$ mit $e^h = e$. Da vom Punkt e im gefärbten Graphen $\{\Phi_g \mid g \in G\}$ zu jedem anderen Punkt eine Kante mit einer anderen Farbe führt, müssen diese übrigen Punkte ebenfalls von der Permutation h fixiert werden. Also ist h die Identität, d. h., $G^{*(2)}$ ist regulär, so daß $|G^{*(2)}| = |G|$ (vgl. 1.4.3b)) und damit $G^{*(2)} = G^*$ folgt. ∎

Nicht jede 2-abgeschlossene Permutationsgruppe ist die Automorphismengruppe eines gerichteten oder ungerichteten Graphen. Es ergibt sich folgende Aufgabe, die man nach dem Graphentheoretiker Dénes König (1884–1944) häufig König-Problem nennt.

3.1.3. *Das König-Problem*: Man beschreibe alle (2-abgeschlossenen) Permutationsgruppen (sogenannte *König-Gruppen*), die Automorphismengruppen von gerichteten (bzw. ungerichteten) Graphen sind.

Diese für Anwendungen wichtige Aufgabe ist gegenwärtig allerdings noch weit von einer vollständigen Lösung entfernt (vgl. auch [58; 8.5]).

3.1.4. Beispiel. Wir betrachten die Permutationsgruppe $\mathfrak{K} = \{e, (12)(34), (13)(24), (14)(23)\}$ auf der Menge $N = \{1, 2, 3, 4\}$, vgl. 1.1.12. Sie ist regulär und wird gewöhnlich *Kleinsche Vierergruppe* genannt. Aus Satz 3.1.2 folgt, daß $\mathfrak{K}$ 2-abgeschlossen ist. Wir zeigen, daß $\mathfrak{K}$ trotzdem keine König-Gruppe ist, d. h., daß $\mathfrak{K}$ keine Automorphismengruppe eines Graphen sein kann. In Abb. 19 sind alle antireflexiven Graphen aus 2-***Orb*** $\mathfrak{K}$ abgebildet (es gibt 3, *Üb*!). Jeder antireflexive Graph Φ aus 2-***Inv*** $\mathfrak{K}$ ist nun die Vereinigung eines oder zweier der abgebildeten Graphen (vgl. 1.5.9), so daß der Graph Φ oder sein Komplement $\overline{\Phi}$ mit einem der Graphen aus Abb. 19 übereinstimmen muß. Wäre nun $\mathfrak{K}$ eine König-Gruppe, d. h. $\mathfrak{K} = \boldsymbol{Aut}\,\Phi$, so müßte also $\mathfrak{K}$ wegen $\boldsymbol{Aut}\,\Phi = \boldsymbol{Aut}\,\overline{\Phi}$ $(= \boldsymbol{Aut}\,\neg\Phi$, vgl. 1.5.13) als Automorphismengruppe einer ihrer 2-Bahnen dargestellt werden können. Aber alle antireflexiven Graphen aus 2-***Orb*** $\mathfrak{K}$ sind isomorph (vgl. Abb. 19), und ihre Automorphismengruppe ist (isomorph zu) $S_2 \wr S_2$ (*Üb*!), d. h. eine Permutationsgruppe der Ordnung 8 (vgl. 1.7.15) und damit von $\mathfrak{K}$ verschieden.

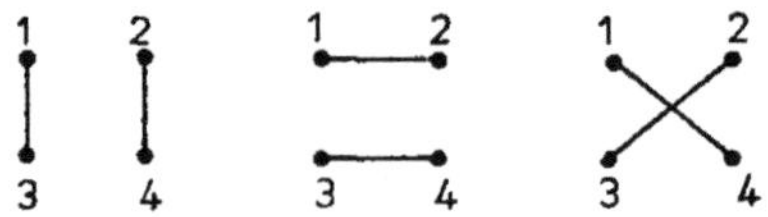

Abb. 19. Die antireflexiven 2-Bahnen von $\mathfrak{K}$

C. Anzahl der Graphen mit vorgegebener Automorphismengruppe

3.1.5. Problem. Man berechne die Anzahl $\boldsymbol{k}(G)$ aller paarweise nichtisomorphen Graphen, deren Automorphismengruppe eine vorgegebene Gruppe (G, N) ist.

Dieses Problem ist eine leichte Verallgemeinerung des König-Problems 3.1.3, denn *G ist König-Gruppe genau dann, wenn $\boldsymbol{k}(G) \neq 0$ ist.*

Für eine konkrete Gruppe G kann man die Aufgabe 3.1.5 wie auch das König-Problem durch einfaches „Durchmustern" lösen: Man beschreibe die Menge 2-***Orb*** (G, N) (und hat damit auch 2-***Inv*** (G, N)), dann bestimme man die Automorphismengruppen aller Graphen aus 2-***Inv*** (G, N) und notiere alle Fälle, bei denen diese Gruppe mit G übereinstimmt (denn $\Phi \in$ 2-***Inv*** G ist eine notwendige Voraussetzung für $G = \boldsymbol{Aut}\,\Phi$). Weiter unten werden wir einen kombinatorischen Zugang betrachten, der diese Durchmusterung erleichtert.

Zunächst benötigen wir für das Abzählungsproblem 3.1.5 noch einige gruppentheoretische Hilfsmittel.

3.1.6. Definition. Für eine auf der Menge N wirkende Permutationsgruppe (G, N) heißt

$$\mathfrak{N}_{\boldsymbol{S}(N)}(G) = \{g \in \boldsymbol{S}(N) \mid g^{-1}Gg = G\},$$

kurz $\mathfrak{N}(G)$, der *Normalisator von G in $\boldsymbol{S}(N)$* (vgl. 2.4.1).

$\mathfrak{N}(G)$ ist wieder eine Gruppe, und zwar die größte Obergruppe von G, in der G Normalteiler ist (vgl. A.2.4) (*Üb*!).

3.1.7. Lemma. *Es sei Φ ein Graph mit der Knotenpunktmenge N und $G = \mathbf{Aut}\,\Phi$. Dann gibt es $[\mathfrak{N}(G) : G]$ verschiedene, zu Φ isomorphe Graphen, deren Automorphismengruppe mit G übereinstimmt.*

Beweis. Für $h \in \mathbf{S}(N)$ sind die Graphen Φ^h (zur Bezeichnung vgl. 1.5.1) und Φ isomorph, aber sie können verschiedene Automorphismengruppen haben. Man sieht leicht (*Üb*!), daß $\mathbf{Aut}\,(\Phi^h) = h^{-1}Gh$ ist. Deshalb gilt $\mathbf{Aut}\,(\Phi^h) = \mathbf{Aut}\,\Phi \Leftrightarrow h^{-1}Gh = G \Leftrightarrow h \in \mathfrak{N}(G)$, woraus das Lemma folgt. ∎

3.1.8. Lemma. *Es sei (G, N) eine Permutationsgruppe. Die Anzahl der antireflexiven 2-Bahnen von (G, N) ist*

$$d(G) = \frac{1}{|G|} \sum_{g \in G} \chi(g) \big(\chi(g) - 1\big).$$

Folglich ist $2^{d(G)}$ die Anzahl der antireflexiven binären invarianten Relationen von G.

Beweis. Wir betrachten die von G auf der Menge $\tilde{N} = N^2 \setminus \Delta$ induzierte Gruppe $(\tilde{G}, \tilde{N})$. Dann ist $d(G) = |1\text{-}\mathbf{Orb}\,\tilde{G}|$. Wie im Beispiel 2.1.4 genau ausgeführt, erhält man den Charakter $\chi(\tilde{g})$ der von einem g induzierten Permutation als $\chi(\tilde{g}) = \chi(g)\big(\chi(g) - 1\big)$. Die Anwendung des Cauchy-Frobenius-Burnside-Lemmas 2.1.2 liefert nun gerade die Aussage von 3.1.8. Die Anzahl der antireflexiven invarianten Relationen folgt aus 1.5.9. ∎

Eine Antwort auf das Problem 3.1.5 gibt der folgende Satz. $\mathbf{k}(G)$ sei die Anzahl der paarweise nichtisomorphen Graphen ohne Schlingen, deren Automorphismengruppe gleich (G, N) ist.

3.1.9. Satz. *Es sei (G, N) eine Permutationsgruppe, und $G_1, G_2, \ldots, G_r = \mathbf{S}(N)$ seien alle von G verschiedenen Obergruppen von G. Dann gilt*

$$\mathbf{k}(G) = \frac{|G|}{|\mathfrak{N}(G)|} \left(2^{d(G)} - \sum_{i=1}^{r} \frac{|\mathfrak{N}(G_i)|}{|G_i|}\, \mathbf{k}(G_i)\right).$$

Bemerkung. Ist eine Gruppe (G_i, N) nicht 2-abgeschlossen, so kann sie auch keine König-Gruppe sein, d. h. $\mathbf{k}(G_i) = 0$. Deshalb genügt es, in 3.1.9 nur die 2-abgeschlossenen Obergruppen von G zu betrachten.

Beweis. Der Beweis folgt aus 3.1.7 und 3.1.8, wenn man beachtet, daß die Automorphismengruppe eines (antireflexiven) Graphen aus $2\text{-}\mathbf{Inv}\,(G, N)$ eine Obergruppe von (G, N) in $\mathbf{S}(N)$ ist. Folglich ist

$$2^{d(G)} = \sum_{i=0}^{r} \frac{|\mathfrak{N}(G_i)|}{|G_i|}\, \mathbf{k}(G_i) \quad \text{mit} \quad G_0 = G. \;∎$$

3.1.10. Beispiel. Wir wollen die Anzahl aller gerichteten Graphen mit drei Knotenpunkten 1, 2, 3 und der identischen Gruppe als Automorphismengruppe (sogenannte *starre* Graphen) bestimmen. Hier ist $G = \langle e \rangle$, $G_1 = \langle (12)\,(3) \rangle$, $G_2 = \langle (13)\,(2) \rangle$, $G_3 = \langle (1), (23) \rangle$, $G_4 = \langle (123) \rangle = A_3$, $G_5 = S_3$. Nun kann man der Reihe nach Satz 3.1.9 auf alle Obergruppen von G anwenden:

$$d(G_5) = 1\,, \quad d(G_4) = 2\,, \quad d(G_3) = d(G_2) = d(G_1) = 3\,, \quad d(G) = 6\,;$$

$$\mathfrak{N}(G_5) = \mathfrak{N}(G_4) = S_3\,, \quad \mathfrak{N}(G_i) = G_i \quad (i = 1, 2, 3)\,, \quad \mathfrak{N}(G) = S_3\,;$$

$$k(G_5) = 2^1\,, \quad k(G_4) = \frac{3}{6}\,(2^2 - 2) = 1\,, \quad k(G_i) = \frac{1}{1}\,(2^3 - 2) = 6\,,$$

$$k(G) = \frac{1}{6}\,(2^6 - 3 \cdot 6 - 2 \cdot 1 - 2) = 7\,.$$

Also hat fast die Hälfte (sieben von 16) aller gerichteten Graphen mit drei Punkten eine triviale Automorphismengruppe.

Das hier vorgeführte Abzählverfahren ist leider nur in wenigen Fällen so unmittelbar anwendbar, da nur für relativ kleine Klassen von Permutationsgruppen der Verband (A.2.2) ihrer Obergruppen (in der vollen symmetrischen Gruppe) im voraus bekannt ist.

3.2. Das Isomorphieproblem für Graphen

A. Problemstellung

3.2.1. Definition. Zwei Graphen Φ und Φ' mit den Knotenpunktmengen N bzw. N' nennt man *isomorph*, falls eine Bijektion $f\colon N \to N'$ existiert, so daß $(a, b) \in \Phi \Leftrightarrow (a^f, b^f) \in \Phi'$ für alle $a, b \in N$ gilt (vgl. A.3.6).

Isomorphe Graphen sind also im wesentlichen gleich, sie unterscheiden sich nur durch die Numerierung (Bezeichnung) ihrer Punkte. Das *Isomorphieproblem* (auch *Identifikationsproblem* genannt), d. h. die Aufgabe festzustellen, ob zwei Graphen isomorph sind, tritt in der Informatik, in der Chemie und bei vielen anderen Anwendungen auf und ist vom praktischen Gesichtspunkt aus eine der Grundaufgaben der Graphentheorie. Natürlich gibt es folgende ganz triviale Lösung des Isomorphieproblems: Man nehme alle $n!$ Bijektionen von N auf N' und prüfe, ob eine davon die Isomorphiebedingung erfüllt. Allerdings ist diese Methode schon bei Graphen mit einigen zehn Punkten selbst mit den schnellsten EDV-Anlagen praktisch nicht durchführbar. Man kennt aber viele sogenannte heuristische Algorithmen, die es gestatten, relativ schnell das Identifikationsproblem für eine breite Klasse von Graphen oder für „fast alle" Graphen (im wahrscheinlichkeitstheoretischen Sinn) zu lösen. Bei solchen Algorithmen werden verschiedene Invarianten benutzt (das sind meist Charakterisierungen durch Zahlen, die bei isomorphen Graphen übereinstimmen, z. B. Anzahl der Punktes gleichen Grades).

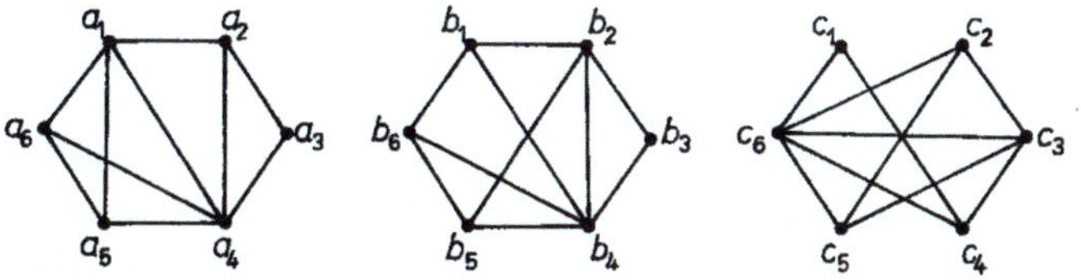

Abb. 20

3.2.2. Beispiel. Welche der Graphen in Abb. 20 sind isomorph? Alle diese Graphen haben sechs Punkte, zehn Kanten und dieselben Knotenpunktvalenzen 2, 3, 3, 3, 4, 5. Man sieht schnell, daß der zweite Graph nicht isomorph zum ersten oder dritten sein kann, da im zweiten Graphen (im Unterschied zu den anderen) durch den Punkt mit der Valenz 4 nur drei Kreise der Länge 3 hindurchgehen. Nehmen wir nun an, es gäbe einen Isomorphismus f des ersten auf den dritten Graphen. Da f die Knotenpunktvalenzen erhalten muß, gilt $a_4^f = c_6$, $a_3^f = c_1$, $a_1^f = c_3$. Von den restlichen drei Punkten des ersten Graphen ist a_2 der einzige gemeinsame Nachbar von a_1 und a_3, so daß $a_2^f = c_2$ folgt. Wählt man die Bilder a_5^f und a_6^f gleich c_4 und c_5 (zwei Möglichkeiten), so erhält man jedesmal eine Abbildung f, die ein Isomorphismus des ersten auf den dritten Graphen ist.

Bemerkungen. Einen Mangel haben alle heuristischen Algorithmen: Man kann stets Beispiele finden, für die der Algorithmus ungeeignet ist, d. h., entweder gibt er gar kein oder ein falsches Ergebnis oder aber er führt zur Durchmusterung aller $n!$ Möglichkeiten. Übrigens sind das Isomorphieproblem und das Problem der Bestimmung der Automorphismengruppe eines Graphen eng miteinander verbunden. Für zwei Graphen Γ, Γ' entspricht jeder Isomorphismus $h: \Gamma \to \Gamma'$ einem Automorphismus der disjunkten Vereinigung $\Gamma \cup \Gamma'$, der die beiden Teile ineinander überführt; umgekehrt ist ein Automorphismus h eines beliebigen Graphen Γ als Isomorphismus der Graphen Γ und Γ' interpretierbar, wobei Γ' durch $V(\Gamma') = V(\Gamma)$ und $E(\Gamma') = \{(h(a), h(b)) \mid (a, b) \in E(\Gamma)\}$ gegeben ist. Genauer kann man sagen, daß die Schwierigkeiten („Komplexität") des Graphisomorphieproblems genauso groß (d. h. polynomial äquivalent im Sinne der Komplexitätstheorie) ist wie das Problem der Bestimmung der Bahnen der Automorphismengruppe eines gegebenen Graphen (vgl. [60]).

B. Die kanonische Numerierung der Punkte eines Graphen

Ein anderer Zugang zum Isomorphieproblem für Graphen besteht im folgenden (vgl. [3] bzw. [73; Chapters R and S]): In jeder Klasse paarweise isomorpher Graphen wird ein Graph ausgewählt, der kanonische Form eines jeden Graphen der gewählten Isomorphieklasse heiße. Dann führt das Isomorphieproblem für zwei Graphen zu der Aufgabe, die kanonischen Formen zu konstruieren und zu prüfen, ob sie übereinstimmen. Um die Darstellung etwas zu vereinfachen, wollen wir in diesem Abschnitt nur gewöhnliche, d. h. ungerichtete Graphen Φ betrachten. Die Adjazenzmatrizen solcher Graphen sind symmetrisch und vollständig durch die oberhalb der Hauptdiagonale liegende Dreiecksmatrix bestimmt. Die Elemente dieses Dreiecks betrachten wir als $\frac{n^2-n}{2}$-dimensionalen $\{0, 1\}$-Vektor $\alpha(\Phi)$.

3.2.3. Definitionen. Für einen Graphen Φ mit $V(\Phi) = \{1, 2, \ldots, n\}$ und der Adjazenzmatrix $\mathfrak{A}(\Phi) = (a_{ij})_{i,j=1,\ldots,n}$ (vgl. 3.1.1) heiße der Vektor

$$\alpha(\Phi) = (a_{12}, a_{13}, \ldots, a_{1n}, a_{23}, a_{24}, \ldots, a_{2n}, \ldots, a_{n-2,n-1}, a_{n-2,n}, a_{n-1,n})$$

der *Code* von Φ. Für zwei solche Vektoren $\alpha, \beta \in \{0, 1\}^{(n^2-n)/2}$ nennen wir α größer als β ($\alpha > \beta$), wenn der Vektor α lexikographisch größer als der Vektor β ist (z. B. $(1, 0, 1) > (0, 1, 1)$). Die *kanonische Numerierung* (oder *kanonische Form* bzw. *kanonischer Code*) des Graphen Φ sei nun der Vektor

$$\text{Kanon}\,(\Phi) = \max_{g \in S_n} \alpha(\Phi^g),$$

d. h. der größte Code von allen zu Φ isomorphen Graphen. Von einer Permutation $g_0 \in S_n$ wollen wir sagen, daß sie eine *kanonische Numerierung* der Punkte von Φ *gewährleistet*, falls $\text{Kanon}\,(\Phi) = \alpha(\Phi^{g_0})$ ist.

Man sieht nun leicht, daß für Graphen mit der gleichen Knotenpunktmenge folgendes gilt:

3.2.4. Satz. a) $\alpha(\Phi) = \alpha(\Phi^g) \Leftrightarrow g \in \boldsymbol{Aut}\ \Phi$.

b) *Für jeden Graphen Φ existiert* Kanon (Φ) *und ist eindeutig bestimmt.*

c) *Es sei* Kanon $(\Phi) = \alpha(\Phi^{g_0})$. *Dann gilt für* $g \in S_n$:

$$\alpha(\Phi^g) = \text{Kanon}\,(\Phi) \Leftrightarrow g g_0^{-1} \in \textbf{\textit{Aut}}\ \Phi.$$

d) Kanon $(\Phi) =$ Kanon $(\Psi) \Leftrightarrow \exists\, g \in S_n: \Phi^g = \Psi$.

3.2.5. Beispiel. Wir suchen die kanonische Form des Graphen ●—●—●—● (Kette mit vier Punkten). Die Automorphismengruppe dieses Graphen mit vier Punkten hat die Ordnung 2. Deshalb (vgl. 3.2.4a)) hat der Graph $\frac{4!}{2} = 12$ paarweise verschiedene Numerierungen, die in Abb. 21 dargestellt sind. Die zugehörigen Codes dieser 12 Numerierungen sind (in der gleichen Reihenfolge): 100101, 100011, 010110, 010011, 001110, 001101, 110001, 101001, 011100, 011010, 110010, 101100. Somit ist Kanon (Φ) $= 110010$; das vorletzte (mit * markierte) Diagramm in Abb. 21 gibt also die kanonische Numerierung des Graphen an.

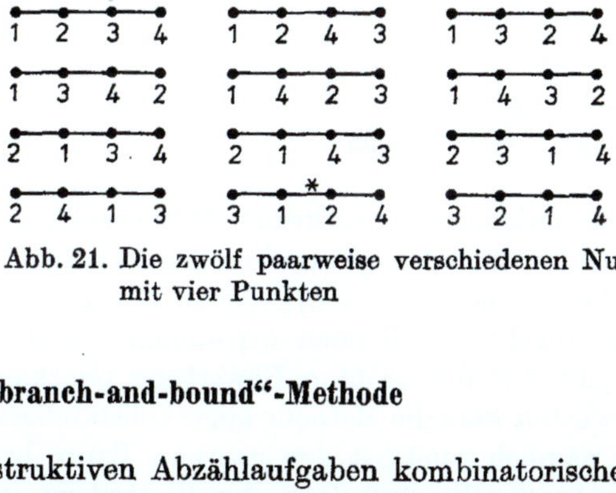

Abb. 21. Die zwölf paarweise verschiedenen Numerierungen einer Kette mit vier Punkten

C. Die „branch-and-bound"-Methode

Bei konstruktiven Abzählaufgaben kombinatorischer Objekte werden besonders häufig Bäume benutzt. Unter einem *Baum* versteht man einen zusammenhängenden (ungerichteten) Graphen ohne Kreise. Oft verwendet man markierte Bäume mit Wurzel: Das Diagramm eines solchen Baumes kann man sich schichtenweise vorstellen. In der ersten (häufig ganz oben gezeichneten) Schicht gibt es einen Knoten — die sogenannte *Wurzel* —, n der zweiten (bzw. n-ten) Schicht liegen alle Knotenpunkte, die mit einem Knoten in der ersten (bzw. $(n-1)$-ten) Schicht verbunden sind usw. ($n = 2, 3, \ldots$). Die Punkte in der untersten Schicht heißen auch *Blätter*, und *Zweige* sind Wege von der Wurzel nach unten. Ein so dargestellter Baum „wächst" hier also schichtenweise von oben nach unten (im Gegensatz zu richtigen Bäumen). Alle Knotenpunkte (manchmal auch die Kanten) haben bei markierten Bäumen eine sogenannte *Markierung* (z. B. ein Symbol, eine Zahl o. ä.). Statt Knoten mit der Markierung x sagt man häufig kurz der Knoten x, falls keine Verwechslungen mit anderen Knoten gleicher Markierung möglich sind.

Bei Abzählaufgaben können Bäume wie folgt eingesetzt werden: Jedem Objekt wird eineindeutig der Weg von der Wurzel zu einem der Blätter zugeordnet. Das ist eine wichtige Methode, denn es gehört (unserer Meinung nach) zum Minimum einer „algorithmischen Kultur“, daß man in der Lage ist, eine vollständige Übersicht über alle Lösungsvarianten einer gegebenen kombinatorischen Aufgabe zu geben.

3.2.6. Beispiel. In Abb. 22 sind alle möglichen Dualfolgen der Länge 3 in Form eines Baumes dargestellt. Der Wurzel entspricht die leere Folge, und jeder Schritt auf einem Weg nach unten bedeute das Hinzufügen eines der Symbole 0 oder 1. Zum Beispiel entspricht dem Weg von der Wurzel zum dritten Blatt (von links) gerade die Folge 010.

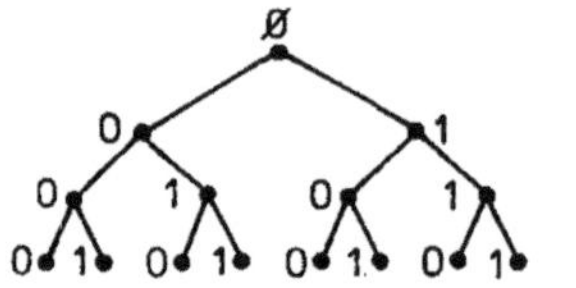

Abb. 22

Bei vielen Optimierungsaufgaben der diskreten Mathematik und Informatik werden den Elementen einer Menge von kombinatorischen Objekten gewisse Bewertungen (Markierungen, Marken) gegeben, die ihrerseits wieder einer geordneten Menge angehören. Nehmen wir einmal an, die Aufgabe bestehe darin, das Objekt mit der größten Bewertung (Markierung) zu finden. Am unökonomischsten wäre die Methode einer vollständigen Durchmusterung, wenn man nämlich zunächst den ganzen Baum bestimmen würde, der die Objekte beschreibt, und dann das Blatt (bzw. den Weg) mit der größten Bewertung finden wollte.

Um das Durchmustern abzukürzen, gibt man auch den erst teilweise konstruierten Objekten (d. h. Zweigen im Baum) eine Bewertung (Markierung). Gelingt es irgendwie zu zeigen, daß beim Weitergehen im Baum nach unten aus einem Punkt mit gegebener Markierung niemals ein optimales Blatt erreicht werden kann, so wird man diesen Zweig des Baumes nicht weiter vervollständigen, sondern zur vorangehenden Schicht zurückkehren und mit dem Aufbau eines anderen Zweiges beginnen, der ein Kandidat für eine optimale Lösung sein könnte. Ein Algorithmus dieser Form heißt auch *„backtracking-Algorithmus“*, und die beschriebene Methode des Aussonderns der ungeeigneten Varianten ist die sogenannte *„branch-and-*

bound"-Methode (Methode des Verzweigens und Begrenzens). Diese wohlbekannte und oft beschriebene Methode (vgl. z. B. [61; 4.1.6]) wollen wir uns hier nur an dem konkreten Beispiel der kanonischen Numerierungen ansehen.

D. Bestimmung der kanonischen Numerierung eines Graphen

Es sei Φ ein Graph mit der Punktmenge $N = \{1, 2, \ldots, n\}$. Es soll seine kanonische Numerierung (vgl. 3.2.3) gefunden werden. Dazu legen wir auf N die gewöhnliche lineare Ordnung (d. h. der Größe nach) fest, so daß die Permutationen aus $S(N)$ gerade alle möglichen Vertauschungen der (linear geordneten) Elemente von N (und damit alle möglichen Numerierungen) beschreiben. Diese Permutationen werden wir mit Hilfe eines markierten Baumes $T(N)$ beschreiben:

Die Wurzel (d. h. die nullte Schicht) wird mit $\emptyset$ markiert. Hat man einen Knoten x (gemeint ist: mit der Markierung x) in der i-ten Schicht ($i = 0, 1, \ldots, n - 1$), dem die Folge $a_1, a_2, \ldots, a_i$ (d. h. der Weg von der Wurzel nach x) entspricht, dann wird dieser Knoten x mit $n - i$ Punkten in der $(i + 1)$-ten Schicht durch eine Kante verbunden, und zwar mit den Punkten der Menge $N \setminus \{a_1, \ldots, a_i\}$ (jedes Element aus N wird dabei mehrmals als Markierung im Baum $T(N)$ vorkommen).

Jedem Blatt von $T(N)$ ordnet man nun den Code (vgl. 3.2.2) des Graphen Φ^g zu, wobei $g = \begin{pmatrix} a_1 \ldots a_n \\ 1 \ldots n \end{pmatrix}$ sei und $a_1, \ldots, a_n$ die Punkte des Weges von der Wurzel bis zum betrachteten Blatt in $T(N)$ sein sollen. Die einfache Idee für die Aussonderung ungeeigneter Zweige bei der Durchmusterung des Baumes nach der „branch-and-bound"-Methode besteht im folgenden:

Jedem Knoten a_i der i-ten Schicht ($2 \leq i < n$), der auf dem Zweig $\emptyset$, $a_1, a_2, \ldots, a_i$ des Baumes $G(N)$ erreichbar ist, ordnen wir einen $(i - 1)$-dimensionalen $\{0, 1\}$-Vektor $(b_{12}, \ldots, b_{1i})$ zu, der durch $b_{1j} = 1 \Leftrightarrow (a_1, a_j) \in \Phi$ (sonst sei $b_{1j} = 0$) gegeben sei. Man mache sich klar, daß dieser Vektor gerade die ersten i Komponenten des Codes $\alpha(\Phi^g)$ enthält (vgl. 3.2.3), falls g eine Permutation der Gestalt $g = \begin{pmatrix} a_1 & a_2 & \ldots & a_i & \ldots & \cdot \\ 1 & 2 & \ldots & i & \ldots & n \end{pmatrix}$ ist (der Rest der Permutation muß nicht bekannt sein). Folglich wählt man nun in der i-ten Schicht nur die Knoten mit dem größten Vektor $(b_{12}, \ldots, b_{1i})$ aus (die übrigen Zweige können „abgeschnitten" werden, da sie zu keinem kanonischen Code führen können). Für die Knoten der n-ten Schicht (d. h. für die Blätter) berechnet man den Code des zugehörigen Graphen Φ^g und wählt die kanonische Numerierung aus. Bei dieser Methode können auch a-priori-Informationen über die Automorphismengruppe verwendet werden.

3.2.7. Beispiel. Sucht man die kanonische Numerierung des Graphen $\Phi =$ ●—●—●—● (1 2 3 4) (vgl. 3.2.5), so erhält man nach dem obigen „branch-and-bound"-Verfahren den in Abb. 23 dargestellten Durchmusterungsbaum (bei dem im Vergleich zu $T(\{1, 2, 3, 4\})$ einige Zweige fehlen). Dabei wurde benutzt, daß man in der ersten Schicht nur bei einem Repräsentanten einer 1-Bahn der Gruppe $\boldsymbol{Aut}\ \Phi$ weiterzugehen braucht (vgl. Satz 3.2.4a)). Dem Zweig, d. h. der Punktfolge Ø (Wurzel) 1, 2, 4, entspricht z. B. die Permutation $g = \begin{pmatrix} 1 & 2 & 4 & x \\ 1 & 2 & 3 & 4 \end{pmatrix}$ (wobei der Wert von x hier natürlich schon festgelegt ist, dem allgemeinen Verfahren nach aber nicht bekannt sein muß). Der zugehörige $\{0, 1\}$-Vektor (b_{12}, b_{13}) ergibt sich zu 10, da $(a_1, a_2) = (1, 2) \in \Phi$ und $(a_1, a_3) = (1, 4) \notin \Phi$ ist. Der Zweig scheidet im nächsten Schritt aus, da sich in der gleichen Schicht schon Punkte mit einem größeren Vektor (nämlich 11) befinden.

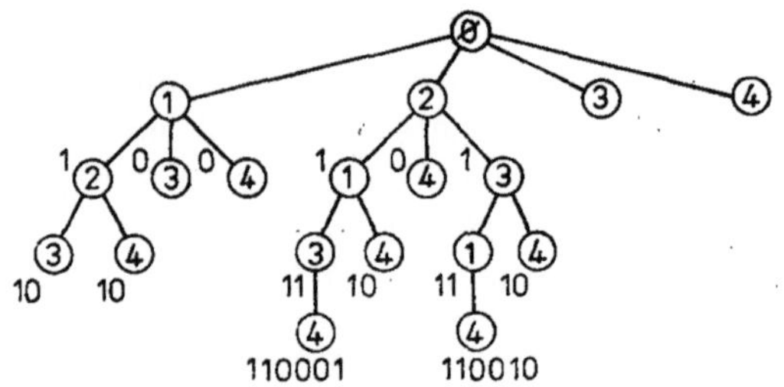

Abb. 23. Durchmusterungsbaum zur Bestimmung der kanonischen Numerierung der Kette mit vier Punkten

Nach Abb. 23 ist also Kanon $(\Phi) = 110010$ die kanonische Numerierung von Φ, zu der die Permutation $g = \begin{pmatrix} 2 & 3 & 1 & 4 \\ 1 & 2 & 3 & 4 \end{pmatrix}$ gehört. Wie man sieht, entsteht der vorletzte Graph der Abb. 21 tatsächlich aus dem ersten Graphen der gleichen Abbildung (vgl. S. 113) durch Anwendung von g.

Ungeachtet dessen, daß im betrachteten Beispiel von den 24 Zweigen des Baumes $T(N)$ nur zwei vollständig aufgebaut werden mußten, läßt sich mit diesen Überlegungen im allgemeinen Fall die Durchmusterung des Baumes in nur geringem Maße abkürzen. Die in der Praxis laufenden Algorithmen zur Kanonisierung verwenden weitaus stärkere Hilfsmittel zum Abschneiden der Zweige. Diese Algorithmen werden ständig vervollkommnet, allerdings konnte man bisher nicht zeigen, daß sie sich wesentlich von der vollständigen Durchmusterung unterscheiden (dem Wort „wesentlich" läßt sich dabei ein exakter mathematischer Sinn geben). Andererseits zeugt die Erfahrung von der hohen Effektivität der praktisch verwendeten Kanonisierungsalgorithmen.

3.2.8. Beispiel. Mit Hilfe der kanonischen Numerierung kann man nun auch die Isomorphie von Graphen feststellen. Wir fragen, welche der Graphen aus Abb. 24 isomorph sind. Mit dem obigen „branch-and-bound"-Algorithmus läßt sich ermitteln, daß diese Graphen mittels der Permutationen $g_1 = (1)\,(25364)$, $g_2 = (1)\,(2)\,(356)\,(4)$, $g_3 = e$ bzw. $g_4 = (1)\,(2)\,(364)\,(5)$ in ihre kanonische Numerierung übergeführt werden können. Dann ergibt sich

$$\text{Kanon}\,(\Phi_1) = \alpha(\Phi_1^{g_1}) = 111000011011110,$$

$$\text{Kanon}\,(\Phi_2) = \text{Kanon}\,(\Phi_4) = \text{Kanon}\,(\Phi_1),$$

$$\text{Kanon}\,(\Phi_3) = \alpha(\Phi_3^{g_3}) = 111001010001111 \neq \text{Kanon}\,(\Phi_1).$$

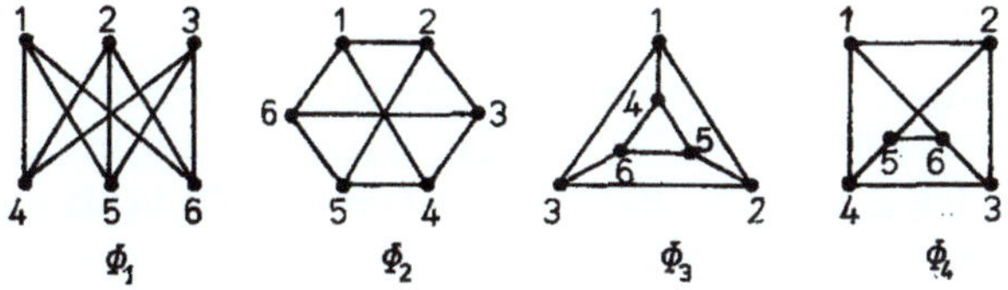

Abb. 24

Folglich sind alle Graphen außer dem dritten paarweise isomorph, wobei sich die Permutationen, die einen Isomorphismus bewirken, leicht angeben lassen; z. B. ist $\Phi_1^h = \Phi_2$ mit $h = g_1 g_2^{-1} = (1)\,(23564)$ (denn es ist $\Phi_1^{g_1} = \Phi_2^{g_2}$ = kanonische Numerierung).

3.3. V-Ringe und zellulare Ringe

Das Rechnen mit den 2-Bahnen einer Permutationsgruppe läßt sich kombinatorisch durch das Rechnen in sogenannten V-Ringen bzw. allgemeiner in zellularen Ringen ersetzen, ohne daß die Gruppe vollständig bekannt sein muß. Die im Spezialfall auf I. Schur (1875—1941) zurückgehende Theorie der V-Ringe wurde von H. Wielandt ([75]) im Rahmen der Permutationsgruppentheorie entwickelt, hat heute aber unter den unterschiedlichsten Namen (association schemes, coherent configurations, Bose-Mesner-Algebren, zellulare Algebren) wichtige Anwendungen gefunden (in Kombinatorik, Graphentheorie, Informatik, Kodierungstheorie, [20], [53], [65]). Es gibt enge Zusammenhänge zu Algorithmen für das Graphisomorphieproblem, dazu verweisen wir auf [73].

Bei der Definition der V-Ringe beschränken wir uns auf transitive Permutationsgruppen, da intransitive Gruppen häufig durch ihre Einschränkung auf die 1-Bahnen ersetzt werden können, und diese Einschränkungen sind transitiv. Die meisten Begriffe behalten ihren Sinn aber auch für intransitive Gruppen. Die 2-Bahnen transitiver Permutationsgruppen sind reguläre (A.3.4), 1-homogene (4.3.26) Graphen, es gibt keine Unterschiede zwischen den Knotenpunkten. Daher sind V-Ringe und zellulare Ringe insbesondere für die Behandlung regulärer Graphen geeignet (wie auch im Abschnitt 3.4 zu sehen sein wird), die vom Standpunkt der Kombinatorik und ihren Anwendungen — nicht zuletzt durch eine Reihe ungelöster Probleme — außerordentlich interessant sind.

A. V-Ringe

3.3.1. Definitionen. Es sei (G, N) eine transitive Permutationsgruppe, und $2\text{-}\boldsymbol{Orb}\,(G, N) = \{\Phi_0, \Phi_1, \ldots, \Phi_{r-1}\}$ (mit $\Phi_0 = \Delta = \{(a, a) \mid a \in N\}$) sei die Menge aller 2-Bahnen. Die Zahl $r = |2\text{-}\boldsymbol{Orb}\,(G, N)|$ heißt dann *Rang* der Gruppe (G, N). Es sei

$$\mathfrak{V}(G, N) = \left\{\sum_{k=0}^{r-1} c_k\Phi_k \mid c_k \in \mathbf{Z}\right\}$$

die Gesamtheit aller formalen Summen mit ganzzahligen Koeffizienten c_k aus $\mathbf{Z}$, d. h., $\mathfrak{V}(G, N)$ ist der ganzzahlige $\mathbf{Z}$-Modul mit den freien Erzeugenden (*Basisgrößen*) $\Phi_0, \Phi_1, \ldots, \Phi_{r-1}$ (vgl. A.2.7). Die Elemente der Form $\sum_{i=0}^{r-1} d_i\Phi_i$ mit $d_i \in \{0, 1\}$ für $i = 0, 1, \ldots, r-1$ heißen *primäre Größen* von $\mathfrak{V}(G, N)$. Für ein beliebig gewähltes Element $(a, b) \in \Phi_k$ sei

$$s_{ij}^k = |\{c \in N \mid (a, c) \in \Phi_i \wedge (c, b) \in \Phi_j\}|$$

$(i, j, k \in \{0, 1, \ldots, r-1\})$. Diese nichtnegativen ganzen Zahlen nennt man die *Strukturkonstanten von* $\mathfrak{V}(G, N)$.

Da die Φ_i $(i = 0, 1, \ldots, r-1)$ Bahnen sind, sind die Zahlen s_{ij}^k unabhängig von der Auswahl des Elements $(a, b) \in \Phi_k$ (*Üb*!). Mit diesen Strukturkonstanten wird die weiter unten zu definierende Faltungsoperation beschrieben. Sie haben eine natürliche *graphentheoretische Deutung*: Im gefärbten Graphen $2\text{-}\boldsymbol{Orb}\,(G, N)$ (vgl. 3.1.1) ist s_{ij}^k gerade die Anzahl der gerichteten Wege der Länge 2, die die Enden einer Kante mit der Farbe k verbinden, wobei die erste Kante des Weges die Farbe i und die zweite die Farbe j hat (vgl. Aufgabe 3.5.12).

3.3.2. Definitionen. Mit den Strukturkonstanten wird auf dem Modul $\mathfrak{V}(G, N)$ (Bezeichnung wie in 3.3.1), eine neue Operation $*$ (*Faltung*, *Multiplikation*) definiert. Für die Basiselemente sei

$$\Phi_i * \Phi_j = \sum_{k=0}^{r-1} s_{ij}^k \Phi_k .$$

Durch distributive Erweiterung erhält man allgemein

$$\left(\sum_{i=0}^{r-1} c_i \Phi_i\right) * \left(\sum_{j=0}^{r-1} d_j \Phi_j\right) = \sum_i \sum_j c_i d_j (\Phi_i * \Phi_j)$$

$$= \sum_{k=0}^{r-1} \left(\sum_{i=0}^{r-1} \sum_{j=0}^{r-1} c_i d_j s_{ij}^k\right) \Phi_k .$$

Der Modul $\mathfrak{V}(G, N)$, kurz auch $\mathfrak{V}(G)$, ist zusammen mit der Faltung $*$ ein Ring (vgl. A.2.7); man nennt ihn den *V-Ring* der (transitiven) Permutationsgruppe (G, N).

Die Benennung V-Ring (= Vertauschungsring, vgl. Aufgabe 3.5.11) wurde von H. Wielandt [75] verwendet und geht auf Ideen von I. Schur (1875—1941) zurück. V-Ringe werden u. a. dazu benutzt, das formale Rechnen mit 2-Bahnen bzw. invarianten Relationen zu erleichtern. Die Menge $\mathfrak{V}(G, N)$ kann man nämlich auch als die Menge aller gerichteten Graphen mit Mehrfachkanten (Multigraphen) interpretieren, die invariant bezüglich (G, N) sind: Dem Element $\sum c_k \Phi_k$ entspricht die Vereinigung der Graphen (= 2-Bahnen) Φ_k, wobei jede Kante aus Φ_k gerade die Vielfachheit c_k erhält ($k = 0, 1, \ldots, r-1$). Die primären Größen $\sum_{i=0}^{r-1} d_i \Phi_i$ sind als die Graphen $\bigcup_{d_i=1} \Phi_i$ interpretierbar, sie haben keine Mehrfachkanten (und sie sind antireflexiv, falls $d_0 = 0$ ist) und entsprechen den invarianten Relationen aus 2-*Inv* (G, N), vgl. 1.5.9. Deshalb verwenden wir auch die Sprechweise, ein Graph Φ gehört zu einem V-Ring $\mathfrak{V}$ ($\Phi \in \mathfrak{V}$), wenn Φ die Vereinigung von Basisgrößen ist. Die Faltung $*$ spiegelt das Relationenprodukt $\circ$ (vgl. 1.5.15) unter Berücksichtigung der Vielfachheit wider: Ist $\Phi * \Phi = \sum c_k \Phi_k$, so ist $\Phi \circ \Phi = \bigcup_{c_k \neq 0} \Phi_k$.

3.3.3. Da $\mathfrak{V}(G, N)$ als $\mathbb{Z}$-Modul von der Basis $\Phi_0, \ldots, \Phi_{r-1}$ erzeugt wird ergeben sich einige (leicht nachprüfbare) Eigenschaften, die beim Rechnen mit den Elementen eines V-Ringes nützlich sein können: *Ist* $\sum_{k=0}^{r-1} c_k \Phi_k$ *ein Element von* $\mathfrak{B}(G, N)$, *so müssen auch folgende Größen zum V-Ring* $\mathfrak{B}(G, N)$ *gehören:*

$$\sum_{c_k = c} \Phi_k \quad (c \textit{ fest gewählt}),$$

$$\sum_{c_k \neq 0} \Phi_k \quad (\textit{Summe der Basisgrößen mit nichtverschwindendem Koeffizienten}),$$

allgemeiner gilt sogar

$$\sum_{k=0}^{r-1} f(c_k)\, \Phi_k \quad (\textit{für jede Funktion } f\colon \mathbf{Z} \to \mathbf{Z}).$$

Im folgenden Satz werden die gleichen Bezeichnungen wie in 3.3.1 verwendet; deg (Φ_i) („*out-degree*") bezeichne die Anzahl der gerichteten Kanten, die von einem Punkt (der beliebig gewählt werden kann, warum? (*Üb*!) vgl. A.3.4) des Graphen Φ_i ausgehen. So ist beispielsweise deg $(\Phi_0) = 1$.

3.3.4. Satz. *Es sei* $\Phi_{i'} = \Phi_i^{-1}$ *die zu* Φ_i *inverse Relation* (vgl. A.1.3), $i = 0, 1, \ldots, r-1$. *Dann gilt*

a) $\Phi_0 * \Phi_i = \Phi_i * \Phi_0 = \Phi_i$ ($\Phi_0 = \Delta$ *ist Einselement bezüglich* $*$),

b) $s_{ii'}^0 = \deg(\Phi_i)$,

c) $\sum_{i=0}^{r-1} s_{ij}^k = \deg(\Phi_j)$, $\sum_{j=0}^{r-1} s_{ij}^k = \deg(\Phi_i)$, $k \in \{0, 1, \ldots, r-1\}$. ∎

Gewöhnlich beschränkt man sich bei der Untersuchung von V-Ringen auf die antireflexiven Basiselemente $\Phi_1, \ldots, \Phi_r$, da über Φ_0 alles bekannt ist (vgl. 3.3.4). Im weiteren werden wir sehen, daß viele wichtige Informationen über den V-Ring bereits in seinen Strukturkonstanten stecken.

3.3.5. Beispiel. Es sei $N = \{1, 2, 3, 4, 5, 6, 7, 8\}$. Wir werden den V-Ring $\mathfrak{B}(D_8, N)$ der Diedergruppe D_8 beschreiben. In Abb. 25 sind alle antirefle-

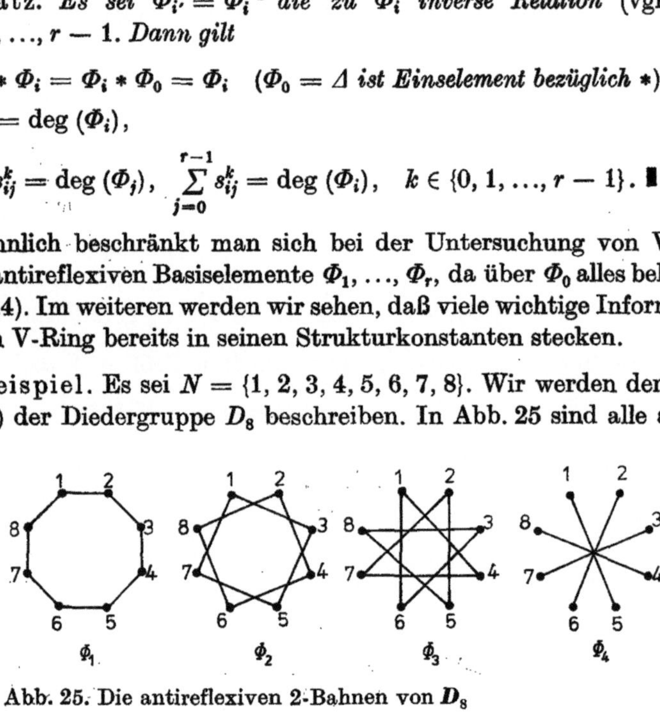

Abb. 25. Die antireflexiven 2-Bahnen von D_8

xiven 2-Bahnen von D_8 aufgeführt (vgl. 1.6.5), d. h. die Basiselemente des V-Ringes $\mathfrak{B}(D_8, N)$. Die Strukturkonstanten sind in Tabelle 4 zu finden, wobei im Schnittpunkt der i-ten Zeile und j-ten Spalte die Koeffizienten $s_{ij}^0, s_{ij}^1, s_{ij}^2, s_{ij}^3, s_{ij}^4$ (von links nach rechts) eingetragen sind.

Tabelle 4

	Φ_0	Φ_1	Φ_2	Φ_3	Φ_4
Φ_0	1, 0, 0, 0, 0	0, 1, 0, 0, 0	0, 0, 1, 0, 0	0, 0, 0, 1, 0	0, 0, 0, 0, 1
Φ_1	0, 1, 0, 0, 0	2, 0, 1, 0, 0	0, 1, 0, 1, 0	0, 0, 1, 0, 2	0, 0, 0, 1, 0
Φ_2	0, 0, 1, 0, 0	0, 1, 0, 1, 0	2, 0, 0, 0, 2	0, 1, 0, 1, 0	0, 0, 1, 0, 0
Φ_3	0, 0, 0, 1, 0	0, 0, 1, 0, 2	0, 1, 0, 1, 0	2, 0, 1, 0, 0	0, 1, 0, 0, 0
Φ_4	0, 0, 0, 0, 1	0, 0, 0, 1, 0	0, 0, 1, 0, 0	0, 1, 0, 0, 0	1, 0, 0, 0, 0

Der Vollständigkeit halber haben wir auch die Diagonale Φ_0 mit angeführt. Mit Tabelle 4 lassen sich die Multiplikationen im V-Ring sehr leicht berechnen. So ist beispielsweise $\Phi_3 * \Phi_4 = \Phi_1$ und $\Phi_1 * \Phi_3 = 0 \cdot \Phi_0 + 0 \cdot \Phi_1 + 1 \cdot \Phi_2 + 0 \cdot \Phi_3 + 2 \cdot \Phi_4 = \Phi_2 + 2\Phi_4$.

Die Multiplikation $*$ in einem V-Ring ist assoziativ (*Üb*!), aber nicht kommutativ (als Beispiel nehme man den V-Ring der regulären Darstellung einer beliebigen nichtabelschen Gruppe (*Üb*!)). Wir haben jedoch:

3.3.6. Satz. *Sind alle 2-Bahnen einer Permutationsgruppe* (G, N) *symmetrisch, so ist* $\mathfrak{B}(G, N)$ *kommutativ* (d. h., $*$ ist kommutativ).

Beweis. Es seien $\Phi_k = \Phi_k^{-1} \in 2\text{-}\mathbf{Orb}\,(G, N)$ und $(a, b) \in \Phi_k$. Dann ist auch $(b, a) \in \Phi_k$, und wir haben $s_{ij}^k = |\{c \in N \mid (a, c) \in \Phi_i \wedge (c, b) \in \Phi_j\}| = |\{c \in N \mid (b, c) \in \Phi_j \wedge (c, a) \in \Phi_i\}| = s_{ji}^k$, woraus sofort die Kommutativität von $*$ folgt (vgl. 3.3.2). ∎

Ein V-Ring $\mathfrak{B}(G, N)$ ist nach Definition bereits durch die 2-Bahnen von (G, N) festgelegt; daher gilt:

3.3.7. Satz. *Jeder V-Ring ist der V-Ring einer 2-abgeschlossenen Permutationsgruppe. Genauer gilt*

$$\mathfrak{B}(G, N) = \mathfrak{B}(H, N) \Leftrightarrow G \approx_{(2)} H \Leftrightarrow G^{(2)} = H^{(2)}$$

(vgl. 1.5.18, 1.5.19), *insbesondere ist* $\mathfrak{B}(G^{(2)}, N) = \mathfrak{B}(G, N)$. ∎

3.3.8. Definition. Ein V-Ring $\mathfrak{V}'$ heißt *Unter-V-Ring* eines V-Ringes $\mathfrak{V}$ (wir schreiben $\mathfrak{V}' \leqq \mathfrak{V}$), wenn jede Basisgröße von $\mathfrak{V}'$ die Vereinigung von gewissen Basisgrößen von $\mathfrak{V}$ ist. $\mathfrak{V}'$ ist *echter* Unter-V-Ring, wenn $\mathfrak{V}' \neq \mathfrak{V}$ ist.

Je größer eine Permutationsgruppe, desto kleiner ist ihr V-Ring und umgekehrt; genauer gilt:

3.3.9. Satz. *Es seien (H, N) und (G, N) Permutationsgruppen und $H \subseteqq G$. Dann ist $\mathfrak{V}(G, N)$ ein Unter-V-Ring von $\mathfrak{V}(H, N)$.*

Beweis. Aus $H \subseteqq G$ folgt 2-***Orb*** $(G, N) \subseteqq$ 2-***Inv*** (H, N), so daß nach 1.5.9 jede Basisgröße von $\mathfrak{V}(G, N)$ die Vereinigung von gewissen Basisgrößen von $\mathfrak{V}(H, N)$ ist. ∎

Bemerkung. Sind H und G 2-abgeschlossene Permutationsgruppen, so gilt sogar $\mathfrak{V}(G, N) \leqq \mathfrak{V}(H, N) \Leftrightarrow H \leqq G$ (*Üb*!, beachte 1.5.19).

Wir kehren nun noch einmal zum König-Problem 3.1.3 (bzw. 3.1.5) zurück. Wie lassen sich alle diejenigen Graphen $\Phi \subseteqq N \times N$ finden, deren Automorphismengruppe mit einer gegebenen Gruppe (G, N) übereinstimmt? Offenbar ist $\Phi \in$ 2-***Inv*** (G, N), d. h., Φ ist primäre Größe von $\mathfrak{V}(G, N)$. Der folgende Satz gibt in der Sprache der V-Ringe eine Antwort auf diese Frage.

3.3.10. Satz. *Es sei (G, N) eine Permutationsgruppe mit dem V-Ring $\mathfrak{V} = \mathfrak{V}(G, N)$. Für eine binäre Relation Φ sind die folgenden Aussagen äquivalent:*

(i) ***Aut*** $\Phi = G^{(2)}$,

(ii) $\Phi \in \mathfrak{V}$, *und für jeden echten Unter-V-Ring $\mathfrak{W}$ von $\mathfrak{V}$ gilt $\Phi \notin \mathfrak{W}$.*

Beweis. (ii) $\Rightarrow$ (i): Es sei $H =$ ***Aut*** Φ. Aus $\Phi \in \mathfrak{V}$ folgt $\Phi \in$ 2-***Inv*** G, d. h. $G \subseteqq H$, also $\mathfrak{V}(H, N) \leqq \mathfrak{V}$ nach 3.3.9. Weiter gilt $\Phi \in \mathfrak{V}(H, N)$. Gemäß (ii) folgt $\mathfrak{V}(H, N) = \mathfrak{V}$, d. h. $H = H^{(2)} = G^{(2)}$ wegen 3.3.7.

(i) $\Rightarrow$ (ii): ***Aut*** Φ ist die größte Permutationsgruppe H mit $\Phi \in$ 2-***Inv*** H, d. h., $\mathfrak{V}($***Aut*** $\Phi, N) = \mathfrak{V}(G^{(2)}, N) = \mathfrak{V}$ ist (vgl. 3.3.9, 3.3.7) der kleinste V-Ring mit $\Phi \in \mathfrak{V}$. ∎

Wegen 3.3.9 ist es nicht verwunderlich, daß in 3.3.10 die Unter-V-Ringe eine Rolle spielen, da nach 3.1.9 die (2-abgeschlossenen) Obergruppen von (G, N) zur Lösung des König-Problems ausreichen. Kennt man den Verband aller 2-abgeschlossenen Obergruppen von (G, N) in $\boldsymbol{S}(N)$, oder gleichbedeutend damit alle Unter-V-Ringe von $\mathfrak{V}(G, N)$, so ist es z. B. mit

3.3.10 möglich, die Automorphismengruppen aller Graphen aus 2-***Inv*** (G, N) zu bestimmen. Im allgemeinen fehlt jedoch eine a-priori-Information über den Verband der 2-abgeschlossenen Obergruppen, und es ist nicht möglich oder sehr schwierig, die zugehörigen V-Ringe zu bestimmen. Einen Ausweg aus dieser Lage zeigt das folgende Vorgehen: Anstelle von (Unter-) V-Ringen werden sogenannte zellulare Ringe betrachtet, die man gewissermaßen als kombinatorische Approximation der V-Ringe (d. h. bestimmter Eigenschaften von 2-Bahnen) ansehen könnte. Damit werden wir uns im nächsten Abschnitt B beschäftigen. Durch die zellularen Ringe lassen sich die Graphen in ähnlicher (aber rein kombinatorischer) Weise klassifizieren wie durch ihre Automorphismengruppen. Hat man alle zellularen Unterringe eines V-Ringes $\mathfrak{B}(G, N)$ bestimmt, so verbleibt eine auch für Anwendungen wichtige Aufgabe: Aus der Menge der zellularen Unterringe von $\mathfrak{B}(G, N)$ finde man alle Unter-V-Ringe (sogenannte Schursche zellulare Ringe) heraus, d. h. diejenigen Unterringe, die selbst V-Ringe irgendeiner (geeigneten) Obergruppe von (G, N) sind.

B. Kohärente Relationenschemata und zellulare Ringe

3.3.11. Definition. Es sei N eine endliche Menge und $\mathcal{R} = \{R_0, R_1, \ldots, R_m\}$ eine Menge von binären Relationen über N. Das Paar $(N, \mathcal{R})$ heißt *kohärentes Relationenschema* (der Begriff wurde als *coherent configuration* bzw. *association scheme* von H. Higman [33] bzw. R. C. Bose [11] eingeführt), wenn folgende drei Bedingungen erfüllt sind:

R1. $\mathcal{R}$ ist eine Zerlegung von $N \times N$, und R_0 ist die Diagonalrelation Δ.

R2. $R_i^{-1} \in \mathcal{R}$ für alle $i \in \{0, 1, \ldots, m\}$.

R3. Für jedes Tripel von Zahlen $i, j, k \in \{0, 1, \ldots, m\}$ gibt es eine Zahl p_{ij}^k, so daß für jedes gewählte $(a, b) \in R_k$

$$|\{c \in N \mid (a, c) \in R_i \wedge (c, b) \in R_j\}| = p_{ij}^k$$

gilt.

Die Zahlen p_{ij}^k heißen *Strukturkonstanten* (intersection numbers [33]) des kohärenten Relationenschemas. Für $m = 1$ bzw. $m = |N|^2 - |N|$ erhält man zwei kohärente Relationenschemata $\{\Delta, N^2 \setminus \Delta\}$ bzw. $\left\{\Delta, \{(a, b)\}_{a \neq b \in N}\right\}$, die *trivial* genannt werden.

Wie schon angekündigt, wird die Definition 3.3.11 durch den folgenden Satz motiviert.

3.3.12. Satz. *Für eine Permutationsgruppe* (G, N) *ist* $(N, 2\text{-}\boldsymbol{Orb}\,(G, N))$ *ein kohärentes Relationenschema.* ∎ (Vgl. 3.3.1.)

In der gleichen Weise, wie $\mathfrak{V}(G, N)$ aus $2\text{-}\boldsymbol{Orb}\,(G, N)$ konstruiert wurde (vgl. 3.3.1), läßt sich für ein beliebiges kohärentes Relationenschema $(N, \mathcal{R})$ ein Ring $\mathfrak{W}(\mathcal{R})$ konstruieren:

3.3.13. Definition. Es sei $(N, \mathcal{R})$ ein kohärentes Relationenschema, $\mathcal{R} = \{R_0, R_1, \ldots, R_m\}$. $\mathfrak{W}(\mathcal{R})$ sei der $\mathbf{Z}$-Modul mit $\mathcal{R}$ als freiem Erzeugendensystem (d. h. die Menge aller formalen Summen $\sum_{k=0}^{m} c_k R_k$, $c_k \in \mathbf{Z}$). Auf $\mathfrak{W}(\mathcal{R})$ werden die wie folgt definierten Operationen betrachtet:

Addition $+$: $\quad \sum_{k=0}^{m} a_k R_k + \sum_{k=0}^{m} b_k R_k := \sum_{k=0}^{m} (a_k + b_k)\, R_k,$

Multiplikation (Faltung) $*$:

$$R_i * R_j := \sum_{k=0}^{m} p_{ij}^k R_k \quad \text{(für die Basisgrößen)},$$

und distributiv erweitert

$$\left(\sum_{i=0}^{m} a_i R_i\right) * \left(\sum_{j=0}^{m} b_j R_j\right) := \sum_i \sum_j a_i b_j (R_i * R_j)$$
$$= \sum_{k=0}^{m} \left(\sum_{i=0}^{m} \sum_{j=0}^{m} a_i b_j p_{ij}^k\right) R_k .$$

$\mathfrak{W}(\mathcal{R})$ zusammen mit dieser Addition und Multiplikation heißt *zellularer Ring* von $\mathcal{R}$ (vgl. [73], in manchen Fällen auch Bose-Mesner-Algebra [20], [65]). $\mathfrak{W}(\mathcal{R})$ heißt *trivial*, falls $\mathcal{R}$ trivial (3.3.11) ist.

Ein zellularer Ring $\mathfrak{W}(\mathcal{R}')$ heißt *zellularer Unterring* von $\mathfrak{W}(\mathcal{R})$, wenn jede Relation des kohärenten Relationenschemas $\mathcal{R}'$ die Vereinigung von gewissen Basisgrößen von $\mathfrak{W}(\mathcal{R})$ ist (und somit als formale Summe von diesen interpretiert werden kann: $\mathfrak{W}(\mathcal{R}') \subseteq \mathfrak{W}(\mathcal{R})$).

Natürlich ist wegen 3.3.12 jeder V-Ring auch ein zellularer Ring. Kennt man alle zellularen Unterringe eines V-Ringes $\mathfrak{V}(G, N)$ und ihre Automorphismengruppe, so hat man damit auch alle 2-abgeschlossenen Obergruppen von (G, N) bestimmt (vgl. 1.5.19). Unter der *Automorphismengruppe* eines zellularen Ringes mit dem Erzeugendensystem $\mathcal{R} = \{R_0, R_1, \ldots, R_m\}$ versteht man dabei die Permutationsgruppe $\boldsymbol{Aut}\,\mathcal{R} := \bigcap_{i=0}^{m} \boldsymbol{Aut}\,R_i$.

Die Aufgabe, alle zellularen Unterringe von $\mathfrak{V}(G, N)$ zu bestimmen, wurde erstmalig von I. Schur gestellt, und zwar für den Spezialfall einer regulären Permutationsgruppe (G, N) (die zugehörigen zellularen Unterringe heißen heute deshalb S-Ringe, [58], [75]). Schur vermutete dabei, daß jeder zellulare Unterring der V-Ring einer geeigneten Obergruppe ist. Doch bald wurde diese Schursche Hypothese von H. Wielandt widerlegt; die Methode der S-Ringe jedoch, die von I. Schur entwickelt worden war, wurde ein wichtiges Hilfsmittel in der Theorie der Permutationsgruppen. In 3.4.16 lernen wir ein Beispiel eines zellularen Ringes kennen, der kein V-Ring ist.

3.3.14. Definition. Zellulare Ringe, die V-Ringe einer Permutationsgruppe sind (vgl. 3.3.12), wollen wir auch *schursche* zellulare Ringe nennen.

Bemerkung. *Für 2-abgeschlossene Permutationsgruppen* (G, N) *und schursche zellulare Ringe* $\mathfrak{W}$ *gilt* $\boldsymbol{Aut}\,\mathfrak{V}(G, N) = G$ *und* $\mathfrak{V}(\boldsymbol{Aut}\,\mathfrak{W}, N) = \mathfrak{W}$. ∎ (*Üb*!, vgl. [58; 8.3.15].)

C. Die Bestimmung der zellularen Unterringe

Das oben erwähnte Problem, den Verband der zellularen Unterringe eines V-Ringes zu beschreiben, ist ein ausgesprochen kombinatorisches Problem. Es führt praktisch zur Suche nach allen Unterschemata des kohärenten Relationenschemas 2-$\boldsymbol{Orb}$ (G, N). Bemerkenswert dabei ist, daß man von den 2-Bahnen nur die Tabelle der Strukturkonstanten des V-Ringes $\mathfrak{V}(G, N)$ zu kennen braucht. Wir wollen kurz einen Algorithmus beschreiben, der alle zellularen Unterringe eines V-Ringes $\mathfrak{V}$ mit den Basiselementen $\Phi_0 = \Delta$, $\Phi_1, \ldots, \Phi_{r-1}$ durchmustert. Die von Φ_0 verschiedenen Basisgrößen Ψ eines zellularen Unterringes $\mathfrak{W}$ von $\mathfrak{V} = \mathfrak{V}(G, N)$ müssen sich als $\Psi = \sum_{\in J} \Phi_i$ mit $J \subseteqq \{1, \ldots, r-1\}$ darstellen lassen (stillschweigend interpretieren wir wieder die Elemente der zellularen Unterringe (hier z. B. Ψ) als Relationen $\bigcup_{i \in J} \Phi_i$, wie wir das schon bei den Unter-V-Ringen kennengelernt haben, vgl. 3.3.8 sowie die Ausführungen nach 3.3.2). Wegen der Abgeschlossenheit gegenüber der Multiplikation $*$ muß $\Psi * \Psi$ als Summe von Basisgrößen von $\mathfrak{W}$ darstellbar sein, so daß zumindest folgendes gelten muß: Es existieren $a, a_i \in \mathbf{Z}$, $i \in I' = \{0, 1, \ldots, r-1\} \setminus J$ derart, daß

$$\Psi * \Psi = a\Psi + \sum_{i \in I'} a_i \Phi_i$$

ist. Jede primäre (vgl. 3.3.1) Größe Ψ mit dieser Eigenschaft (sowie Φ_0) heiße *zulässige Größe*. Jede Basisgröße ist offenbar zulässig; wenn auch die

Umkehrung i. allg. nicht gilt, so stellen doch die zulässigen Größen eine gute Auswahl möglicher Kandidaten dar, die den folgenden Algorithmus effektiv macht. Der Algorithmus läßt sich in drei Schritte zerlegen:

1. Schritt: Man berechne die Menge aller zulässigen primären Größen aus $\mathfrak{B}$.

2. Schritt: Man bestimme alle möglichen Zerlegungen von $N \times N$, die aus zulässigen Größen von $\mathfrak{B}$ bestehen.

3. Schritt: Für jede im 2. Schritt erhaltene Zerlegung $N \times N = \Psi_0 \cup \Psi_1 \cup \cdots \cup \Psi_k$ $(\Psi_0 = \Phi_0)$ überprüfe man, ob für alle $i, j \in \{1, \ldots, k\}$ Zahlen $c_i \in \mathbf{Z}$ existieren, so daß

$$\Psi_i * \Psi_j = \sum_{i=0}^{k} c_i \Psi_i$$

erfüllt ist. Wenn ja, dann bilden die Elemente der Zerlegung die Basis eines zellularen Unterrings von $\mathfrak{B}$.

Mit diesem Algorithmus wird j e d e r zellulare Unterring auch wirklich erfaßt. Es sei erwähnt, daß zur Menge der zulässigen Elemente natürlich auch alle Basiselemente von $\mathfrak{B}$ gehören.

3.3.15. Beispiel. Wir wollen den Verband aller zellularen Unterringe des V-Rings $\mathfrak{B}(D_8, N)$ beschreiben. Diesen V-Ring und die Tabelle 4 seiner Strukturkonstanten kennen wir schon aus Beispiel 3.3.5. Wir wollen zunächst alle zulässigen Größen bestimmen und überprüfen beispielsweise, ob $\Phi_1 + \Phi_2$ zulässig ist (um die Multiplikationen zu berechnen, werden die Tabelle 4 (S. 121) und die Formel in 3.3.2 benutzt):

$$\begin{aligned}(\Phi_1 + \Phi_2) * (\Phi_1 + \Phi_2) &= \Phi_1 * \Phi_1 + \Phi_1 * \Phi_2 + \Phi_2 * \Phi_1 + \Phi_2 * \Phi_2 \\ &= (2\Phi_0 + \Phi_2) + 2(\Phi_1 + \Phi_3) + (2\Phi_0 + 2\Phi_4) \\ &= 4\Phi_0 + 2\Phi_1 + \Phi_2 + 2\Phi_3 + 2\Phi_4.\end{aligned}$$

Also ist $\Phi_1 + \Phi_2$ nicht zulässig, da die Koeffizienten von Φ_1 und Φ_2 verschieden sind, d. h., das Ergebnis der Faltung hat nicht die Gestalt $a(\Phi_1 + \Phi_2) + a_0\Phi_0 + a_3\Phi_3 + a_4\Phi_4$. Dagegen ist $\Phi_2 + \Phi_4$ zulässig, denn es ist $(\Phi_2 + \Phi_4) * (\Phi_2 + \Phi_4) = 3\Phi_0 + 2(\Phi_2 + \Phi_4)$. Insgesamt ergeben sich folgende zulässigen Größen: Φ_0, Φ_1, Φ_2, Φ_3, Φ_4, $\Phi_1 + \Phi_3$, $\Phi_1 + \Phi_4$, $\Phi_2 + \Phi_4$, $\Phi_3 + \Phi_4$, $\Phi_1 + \Phi_2 + \Phi_3$, $\Phi_1 + \Phi_2 + \Phi_3 + \Phi_4$. Rechnet man nach dem oben beschriebenen Algorithmus alle zellularen Unterringe aus (*Üb*!), so erhält man folgende Liste (die Unterringe werden dabei durch ihre antireflexiven Basiselemente angegeben):

$$\mathfrak{W}_1 = \mathfrak{V}(D_8, N) = \langle \Phi_1, \Phi_2, \Phi_3, \Phi_4 \rangle,$$

$$\mathfrak{W}_2 = \langle \Phi_1 + \Phi_3, \Phi_2, \Phi_4 \rangle,$$

$$\mathfrak{W}_3 = \langle \Phi_1 + \Phi_3, \Phi_2 + \Phi_4 \rangle,$$

$$\mathfrak{W}_4 = \langle \Phi_1 + \Phi_2 + \Phi_3, \Phi_4 \rangle,$$

$$\mathfrak{W}_5 = \mathfrak{V}(S_8, N) = \langle \Phi_1 + \Phi_2 + \Phi_3 + \Phi_4 \rangle.$$

So ist beispielsweise $\mathfrak{W}_3$ mit den Basisgrößen $\Psi_0 = \Phi_0 = \Delta$, $\Psi_1 = \Phi_1 + \Phi_3$, $\Psi_2 = \Phi_2 + \Phi_4$ ein zellularer Ring, denn es gilt

$$\Psi_1 * \Psi_1 = 4\Psi_0 + 4\Psi_2,$$

$$\Psi_1 * \Psi_2 = \Psi_2 * \Psi_1 = 3\Psi_1,$$

$$\Psi_2 * \Psi_2 = 3\Psi_0 + 2\Psi_2.$$

Ohne Beweis sei erwähnt, daß in diesem Beispiel alle nichttrivialen zellularen Unterringe schursch (vgl. 3.3.14) sind; es gilt nämlich:

$$\mathfrak{W}_3 = \mathfrak{V}(G_3, N), \quad G_3 = \boldsymbol{Aut}\, \mathfrak{W}_3 \cong S_2 \wr S_4,$$

$$\mathfrak{W}_4 = \mathfrak{V}(G_4, N), \quad G_4 = \boldsymbol{Aut}\, \mathfrak{W}_4 \cong S_4 \wr S_2,$$

$$\mathfrak{W}_2 = \mathfrak{V}(G_2, N), \quad G_2 = \boldsymbol{Aut}\, \mathfrak{W}_2$$

(die explizite Beschreibung von G_2 würde den für dieses Buch vorgegebenen Rahmen sprengen; es sei nur erwähnt, daß $G_2 = G_3 \cap G_4$ ist).

3.4. Binomialgraphen

In diesem Abschnitt wird die — auf verschiedenen Mengen operierende — volle symmetrische Gruppe betrachtet. Für solche induzierten Gruppen haben wir uns schon im Zusammenhang mit der Pólya-Theorie interessiert (man setze $G = \boldsymbol{S}(N)$ in 2.2.12, vgl. auch 1.5.25). Wir untersuchen die zugehörigen V-Ringe und deren Unterringe und erhalten Aussagen über die Automorphismengruppen der 2-Bahnen und der invarianten Relationen (sog. Binomialgraphen). Damit wird gleichzeitig an einem etwas tieferliegenden Beispiel demonstriert, wie man in V-Ringen rechnet.

A. Die V-Ringe der induzierten symmetrischen Gruppen

3.4.1. Definitionen und Bemerkungen. Für $N = \{1, 2, \ldots, n\}$ wollen wir die Menge $\boldsymbol{P}_m(N)$ (vgl. 1.5.25) aller m-elementigen Teilmengen kurz mit

$$P_n^m = \{M \mid M \subseteqq N \wedge |M| = m\}^{1)} \quad (1 \leqq m \leqq n)$$

bezeichnen. Auf P_n^m werden binäre Relationen $\Psi_0, \ldots, \Psi_m$ durch

$$(A, B) \in \Psi_k :\Leftrightarrow |A \cap B| = k$$

für $A, B \in P_n^m$ definiert ($k = 0, 1, \ldots, m$). So ist beispielsweise Ψ_m die Diagonalrelation auf P_n^m (was bedeutet dagegen $(A, B) \in \Psi_0$?). Wenn nicht anders erwähnt, seien im ganzen Abschnitt 3.4 die Zahlen n, m und die Bezeichnungen $\Psi_0, \ldots, \Psi_m$ fixiert. Es gilt $|P_n^m| = \binom{n}{m}$ (*Üb*!), und alle Graphen mit der Knotenmenge P_n^m, die sich als Vereinigung von Graphen aus $\{\Psi_0, \ldots, \Psi_m\}$ darstellen lassen, heißen die *Graphen der Binomialkoeffizienten*, hier kurz *Binomialgraphen*. Diese Graphen werden bei den verschiedenartigsten angewandten kombinatorischen Aufgaben verwendet. Uns wird die Struktur der Automorphismengruppen der Binomialgraphen interessieren. Diese Automorphismengruppen besitzen eine Reihe extremer Eigenschaften, deren Kenntnis helfen kann, die Kompliziertheit von Algorithmen zur Graphidentifikation abzuschätzen.

Die Antwort auf die Frage nach der Struktur der Automorphismengruppen von Binomialgraphen wird im folgenden mit Hilfe von V-Ringen gegeben werden. Ausführlichere Beweise der vorgestellten Ergebnisse findet man z. B. in [40].

3.4.2. Definition. Die symmetrische Gruppe $\boldsymbol{S}(N)$ induziert auf P_n^m eine Permutationsgruppe, die im weiteren kurz mit S_n^m [1] bezeichnet werden soll, und zwar durch (vgl. 1.5.25)

$$B^g = \{b^g \mid b \in B\} \quad \text{für} \quad B \in P_n^m \text{ und } g \in \boldsymbol{S}(N).$$

Für festes n sind alle diese S_n^m $(1 \leqq m \leqq n)$ als abstrakte Gruppen isomorph.

Der folgende Satz macht deutlich, warum Binomialgraphen und V-Ringe (2-Bahnen) von induzierten Permutationsgruppen zusammenhängen.

3.4.3. Satz. *Die Permutationsgruppe* (S_n^m, P_n^m) *hat den Rang* $r = \min\{m + 1, n - m + 1\}$ (vgl. 3.3.1) *und die folgenden 2-Bahnen*:

$$2\text{-}\boldsymbol{Orb}\,(S_n^m, P_n^m) = \{\Psi_0, \ldots, \Psi_m\}. \quad \blacksquare \ (\text{Üb}!)$$

[1] Der obere Index m ist hier kein Exponent einer direkten Potenz.

3.4.4. Folgerung. *2-**Inv** (S_n^m, P_n^m) ist die Menge der Binomialgraphen. Ist $n \geqq 2m$, so ist $|2\text{-}\mathbf{Inv}\,(S_n^m, P_n^m)| = 2^{m+1}$ (vgl. 1.5.9). Ein Graph auf der Knotenmenge P_n^m ist genau dann Binomialgraph, wenn S_n^m in seiner Automorphismengruppe enthalten ist.* ∎

Die Gruppen S_n^m und S_n^{n-m} sind ähnlich (*Üb*!, vgl. 1.1.18), so daß wir im folgenden o.B.d.A. stets $n \geqq 2m$ annehmen können. Das Rechnen in den zugehörigen V-Ringen wird durch die Strukturkonstanten (vgl. 3.3.1) erleichtert, die im nächsten Satz angegeben werden (die Richtigkeit kann man mit etwas Mühe und Ausdauer aber ohne Schwierigkeiten durch Nachrechnen überprüfen). Die Bezeichnungen sind wie in 3.4.1 gewählt.

3.4.5. Satz. *Es sei $\Psi_i * \Psi_j = a_{ij}\Psi_m + \sum_{k=0}^{m-1} s_{ij}^k \Psi_k$ und $2m + 1 \leqq n$. Dann gilt*

$$a_{ij} = 0 \quad \text{für} \quad i \neq j, \quad a_{ii} = \binom{m}{i}\binom{n-m}{m-i},$$

und

$$s_{ij}^k = 0 \quad \text{für} \quad r_2 < r_1,$$

$$s_{ij}^k = \sum_{r=r_1}^{r_2} \binom{k}{r}\binom{m-k}{j-r}\binom{m-k}{i-r}\binom{n-2m+k}{m-i-j+r} \quad \text{für} \quad r_2 \geqq r_1,$$

mit

$$r_1 = \max\{j+k-m,\ i+k-n,\ i+j-m,\ 0\},$$

$$r_2 = \min\{i, j, k, n-3m+k+i+j\};$$

$$0 \leqq i, j \leqq m; \quad 0 \leqq k \leqq m-1.$$

Rechnet man in einem V-Ring (oder allgemeiner in einem zellularen Ring) $\mathfrak{V}$ für eine primäre Größe $\Phi \in \mathfrak{V}$ alle möglichen Produkte und Summen aus und nutzt die in 3.3.3 gegebenen V-Ring-Eigenschaften (die auch für zellulare Ringe gelten), so erhält man eine Reihe anderer Elemente, die ebenfalls zu $\mathfrak{V}$ gehören müssen, falls nur Φ zu $\mathfrak{V}$ gehört. Betrachten wir im Beispiel 3.3.15 (vgl. 3.3.5) das Element $\Phi = \Phi_1 + \Phi_2$. Dann ist $\Phi * \Phi = 4\Phi_0 + 2\Phi_1 + \Phi_2 + 2\Phi_3 + 2\Phi_4$, so daß nach 3.3.3 mit Φ auch Φ_2 (sowie $\Phi_1 + \Phi_3 + \Phi_4$) zu einem V-Ring $\mathfrak{V}$ gehören muß. Man sagt, Φ_2 ist aus Φ *ableitbar*. Weiter folgt $\Phi_1 = \Phi - \Phi_2 \in \mathfrak{V}$, $\Phi_3 + \Phi_4 \in \mathfrak{V}$ und wegen $\Phi_1 * \Phi_2 = \Phi_1 + \Phi_3$ auch $\Phi_3 \in \mathfrak{V}$, $\Phi_4 \in \mathfrak{V}$. Jeder zellulare Unterring von $\mathbf{\mathfrak{V}}(D_8, N)$, der Φ enthält, muß also mit $\mathfrak{V}_1 = \mathbf{\mathfrak{V}}(D_8, N)$ übereinstimmen; man sagt, Φ *erzeugt* $\mathbf{\mathfrak{V}}(D_8, N)$. Solche Überlegungen werden im weiteren noch öfter angewendet, und wir führen deshalb folgende Begriffe ein:

3.4.6. Definitionen. Für einen V-Ring (oder zellularen Ring) $\mathfrak{V}$ und $\Phi, \Psi \in \mathfrak{V}$ heiße Ψ *aus* Φ *in* $\mathfrak{V}$ *ableitbar*, falls

$$\Phi \in \mathfrak{W} \Rightarrow \Psi \in \mathfrak{W}$$

für jeden zellularen Unterring $\mathfrak{W}$ von $\mathfrak{V}$ gilt. Φ *erzeugt* $\mathfrak{V}$, falls jedes Element von $\mathfrak{V}$ aus Φ in $\mathfrak{V}$ ableitbar ist; Bezeichnung $\mathfrak{V} = \langle\Phi\rangle$.

Bemerkungen. Wie am Beispiel von $\mathfrak{B}(D_8, N)$ oben gezeigt wurde, ist die Ableitbarkeit in $\mathfrak{V}$ durch fortgesetzte Anwendung der Operationen der zellularen Ringe beschreibbar (um das zu sehen, nehme man für $\mathfrak{W}$ in 3.4.6 den von Φ erzeugten zellularen Unterring von $\mathfrak{V}$, *Üb*!). Ist $\mathfrak{V} = \langle\Phi\rangle$, so ist Φ in keinem echten zellularen Unterring von $\mathfrak{V}$ enthalten. Der Ableitungsbegriff in 3.4.6 ist — angewendet auf binäre Relationen — schwächer als der in 1.5.23.

Für die V-Ringe $\mathfrak{V}_n^m := \mathfrak{B}(S_n^m, P_n^m)$ der induzierten symmetrischen Gruppen (S_n^m, P_n^m) läßt sich ein erzeugendes Element angeben:

3.4.7. Satz. $\mathfrak{V}_n^m = \mathfrak{B}(S_n^m, P_n^m) = \langle\Psi_{m-1}\rangle$.

Beweis. Es sei $d(A, B)$ die Länge eines kürzesten Weges, der die Knotenpunkte A und B im Graphen Ψ_{m-1} verbindet. Man sieht sofort anhand der Definitionen, daß $d(A, B) = k \Leftrightarrow (A, B) \in \Psi_{m-k}$. Betrachten wir nun die k-fache Faltung von Ψ_{m-1}

$$(\Psi_{m-1})^k = \sum_{i=0}^{m} r_{ki}\Psi_i.$$

Aus der kombinatorischen Interpretation der Faltung (von Elementen eines V-Rings, vgl. Ausführungen nach 3.3.1) folgt, daß $r_{ki} \neq 0$ für $i \geqq m - k$ und $r_{ki} = 0$ für $i < m - k$ ist. Das heißt wegen 3.3.3, daß $\sum_{i=m-k}^{m} \Psi_i$ aus Ψ_{m-1} in $\mathfrak{V}_n^m$ ableitbar ist. Somit sind auch $\Psi_{m-k} = \sum_{i=m-k}^{m} \Psi_i - \sum_{i=m-k+1}^{m} \Psi_i$, also alle Basiselemente von $\mathfrak{V}_n^m$ aus Ψ_{m-1} in $\mathfrak{V}_n^m$ ableitbar, d. h. $\mathfrak{V}_n^m = \langle\Psi_{m-1}\rangle$. ∎

3.4.8. Folgerung. *Für* $n \geqq 2m + 1$ *gilt* $\mathfrak{V}_n^m = \langle\Psi_0\rangle$.

Beweis. Berechnet man den Koeffizienten s_{00}^k mit der Formel aus 3.4.5 ($r_1 = 0$, $r_2 = \min\{0, n - 3m + k\}$), so erhält man

$$s_{00}^k = \begin{cases} 0 & \text{für } k < 3m - n, \\ \binom{n - 2m + k}{m} & \text{für } k \geqq 3m - n. \end{cases}$$

Damit ist s_{00}^k bei wachsendem k monoton und nicht fallend, wobei $s_{00}^{m-1} > s_{00}^{m-2}$. Dies bedeutet, daß (wegen 3.3.3) Ψ_{m-1} aus Ψ_0 in $\mathfrak{B}_n^m$ ableitbar ist, woraus schließlich wegen 3.4.7 auch $\mathfrak{B}_n^m = \langle \Psi_0 \rangle$ folgt. ∎

B. Die Unterringe von $\mathfrak{B}(S_n^m, P_n^m)$ für großes n

Wir werden zeigen, daß $\mathfrak{B}_n^m$ für „großes“ n keine zellularen Unterringe hat, was eine wichtige Folgerung für die Automorphismengruppen der Binomialgraphen ergibt.

3.4.9. Lemma. *In $\mathfrak{B}_n^m$ sei $\Phi = \sum_{i=0}^{m-1} d_i \Psi_i$ eine (nichtleere) primäre Größe (d. h. $d_i \in \{0, 1\}$) mit $d_0 = d_1 = \cdots = d_{k-1} = 0$ für ein $k \in \{1, 2, \ldots, m-1\}$. Dann existiert eine natürliche Zahl $c = c(d_1, d_2, \ldots, d_{m-1})$ derart, daß für $n > c$ das Element Ψ_{k-1} aus Φ in $\mathfrak{B}_n^m$ ableitbar ist.*

Beweis. Wir skizzieren die Beweisidee. Man betrachtet in $\mathfrak{B}_n^m$ das Element $\Phi * \Phi = \sum_{j=0}^{m-1} p_j \Psi_j + p_m \Psi_m$. Hält man die Zahlen m und $d_0, \ldots, d_{m-1}$ fest, variiert aber n, so kann man die Koeffizienten p_j als Polynome $p_j(n)$ in n interpretieren, deren Grad $\deg(p_j(n))$ höchstens m ist. Es zeigt sich, daß

$$\deg\left(p_j(n)\right) = \begin{cases} m-k & \text{für } \; j \geqq k, \\ m-2k+j & \text{für } \; \max\{2k-m, 0\} \leqq j < k \end{cases}$$

und

$$p_j(n) \equiv 0 \quad \text{für} \quad 0 \leqq j < 2k-m$$

ist. Daraus folgt, daß das Polynom $p_{k-1}(n)$ von allen anderen $p_j(n)$ verschieden ist. Da zwei verschiedene Polynome nur auf einer endlichen Menge von Werten übereinstimmen können, gibt es ein von $d_1, \ldots, d_{m-1}$ abhängiges $c = c(d_1, \ldots, d_{m-1})$ mit $p_{k-1}(n) \neq p_j(n)$ für $n > c$ und alle $j \neq k-1$. Dies impliziert aber die Ableitbarkeit von Ψ_{k-1} aus Φ in $\mathfrak{B}_n^m$ für $n > c$. ∎

3.4.10. Satz. *Es gibt eine natürliche Zahl $b(m)$, so daß für $n > b(m)$ der V-Ring $\mathfrak{B}_n^m = \mathfrak{B}(S_n^m, P_n^m)$ keine nichttrivialen zellularen Unterringe hat.*

Beweis. Es sei $b(m)$ die größte der Zahlen $c(d_1, \ldots, d_{m-1})$ (aus 3.4.9), von denen es nur endlich viele verschiedene (höchstens 2^{m-1}) gibt, da $d_i \in \{0, 1\}$. Betrachten wir ein beliebiges primäres Element $\Phi = \sum_{i=0}^{m-1} d_i \Psi_i$, so kann man $d_0 = 0$ annehmen (anderenfalls betrachte man das Element

$\Phi' = \sum_{i=0}^{m-1} (1 - d_i)\,\Psi_i$). Es sei $n > b(m)$. Gemäß 3.4.9 ist dann die Basisgröße Ψ_{k-1} (für ein gewisses k) aus Φ in $\mathfrak{V}_n^m$ ableitbar (wegen $d_0 = 0$ ist $k \geqq 1$). Ist $k > 1$, so können wir erneut Lemma 3.4.9 auf Ψ_{k-1} anwenden und erhalten die Ableitbarkeit von Ψ_{k-2} aus Ψ_{k-1}. Indem wir so fortfahren, ergibt sich schließlich die Ableitbarkeit von Ψ_0 aus Ψ_{k-1} und damit aus Φ, d. h., gemäß 3.4.8 haben wir $\langle\Phi\rangle \supseteqq \langle\Psi_{k-1}\rangle \supseteqq \cdots \supseteqq \langle\Psi_0\rangle = \mathfrak{V}_n^m$. Also erzeugt jede nichttriviale (primäre) Größe Φ den ganzen V-Ring $\mathfrak{V}_n^m$; daher kann es keine echten zellularen Unterringe in $\mathfrak{V}_n^m$ geben (vgl. Bemerkung zu 3.4.6). ∎

3.4.11. Folgerung. *Bei hinreichend großem n (beispielsweise $n > b(m)$) haben alle, vom vollständigen Graphen und von Δ verschiedenen Binomialgraphen die gleiche Automorphismengruppe, die mit der Automorphismengruppe von Ψ_{m-1} übereinstimmt.*

Beweis. Der Beweis folgt unmittelbar aus 3.4.10 und 3.4.7, wenn man beachtet, daß $\boldsymbol{Aut}\,\Phi \subseteqq \boldsymbol{Aut}\,\Psi$ ist, falls Ψ aus Φ ableitbar ist (vgl. auch 3.3.10). Wir erinnern daran, daß die Binomialgraphen gerade als die primären Größen von $\mathfrak{V}_n^m$ charakterisiert werden können (3.4.3). ∎

Es sei hier eine bemerkenswerte Tatsache registriert: Die Folgerung 3.4.11 entstand aus Berechnungen in den V-Ringen $\mathfrak{V}_n^m$. Irgendwelche gruppentheoretischen Überlegungen wurden dabei nicht benötigt.

C. Die Automorphismengruppe der Binomialgraphen

Nach 3.4.11 reduziert sich die Beschreibung der Automorphismengruppen der Binomialgraphen asymptotisch (d. h. für hinreichend großes n) auf die Beschreibung der Automorphismengruppe von Ψ_{m-1}.

3.4.12. Satz. *Die Automorphismengruppe des Binomialgraphen Ψ_{m-1} auf der Menge P_n^m stimmt für $n \geqq 2m + 1$ mit der induzierten symmetrischen Gruppe (S_n^m, P_n^m) überein.*

3.4.13. Zum Beweis von 3.4.12 benötigen wir einige Informationen über *maximale Cliquen* von Ψ_{m-1}, d. h. vollständige induzierte Untergraphen, die in keinem anderen vollständigen Untergraphen (ohne Schlingen) echt enthalten sind. Es sei $0 < m < n$. Für eine $(m-1)$-elementige Teilmenge $M' \in P_n^{m-1}$ sei $K_{M'}$ der induzierte Untergraph von Ψ_{m-1}, der aus den $n - (m - 1)$ Knotenpunkten $A \in P_n^m$ mit $A \supset M'$ besteht. Dann ist $K_{M'}$ eine maximale Clique (*Üb*!) ($K_{M'}$ bezeichnet hier nicht wie in A.3.5 den vollständigen Graphen mit der Knotenpunktmenge M'!). Es sei

$$\mathfrak{K} = \{K_{M'} \mid M' \in P_n^{m-1}\}$$

die Menge dieser Cliquen (folglich ist $|\mathfrak{K}| = \binom{n}{m-1}$).

Für eine $(m+1)$-elementige Teilmenge $M^+ \in P_n^{m+1}$ sei L_{M^+} der induzierte Untergraph von Ψ_{m-1}, der aus den $m+1$ Knotenpunkten $B \in P_n^m$ mit $M^+ \supset B$ besteht. Dann ist L_{M^+} ebenfalls eine maximale Clique. Für $n - (m-1) \neq m + 1$ (d. h. $n \neq 2m$) sind die Graphen aus $\mathfrak{K}$ und $\mathfrak{L} = \{L_{M^+} \mid M^+ \in P_n^{m+1}\}$ nicht isomorph. Man kann zeigen, daß $\mathfrak{K}$ und $\mathfrak{L}$ alle maximalen Cliquen von Ψ_{m-1} enthalten (*Üb*!).

Beweis von 3.4.12. Der Beweis wird mittels Induktion über m geführt. Für $m = 1$ ist Ψ_{m-1} der vollständige Graph mit n Knoten (keine Schlingen), so daß $\boldsymbol{Aut}\ \Psi_{m-1} = \boldsymbol{S}(N) = (S_n^1, P_n^1)$ ist. Es sei nun der Satz für alle Paare (n', m') mit $n' \geqq 2m' + 1$ und $m' < m$ bewiesen; wir werden die Gültigkeit für alle Paare (n, m) mit $n \geqq 2m + 1$ zeigen. Mit den Bezeichnungen aus 3.4.13 rechnet man nach, daß für $M_1, M_2 \in P_n^{m-1}$

$$|K_{M_1} \cap K_{M_2}| = \begin{cases} 1 & \text{für} \quad (M_1, M_2) \in \Psi_{m-2}, \\ 0 & \text{für} \quad (M_1, M_2) \notin \Psi_{m-2} \end{cases}$$

gilt ($K_{M_1} \cap K_{M_2}$ bedeute den Durchschnitt der Knotenpunktmengen). Damit sind der Graph

$$\Phi = \{(K_{M_1}, K_{M_2}) \mid |K_{M_1} \cap K_{M_2}| = 1 \wedge M_1, M_2 \in P_n^{m-1}\} \subseteqq \mathfrak{K} \times \mathfrak{K}$$

mit der Knotenpunktmenge $\mathfrak{K}$ und der Graph $\Psi_{m-2} = \Psi_{m'-1}$ $(m' := m - 1)$ mit der Knotenpunktmenge P_n^{m-1} (!) isomorph, insbesondere ergibt sich damit unter Ausnutzung der Induktionsvoraussetzung (man beachte $2m' + 1 \leqq n$), daß $\boldsymbol{Aut}\ \Phi \cong \boldsymbol{Aut}\ \Psi_{m'-1} = S_n^{m'}$ ist.

Nun betrachten wir $(G, P_n^m) := (\boldsymbol{Aut}\ \Psi_{m-1}, P_n^m)$. Da Automorphismen Cliquen wieder in Cliquen überführen, induziert G eine Gruppe $\hat{G}$ auf der Menge $\mathfrak{K}$ aller Cliquen $K_{M'}$ von Ψ_{m-1} (beachte $n \neq 2m$, vgl. 3.4.13, diese Cliquen haben $n - m + 1$ Knotenpunkte). Man kann ohne Schwierigkeiten $G \cong \hat{G}$ zeigen, anderenfalls müßte nämlich ein $g \in G$ mit $g \neq e$ existieren, so daß die induzierte Permutation $\hat{g} \in \hat{G}$ alle Cliquen aus $\mathfrak{K}$ festläßt (*Üb*!); da aber zwei Cliquen K_{M_1} und K_{M_2} höchsten einen Punkt gemeinsam haben (s. oben) und jedes $M \in P_n^m$ mindestens ein solcher gemeinsamer Knoten ist (*Üb*!), würde $g = e$ folgen im Widerspruch zu $g \neq e$.

Die betrachtete Gruppe $\hat{G}$ bewahrt die Mächtigkeit des Durchschnitts zweier Cliquen, so daß $\Phi \in \boldsymbol{Inv}\ (\hat{G}, \mathfrak{K})$ ist, folglich $\hat{G} \subseteqq \boldsymbol{Aut}\ \Phi$. Insgesamt ergibt sich

$$S_n^m \subseteq \textbf{\textit{Aut}}\ \Psi_{m-1} \cong \hat{G} \subseteq \textbf{\textit{Aut}}\ \Phi \cong S_n^{m'}$$

(die erste Inklusion wegen 3.4.3). Wegen $|S_n^m| = |S_n^{m'}|$ folgt $S_n^m = \textbf{\textit{Aut}}\ \Psi_{m-1}$. ∎

3.4.14. Folgerung. *Für hinreichend großes n (z. B. $n > b(m)$, für kleine n siehe 3.4.15) ist (S_n^m, P_n^m) die Automorphismengruppe jedes nichttrivialen Binomialgraphen. (S_n^m, P_n^m) ist dann folglich auch 2-abgeschlossen (ja sogar eine König-Gruppe,* vgl. 3.1.3). ∎ (3.4.11, 3.4.12).

Bemerkung. Bisher haben wir $n = 2m$ ausgeschlossen. Der Beweis von 3.4.12 läßt sich dafür nicht durchführen, weil die induzierte Gruppe $\hat{G}$ auch Cliquen aus $\mathfrak{K}$ in solche aus $\mathfrak{L}$ (vgl. 3.4.13) überführen kann. Für $n = 2m$ hat die Automorphismengruppe von Ψ_{m-1} (auf der Menge P_n^m) die Ordnung $2n!$ und kann aus S_n^m durch Hinzufügen einer Permutation t erzeugt werden, wobei t jedem $M \in P_n^m$ sein Komplement $\overline{M}$ zuordnet.

D. Die Obergruppen von (S_n^m, P_n^m)

Das Problem, die Obergruppen der induzierten symmetrischen Gruppen (S_n^m, P_n^m) in der vollen symmetrischen Gruppe $\mathbf{S}(P_n^m)$ zu bestimmen, wurde von verschiedenen Autoren untersucht ([40], [28]) und ist heute vollständig gelöst ([71]). Im allgemeinen gibt es nämlich keine nichttrivialen Obergruppen (3.4.10 und 3.4.12 zeigen z. B. für große n, daß es über $\textbf{\textit{Aut}}\ \mathfrak{B}_n^m = S_n^m$ keine weiteren nichttrivialen 2-abgeschlossenen Obergruppen geben kann). Es gibt aber folgende Ausnahmen:

3.4.15. Für jedes m existieren für $n = 2m$ und $n = 2m + 1$ nichttriviale echte Obergruppen von S_n^m. Für $n \geqq 2m + 2$ gibt es nichttriviale Obergruppen in folgenden vier Ausnahmefällen:

$$(m, n) \in \{(2, 6), (2, 8), (3, 10), (4, 12)\}.$$

In den ersten drei Fällen ist die existierende echte Obergruppe zweifach transitiv, im letzten Fall hat sie den Rang 3, und der zugehörige V-Ring hat die Erzeugenden $\Psi_0 + \Psi_2$ und $\Psi_1 + \Psi_3$. Daraus folgt, daß für $n \geqq 2m + 2$ und $(m, n) \neq (4, 12)$ die Automorphismengruppe jedes Binomialgraphen gleich S_n^m sein muß (da sie nicht zweifach transitiv sein kann), womit 3.4.14 auch auf kleine Werte von n erweitert wird.

Die Beschreibung der Obergruppen erfolgte mit gruppentheoretischen Methoden (vgl. [71]).

Das Problem, alle zellularen Unterringe von $\mathfrak{B}_n^m = \mathbf{\mathfrak{B}}(S_n^m, P_n^m)$ zu beschreiben, ist dagegen noch nicht vollständig gelöst (für große n siehe 3.4.10).

Mit einem Computerprogramm wurden einige nichtschursche (vgl. 3.3.14) zellulare Unterringe gefunden (schursch können sie ja nicht sein, da ihnen dann eine Obergruppe entspräche). Einen von diesen Unterringen wollen wir hier noch als Beispiel vorstellen:

3.4.16. Beispiel. Es sei $n = 10$ und $m = 3$. Dann erzeugen Ψ_1 und $\Psi_0 + \Psi_2$ (vgl. 3.4.1) einen nichttrivialen zellularen Unterring $\mathfrak{W}$ in $\mathfrak{B}_{10}^3$. Dabei gilt $(\Psi_0 + \Psi_2) * (\Psi_0 + \Psi_2) = 28(\Psi_0 + \Psi_2) + 24\Psi_1 + 56\Psi_3$ (*Üb*!). Durch kombinatorische Überlegungen kann man nun feststellen, daß $\mathfrak{W}$ nicht schursch ist. Dazu zählt man die vollständigen Untergraphen von $\Psi_0 + \Psi_2$ mit vier Punkten (4-Cliquen), die eine fest gewählte Kante des Graphen enthalten. Es zeigt sich, daß diese Zahlen unterschiedlich sind, je nachdem, ob die feste Kante aus Ψ_0 oder aus Ψ_2 gewählt wird. Daher kann es keinen Automorphismus von $\mathfrak{W}$ geben, der eine Kante aus Ψ_0 in eine Kante aus Ψ_2 überführt, d.h., der Graph $\Psi_0 + \Psi_2$ (= Basisgröße von $\mathfrak{W}$) kann nicht die 2-Bahn einer Permutationsgruppe sein.

Andere Beispiele nichtschurscher zellularer Ringe findet man in [58; 8.2.4b)] (die Terminologie in [58] unterscheidet sich etwas von der hier gewählten: Die V-Ringe in [58] sind unsere zellularen Ringe).

3.5. Aufgaben

1. Es sei $\Gamma = \{(0, 1), (1, 2), \ldots, (k-2, k-1), (k-1, 0)\}$ ein gerichteter Kreis mit den Knotenpunkten $0, 1, \ldots, k-1$. Man zeige $\textit{\textbf{Aut}}\,\Gamma = C_k$ (vgl. 1.7.12). Was erhält man für die Automorphismengruppen ungerichteter Kreise $\Gamma \cup \Gamma^{(-1)}$? (Hinweis: 1.6.6).

2. Ist Φ ein Graph mit Knotenpunktmenge N und $G = \textit{\textbf{Aut}}\,\Phi$, dann ist

   $$\textit{\textbf{Aut}}\,(\Phi^h) = h^{-1}Gh$$

   für jede Permutation $h \in \boldsymbol{S}(N)$. Insbesondere sind die Automorphismengruppen von Φ und Φ^h ähnlich (vgl. 1.1.18).

3. In Beispiel 3.2.8 gebe man Isomorphismen h_i $(i = 1, 2, 3)$ an mit $\Phi_1^{h_1} = \Phi_2$, $\Phi_1^{h_2} = \Phi_2$, $\Phi_1^{h_3} = \Phi_4$ (vgl. Abb. 24).

4. Sind Φ_i, Φ_j, Φ_k Elemente von 2-***Orb*** (G, N), so gilt für beliebige $(a, b) \in \Phi_k$ und $(a', b') \in \Phi_k$:

   $$|\{c \in N \mid (a, c) \in \Phi_i \wedge (c, b) \in \Phi_j\}| = |\{c \in N \mid (a', c) \in \Phi_i \wedge (c, b') \in \Phi_j\}| \ (= s_{ij}^k).$$

5. Man zeige, daß die Operation $*$ (Faltung) in einem V-Ring (wie auch in einem zellularen Ring) assoziativ ist.

6. Man bestimme (die Strukturkonstanten des V-Ringes bzw.) den V-Ring $\mathfrak{B}(S_3^*, S_3)$ der rechtsregulären Darstellung der symmetrischen Gruppe S_3. Ist $*$ kommutativ? (Nein!).

7*. Für kleine Zahlen n (beispielsweise $n \in \{3, 4, 5, 7, 8\}$) bestimme man:

a) alle zellularen Unterringe des V-Ringes der zyklischen Gruppe $(C_n, \mathbf{Z}_n)$,

b) alle 2-abgeschlossenen Obergruppen von C_n in S_n (d. h. alle Automorphismengruppen der in a) bestimmten zellularen Ringe).

c) Ist $\mathfrak{V}(C_n, \mathbf{Z}_n)$ schursch? (Vgl. z. B. [58; Kap. 8].)

d) Sind die unter b) bestimmten Gruppen König-Gruppen? (Man verwende das Kriterium 3.3.10.)

8. Für 2-abgeschlossene Permutationsgruppen (G, N), (H, N) und schursche zellulare Ringe $\mathfrak{W}$ über N zeige man

a) $\mathfrak{V}(\textbf{\textit{Aut}}\, \mathfrak{W}, N) = \mathfrak{W}$, b) $\textbf{\textit{Aut}}\, \mathfrak{V}(G, N) = G$ (vgl. Bemerkung zu 3.3.14),

c) $\mathfrak{V}(G, N) \leqq \mathfrak{V}(H, N) \Rightarrow H \leqq G$ (vgl. Bemerkung zu 3.3.9).

9. Man beweise, daß die Permutationsgruppen (S_n^m, P_n^m) und (S_n^{n-m}, P_n^{n-m}) ähnlich sind (vgl. 3.4.2).

10. a) Man bestimme die 2-Bahnen von (S_5^2, P_5^2) und (S_5^3, P_5^3) gemäß 3.4.3.

b) Man bestimme alle antireflexiven Binomialgraphen mit der Knotenpunktmenge P_5^2.

c) Man beweise 3.4.3.

11. Für einen zellularen Ring $\mathfrak{W}(\mathcal{R})$ $(\mathcal{R} = \{R_0, R_1, \ldots, R_m\}$, vgl. 3.3.13) und $\Psi = \sum_{i=0}^{m} a_i R_i \in \mathfrak{W}(\mathcal{R})$ sei $\mathfrak{A}(\Psi) = \sum_{i=0}^{m} a_i \mathfrak{A}(R_i)$, wobei $\mathfrak{A}(R_i)$ die Adjazenzmatrix des Graphen R_i bezeichne (vgl. 3.1.1). Man zeige:

a) Für $\Psi, \Psi' \in \mathfrak{W}(\mathcal{R})$ gilt $\mathfrak{A}(\Psi * \Psi') = \mathfrak{A}(\Psi)\, \mathfrak{A}(\Psi')$ (Matrizenprodukt). Durch $\Psi \mapsto \mathfrak{A}(\Psi)$ hat man damit eine Matrizendarstellung des zellularen Ringes $\mathfrak{W}(\mathcal{R})$.

b) Für eine Permutationsgruppe (G, N), $N = \{1, 2, \ldots, n\}$ und $g \in G$ sei die Matrix $M_g = (a_{ij})$ $(i, j \in N)$ gegeben durch $a_{ij} = \begin{cases} 1 & \text{für } i^g = j \\ 0 & \text{sonst} \end{cases}$. Eine Größe Ψ ist genau dann ein Element des V-Ringes $\mathfrak{V}(G, N)$, wenn $\mathfrak{A}(\Psi)$ mit allen Matrizen M_g vertauschbar ist (d. h. $\mathfrak{A}(\Psi)\, M_g = M_g \mathfrak{A}(\Psi)$ für alle $g \in G$). *Bemerkung*: Diese Eigenschaft führte zur Bezeichnung Vertauschungs-Ring.

12. Ein Graph $\Phi \subseteqq N \times N$ sei Element eines V-Ringes $\mathfrak{V}(G, N)$ (oder zellularen Ringes) mit den Basisgrößen $\Phi_0, \Phi_1, \ldots, \Phi_{r-1}$, und es sei $\Phi * \cdots * \Phi = \Phi^k = \sum_{i=0}^{r-1} c_i \Phi_i$ die k-fache Faltung. Dann ist c_i die Anzahl der verschiedenen gerichteten (vgl. A.3.7) Wege der Länge k, die für ein beliebig gewähltes Element $(a, b) \in \Phi_i$ im Graphen Φ vom Knotenpunkt a zum Knotenpunkt b führen. Ist $A = \mathfrak{A}(\Phi)$ die Adjazenzmatrix und $A^k = (u_{xy})_{x,y \in N}$, so ist u_{ab} ebenfalls gleich dieser Anzahl der Wege der Länge k von a nach b.

13. Für die rechtsreguläre Darstellung (G^*, G) einer Gruppe G zeige man, daß $\Phi_g = \{(a, b) \mid a \in G \wedge b = ga\} \in 2\text{-}\textbf{\textit{Orb}}(G^*, G)$ für $g \in G$ ist. (Vgl. Beweis von 3.1.2.)

14. Man zeige, daß jede 2-Bahn einer transitiven Permutationsgruppe ein regulärer Graph ist.

4. Der n-dimensionale Einheitswürfel und abstandstransitive Graphen

Dieses letzte Kapitel des Buches ist der Untersuchung von binären Relationen, d. h. Graphen, gewidmet, die in einem noch zu präzisierenden Sinn besonders symmetrisch sind. Das Interesse an besonders symmetrischen Objekten durchdringt die Mathematik schon von den allerersten Anfängen an. Zu den bekanntesten solcher Objekte gehören die platonischen Körper (regelmäßige Polyeder), die schon in den „Elementen" des Euklid (um 300 v. Chr.) beschrieben wurden und die lange Zeit bei bestimmten mystisch-philosophischen und astronomischen (bzw. astrologischen) Systemen eine große Rolle spielten. In Kunst, Natur, Technik und Wissenschaft wird der Mensch mit dem Phänomen Symmetrie konfrontiert (vgl. etwa [74]). In der Mathematik war es besonders die Gruppentheorie, die eine breite Anwendung bei der Untersuchung symmetrischer Objekte (z. B. in Physik und Chemie) fand. Der Begriff des Automorphismus ist offenbar das geeignete Instrument zur Beschreibung von Symmetrien z. B. binärer Relationen (Graphen). Natürlich sind verschiedene Zugänge möglich, um den Begriff „besonders symmetrische Graphen" zu präzisieren. Wir stehen hier auf dem Standpunkt, daß dabei den sogenannten abstandstransitiven (bzw. abstandsregulären) Graphen das Hauptinteresse gebührt, mit denen wir uns in Abschnitt 4.3 genauer beschäftigen werden. Ein wichtiges Beispiel eines abstandstransitiven Graphen ist der n-dimensionale Einheitswürfel, dessen Struktur und Automorphismengruppe — unter Ausnutzung des algebraischen Apparats der vorangegangenen Kapitel — zunächst untersucht (Abschnitt 4.1) und zur Behandlung einer Reihe angewandter Probleme herangezogen werden sollen (Abschnitt 4.2). Die Darstellung ist wie auch bei den anderen Kapiteln elementar gehalten und durch zahlreiche Beispiele ergänzt. Trotzdem werden dabei auch solche Ergebnisse behandelt, die erst in den letzten Jahren entstanden sind.

4.1. Der n-dimensionale Würfel und seine Automorphismengruppe

A. Der Graph des n-dimensionalen Würfels

4.1.1. Definitionen. Es sei $\mathbf{F} = \{0, 1\}$. Auf der Menge $\mathbf{F}^n$ aller n-dimensionalen Vektoren mit Koordinaten aus $\mathbf{F}$ ($n \in \{1, 2, 3, \ldots\}$) wird ein ungerichteter Graph $\mathbf{B}_1(n)$ wie folgt definiert: $\mathbf{F}^n$ ist die Knotenpunktmenge, und zwei Punkte $\alpha = (a_1, \ldots, a_n)$, $\beta = (b_1, \ldots, b_n)$ sind durch eine Kante genau dann verbunden, wenn sich α und β in genau einer Koordinate unterscheiden. $\mathbf{B}_1(n)$, kurz $\mathbf{B}_1$ (falls n fixiert ist), heißt der *Graph des n-dimensionalen Würfels* (Einheitswürfels) oder einfach der *n-dimensionale* (*Einheits-*) *Würfel*; seine Kantenmenge wollen wir ebenfalls mit $\mathbf{B}_1(n)$ bezeichnen. $\mathbf{0}$ bezeichne den *Nullvektor* $(0, 0, \ldots, 0) \in \mathbf{F}^n$.

4.1.2. Beispiel. Abb. 26 zeigt den Graphen $\mathbf{B}_1(3)$ des dreidimensionalen Würfels. $\mathbf{B}_1(4)$ ist in Abb. 30 (S. 154) zu sehen.

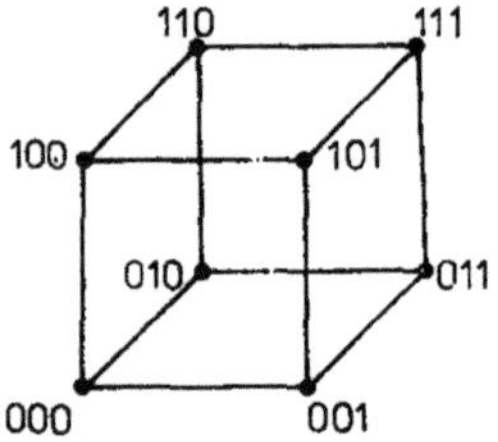

Abb. 26. Der dreidimensionale Einheitswürfel

4.1.3. Jede Teilmenge A von $N = \{0, 1, 2, \ldots, n-1\}$ läßt sich durch ihren *charakteristischen Vektor* $\chi(A) = (a_0, a_1, \ldots, a_{n-1}) \in \mathbf{F}^n$ beschreiben, der durch

$$a_i = \begin{cases} 1 & \text{für} \quad i \in A, \\ 0 & \text{für} \quad i \notin A \end{cases}$$

definiert ist (vgl. 2.2.21). Speziell ist $\chi(\emptyset) = \mathbf{0}$. Diese Zuordnung $A \mapsto \chi(A)$ gibt einen eineindeutigen (*Üb!*) Zusammenhang zwischen den Elementen der Potenzmenge $\boldsymbol{P}(N)$ und den Punkten des Graphen $\mathbf{B}_1(n)$. Bei dieser Interpretation von Teilmengen durch Vektoren (und umgekehrt: jedem Vektor entspricht die Menge der Indizes der 1-Komponenten) sind die Kanten des Graphen $\mathbf{B}_1$ wie folgt charakterisierbar:

$$\big(\chi(A), \chi(B)\big) \in \mathbf{B}_1(n) \Leftrightarrow |A \vartriangle B| = 1,$$

wobei

$$A \vartriangle B = (A \setminus B) \cup (B \setminus A) = (A \cap \bar{B}) \cup (B \cap \bar{A})$$

die *symmetrische Differenz* der Teilmengen A und B darstellt ($\bar{A}$ bedeutet das *Komplement* $N \setminus A$). Den Graphen $\{(A, B) \mid |A \vartriangle B| = 1\}$ auf der Menge $\boldsymbol{P}(N)$ wollen wir daher auch mit $\mathbf{B}_1$ bezeichnen.

Viele kombinatorische Objekte können in natürlicher Weise durch Systeme von Teilmengen einer Menge N beschrieben werden. Mit 4.1.3 ist es deshalb möglich, solche Objekte auch als Teilmengen der Knotenpunktmenge $\mathbf{F}^n$ des n-dimensionalen Würfels zu betrachten. Dadurch kann man eine Reihe wichtiger Anwendungsaufgaben in der Sprache des n-dimensionalen Würfels formulieren. Einige solcher Aufgaben und Probleme werden uns in diesem Kapitel noch beschäftigen.

4.1.4. Definition. Für $\alpha, \beta \in \mathbf{F}^n$ sei $d(\alpha, \beta)$ der Abstand (vgl. A.3.8) der Punkte α und β im Graphen $\mathbf{B}_1(n)$. Für $0 \leqq i \leqq n$ werden die Graphen $\mathbf{B}_0$ (= Diagonale), $\mathbf{B}_1, \ldots, \mathbf{B}_n$ mit der Knotenpunktmenge $\mathbf{F}^n$ wie folgt definiert:

$$\mathbf{B}_i(n) = \mathbf{B}_i = \{(\alpha, \beta) \in \mathbf{F}^n \times \mathbf{F}^n \mid d(\alpha, \beta) = i\}.$$

In der Interpretation 4.1.3 ist

$$\mathbf{B}_i(n) = \{(A, B) \in \boldsymbol{P}(N) \times \boldsymbol{P}(N) \mid |A \vartriangle B| = i\} \quad (\ddot{U}b!).$$

Bemerkungen. Für $i = 1$ ergibt 4.1.4 den Graphen $\mathbf{B}_1$ aus 4.1.1. $d(\alpha, \beta)$ ist gleich der Anzahl der unterschiedlichen Koordinaten von α und β (*Üb*!) und ist als sogenannter *Hamming-Abstand* aus der Kodierungstheorie bekannt. Offenbar ist $\bigcup_{i=0}^{n} \mathbf{B}_i(n)$ eine Zerlegung von $\mathbf{F}^n \times \mathbf{F}^n$.

B. Die Automorphismengruppe des n-dimensionalen Würfels

In 1.7.18 haben wir an einem Beispiel plausibel zu machen versucht, daß die Exponentiation $(H, M) \uparrow (G, N)$ von Permutationsgruppen durch Automorphismen eines $|N|$-dimensionalen „Würfels“ M^n beschrieben werden kann. Es ist also für $M = \mathbf{F} = \{0, 1\}$ zu erwarten, daß die Menge aller Automorphismen von $\mathbf{B}_1(n)$ gerade durch die Exponentiation $S_2 \uparrow S_n$ beschrieben wird. Dies wollen wir im folgenden zeigen und werden dazu die Bezeichnungen aus 1.7.17 mit $M = \{0, 1\}$, $G = \mathbf{S}(M)$, $N = \{0, 1, \ldots, n-1\}$, $H = \mathbf{S}(N)$ benötigen. Wir betrachten die vollen symmetrischen Gruppen $S_2 = \mathbf{S}(\mathbf{F}) = (S_2, \{0, 1\})$ und $S_n = \mathbf{S}(N) = (S_n, N)$. Wie wirkt nun die Gruppe $S_2 \uparrow S_n$ als Exponentiation auf der Menge $\mathbf{F}^N = \mathbf{F}^n$ (vgl. 1.1.17)? In dem gesamten Kapitel 4 wird stets diese Wirkung betrachtet, wenn von der Gruppe $S_2 \uparrow S_n$ die Rede ist.

4.1.5. Es sei $f = (g, (h_0, h_1, \ldots, h_{n-1}))$ ein Element von $S_2 \uparrow S_n$ in Tabellenform ($g \in S_n$; $h_0, h_1, \ldots, h_{n-1} \in S_2$). Für $\alpha = (b_0, b_1, \ldots, b_{n-1}) \in \mathbf{F}^n$ ist dann $\alpha^f = (c_0, c_1, \ldots, c_{n-1})$ gegeben durch

$$c_i = (b_{i'})^{h_{i'}} \quad \text{mit } i' = i^{g^{-1}} \quad \text{(vgl. 1.7.17)}$$

oder gleichbedeutend damit durch $c_{i^g} = (b_i)^{h_i}$, $i \in \{0, 1, \ldots, n-1\}$. Insbesondere ist jedes $(g, (h_0, h_1, \ldots, h_{n-1})) \in S_2 \uparrow S_n$ als Produkt der Permutationen $(e, (h_0, e, \ldots, e)), \ldots, (e, (e, e, \ldots, h_{n-1})), (g, (e, e, \ldots, e))$ darstellbar (vgl. 1.7.18, S. 70), wobei die $h_i \in S_2$ nur eine von den beiden Permutationen e, (01) sein können.

Für $f = (e, (e, \ldots, e, (01), e, \ldots, e))$ bzw. $f = (g, (e, e, \ldots, e))$ ergibt sich speziell

$$\alpha^f = (b_0, \ldots, b_{i-1}, \bar{b}_i, b_{i+1}, \ldots, b_{n-1}) \quad \left(\bar{b}_i := b_i^{(01)} = b_i + 1 \ (\mathrm{mod}\ 2)\right),$$

d. h. Auswechseln der Werte 0 und 1 in der i-ten Komponente, bzw.

$$\alpha^f = (b_{0'}, b_{1'}, \ldots, b_{(n-1)'}) \quad \text{mit} \quad i' := i^{g^{-1}},$$

d. h. Vertauschen der Koordinaten $\alpha^f = (\alpha)\,g$ im Sinne von 1.5.12.

4.1.6. Lemma. *Es sei* $(G, \mathbf{F}^n) = (\mathbf{Aut}\ \mathbf{B}_1(n), \mathbf{F}^n)$ *die Automorphismengruppe des n-dimensionalen Würfels. Dann gilt* $S_2 \uparrow S_n \subseteqq G$.

Beweis. Für $(\alpha, \beta) \in \mathbf{B}_1(n)$, d. h., α und β unterscheiden sich in genau einer Komponente, folgt nach 4.1.5 sofort die gleiche Eigenschaft für α^f und β^f, wenn $f \in S_2 \uparrow S_n$ eine der beiden speziellen Formen $(e, (e, \ldots, h_i, \ldots, e))$ oder $(g, (e, \ldots, e))$ hat. Damit ist $f \in \mathbf{Aut}\ \mathbf{B}_1$ für alle $f \in S_2 \uparrow S_n$. ∎

4.1.7. Satz. $(\mathbf{Aut}\ \mathbf{B}_1(n), \mathbf{F}^n) = (S_2, \mathbf{F}) \uparrow (S_n, N)$ $\quad (N = \{0, 1, \ldots, n-1\})$.

Beweis. Nach Lemma 4.1.6 brauchen wir nur noch $G = \mathbf{Aut}\ \mathbf{B}_1 \subseteqq S_2 \uparrow S_n$ zu zeigen. Es sei G_0 der Stabilisator von G im Punkt $\mathbf{0} = (0, \ldots, 0)$. Dann induziert jedes $f \in G_0$ eine Permutation $\varphi(f)$ auf der Menge $N' = \{(1, 0, \ldots, 0), (0, 1, \ldots, 0), \ldots, (0, 0, \ldots, 1)\}$ der Nachbarn von $\mathbf{0}$ (im Graphen $\mathbf{B}_1$). Die Abbildung $\varphi\colon G_0 \to \mathbf{S}(N')$ ist ein Homomorphismus, der surjektiv ist (dies folgt z. B. aus 4.1.6). Wir zeigen, daß φ sogar ein Isomorphismus (d. h. injektiv) ist. Dazu sei ein $f \in \mathbf{Ker}\ \varphi$, d. h. $f \in G_0$ mit $\varphi(f) = e$, gewählt. Wir müssen $f = e$ zeigen (vgl. A.2.5). Wir definieren

$$\Gamma_i(\alpha) = \{\beta \in \mathbf{F}^n \mid d(\alpha, \beta) = i\} \quad (i = 0, 1, \ldots, n;\ \alpha \in \mathbf{F}^n).$$

Offenbar fixiert f alle Punkte aus $\Gamma_0(\mathbf{0}) \cup \Gamma_1(\mathbf{0})$. Durch Induktion über i kann man nun nachweisen, daß f auch alle Punkte aus $\Gamma_i(\mathbf{0})$ (d. h., Abstand von $\mathbf{0}$ ist i; $i = 2, 3, \ldots, n$) fixiert: Für $\gamma \in \Gamma_i(\mathbf{0})$ haben wir nämlich

$\{\gamma\} = \bigcap \{\Gamma_1(\alpha) \mid \alpha \in \Gamma_1(\gamma) \cap \Gamma_{i-1}(\mathbf{0})\}$ (*Üb*!), und da stets $\Gamma_1(\alpha)^f = \Gamma_1(\alpha^f)$ (wegen $f \in \boldsymbol{Aut}\ \mathbf{B}_1$) und $\alpha^f = \alpha$ für $\alpha \in \Gamma_{i-1}(\mathbf{0})$ nach Induktionsvoraussetzung gilt, folgt auch $\gamma^f = \gamma$. Also ist $f = e$ wegen $\mathbf{F}^n = \bigcup_{i=0}^{n} \Gamma_i(\mathbf{0})$.

Damit ist $|\boldsymbol{S}(N')| = |S_n| = |G_{\mathbf{0}}|$. Der Satz von Lagrange (vgl. 1.3.13) liefert uns schließlich $|G| = |G_{\mathbf{0}}| \cdot |\mathbf{0}^G| = |S_n| \cdot |\mathbf{F}^n| = n!\,2^n$. Andererseits ist $|S_2 \uparrow S_n| = n!\,2^n$ gemäß 1.7.19, so daß aus $S_2 \uparrow S_n \subseteqq G$ (4.1.5) auch $S_2 \uparrow S_n = G$ folgt. ∎

4.1.8. Wir wollen uns nun noch überlegen, wie sich die Automorphismengruppe $G = \boldsymbol{Aut}\ \mathbf{B}_1$ beschreiben läßt, wenn wir $\mathbf{B}_1$ als Graphen auf $\boldsymbol{P}(N)$ gemäß 4.1.3 interpretieren. Auf $\boldsymbol{P}(N)$ lassen sich in natürlicher Weise zwei Permutationsgruppen definieren. Zunächst induziert $\boldsymbol{S}(N)$ auf $\boldsymbol{P}(N)$ die induzierte Gruppe $(\tilde{\mathbf{S}}(N), \boldsymbol{P}(N))$ (vgl. S. 84 vor 2.2.12). Nun bildet die Menge $\boldsymbol{P}(N)$ mit der Operation $\triangle$ (symmetrische Differenz) eine (abstrakte) abelsche Gruppe $H = \langle \boldsymbol{P}(N); \triangle \rangle$ (mit $\emptyset$ als Nullelement). Die rechtsreguläre Darstellung (vgl. 1.1.16) dieser Gruppe H sei $(H^*, \boldsymbol{P}(N))$. Offenbar ist $\tilde{\mathbf{S}}(N) \subseteqq G$. Es gilt aber auch $H^* \subseteqq G$, denn für $(A, B) \in \mathbf{B}_1$, d. h. $|A \triangle B| = 1$, folgt $|(A \triangle C) \triangle (B \triangle C)| = 1$ (*Üb*!), d. h. $(A \triangle C, B \triangle C) \in \mathbf{B}_1$ $(A, B, C \in \boldsymbol{P}(N))$. Man kann nun zeigen (*Üb*!), daß *G die von $\tilde{\mathbf{S}}(N)$ und H^* erzeugte Permutationsgruppe auf $\boldsymbol{P}(N)$ ist*. Dabei gilt $\tilde{\mathbf{S}}(N) \cap H^* = \{e\}$.

C. Die Gruppe $S_2 \uparrow S_n$ und ihr V-Ring

Die 2-Bahnen der Automorphismengruppe von $\mathbf{B}_1$ — und damit die Basisgrößen des V-Ringes $\mathfrak{V}(S_2 \uparrow S_n, \mathbf{F}^n)$ — bestehen aus den Punktepaaren mit fixiertem Abstand, wie der folgende Satz zeigt (Bezeichnungen vgl. 4.1.4):

4.1.9. Satz. $2\text{-}\boldsymbol{Orb}\,(S_2 \uparrow S_n, \mathbf{F}^n) = \{\mathbf{B}_0(n), \mathbf{B}_1(n), \ldots, \mathbf{B}_n(n)\}$ $(\mathbf{B}_0 = \Delta)$.

Beweis. Verwendet man im Beweis von 4.1.6 den Graphen $\mathbf{B}_i$ anstelle von $\mathbf{B}_1$ $(2 \leqq i \leqq n)$, so bleibt der Beweis offenbar richtig, woraus sofort $\mathbf{B}_i \in 2\text{-}\boldsymbol{Inv}\,(S_2 \uparrow S_n, \mathbf{F}^n)$ folgt. Andererseits gibt es für ein beliebiges $(\alpha, \beta) \in \mathbf{B}_i$ ein $f = (e, (h_0, h_1, \ldots, h_{n-1})) \in S_2 \uparrow S_n$ (vgl. 4.1.5), so daß $\mathbf{0}^f = \alpha$ ist (*Üb*!). Für $\gamma = \beta^{f^{-1}}$ hat man damit $(\mathbf{0}, \gamma)^f = (\alpha, \beta)$ und $(\mathbf{0}, \gamma) \in \mathbf{B}_i$, d. h., γ enthält genau i Koordinaten, die gleich 1 sind. Daher gibt es ein $f' = (g, (e, \ldots, e))$ mit $\varepsilon^{f'} = \gamma$ für $\varepsilon = (\underbrace{1, 1, \ldots, 1}_{i}, 0, \ldots, 0)$. Offenbar gehört f' zum Stabilisator des Punktes $\mathbf{0}$, d. h. $\mathbf{0}^{f'} = \mathbf{0}$, und es ergibt sich

$(\alpha, \beta) = (0, \varepsilon)^{f'f}$. Folglich ist $\mathbf{B}_i = (0, \varepsilon)^{S_2 \uparrow S_n}$, d. h., $\mathbf{B}_i$ ist eine 2-Bahn. Da $\mathbf{B}_0 \cup \cdots \cup \mathbf{B}_n$ eine Zerlegung von $\mathbf{F}^n \times \mathbf{F}^n$ ist, sind in 4.1.9 alle 2-Bahnen erfaßt. ▮

Bemerkung. Wir haben soeben auch gezeigt, daß die Mengen $\Gamma_i(0) = \{\beta \mid (0, \beta) \in \mathbf{B}_i\}$ (vgl. Beweis von 4.1.7) die 1-Bahnen des Stabilisators des Punktes 0 in der Gruppe $S_2 \uparrow S_n$ sind (vgl. Aufgabe 1.8.25).

Das kohärente Relationenschema (vgl. 3.3.11, 3.3.12) $\{\mathbf{B}_0(n), \mathbf{B}_1(n), \ldots, \mathbf{B}_n(n)\}$ gehört zu einer Klasse von Relationenschemata, die Hamming-Schemata heißen und eine breite Verwendung in der Theorie der algebraischen Codes fanden ([20; 4.1.2], [51; Ch. 21 § 3]). Die Strukturkonstanten des V-Ringes $\mathfrak{B}(S_2 \uparrow S_n, \mathbf{F}^n)$ (bzw. des kohärenten Relationenschemas $\{\mathbf{B}_0, \ldots, \mathbf{B}_n\}$) beschreibt nun der folgende Satz.

4.1.10. Satz. *Es sei* $\mathbf{B}_i * \mathbf{B}_j = \sum_{k=0}^{n} s_{ij}^k \mathbf{B}_k$. *Dann gilt*

$$s_{ij}^k = \begin{cases} \binom{k}{(i-j+k)/2} \cdot \binom{n-k}{(i+j-k)/2} & \text{für } i+j-k \equiv 0 \pmod 2 \\ & \text{und } |j-i| \leq k \\ 0 \quad \text{sonst.} & \leq \min\{j+i, 2n-i-j\}, \end{cases}$$

Beweis. Wir betrachten $\mathbf{B}_k$ als Graphen über $\mathbf{P}(N)$ (vgl. 4.1.3) und wählen $(A, B) \in \mathbf{B}_k$, $A, B \in \mathbf{P}(N)$. Dann ist nach Definition $s_{ij}^k = |\{C \in \mathbf{P}(N) \mid (A, C) \in \mathbf{B}_i \wedge (C, B) \in \mathbf{B}_j\}|$. Da diese Zahl nicht von der Wahl von (A, B) abhängt, sei $A = \emptyset$, und wir erhalten $|B| = k$ und $s_{ij}^k = |\{C \in \mathbf{P}(N) \mid |C| = i \wedge |B \vartriangle C| = j\}|$. Es sei $l = |\bar{B} \cap C|$. Dann ist $|B \cap C| = i - l$ und $|B \cap \bar{C}| = k - i + l$. Aus $|B \vartriangle C| = j$ folgt $k - i + l + l = j$, also $l = (i + j - k)/2$ und $i + j - k \equiv 0 \pmod 2$. Eine Menge C, die den geforderten Bedingungen genügt, kann man auf $\binom{n-k}{l}\binom{k}{i-l}$ verschiedene Weisen auswählen, solange nur $l = (i + j - k)/2$ und $i + j - k \equiv 0 \pmod 2$, $0 \leq l \leq n - k$, $0 \leq i - l \leq k$ ist. Anderenfalls gibt es kein solches C, d. h. $s_{ij}^k = 0$. Daraus folgt nun sofort die Formel in 4.1.10. ▮

D. Die Imprimitivitätssysteme von $S_2 \uparrow S_n$

Am Beispiel der Gruppe $S_2 \uparrow S_n$ wollen wir zwei wichtige Eigenschaften transitiver Permutationsgruppen kennenlernen: Primitivität und Imprimitivität.

4.1.11. Definition. Eine Permutationsgruppe (G, N) heißt *imprimitiv*, wenn es in **2-*Inv*** (G, N) eine nichttriviale Äquivalenzrelation Φ gibt. Die Menge $\varrho(\Phi) = \{M_1, \ldots, M_s\}$ der Äquivalenzklassen von Φ (vgl. A.1.3) heißt dann *Imprimitivitätssystem* von (G, N). Enthält **2-*Inv*** (G, N) nur die trivialen Äquivalenzrelationen (Δ und $N \times N$), so nennt man (G, N) *primitiv*.

Bemerkung. Ist (G, N) transitiv und imprimitiv, so haben alle Klassen eines Imprimitivitätssystems die gleiche Mächtigkeit (*Üb*!).

4.1.12. Definition. Ein zellularer Ring $\mathfrak{W} = \langle \Phi_0, \Phi_1, \ldots, \Phi_n \rangle$ heißt *primitiv*, wenn er keine primäre Größe enthält, die eine nichttriviale Äquivalenzrelation ist.

4.1.13. Folgerung. *Eine Permutationsgruppe* (G, N) *ist genau dann primitiv, wenn ihr V-Ring* $\mathfrak{V}(G, N)$ *primitiv ist.* ∎

Intransitive Gruppen sind stets imprimitiv, denn die 1-Bahnen bilden die Äquivalenzklassen einer nichttrivialen, invarianten Äquivalenzrelation (*Üb*!); interessant ist es erst, ob eine transitive Gruppe primitiv ist oder nicht. Äquivalenzrelationen, die hier die Hauptrolle spielen, sind nichts anderes als ungerichtete Graphen von besonders einfacher Form: $\Phi \subseteq N \times N$ ist Äquivalenzrelation genau dann, wenn der antireflexive Teil die disjunkte Vereinigung von vollständigen Graphen (ohne Schlingen) ist: $\Phi \setminus \Delta = K_{M_1} \cup \cdots \cup K_{M_s}$, wobei $\varrho(\Phi) = \{M_1, \ldots, M_s\}$ die zu Φ gehörige Äquivalenzklassenzerlegung ist (K_M bezeichne jetzt den vollständigen Graphen mit der Knotenmenge M, vgl. A.3.5).

Jede imprimitive Gruppe (G, N) induziert in natürlicher Weise eine Gruppe $(\tilde{G}, \varrho(\Phi))$ auf einem Imprimitivitätssystem $\varrho(\Phi)$. $\tilde{G}$ hat dann einen kleineren Grad als G und ist ein homomorphes Bild von G (vgl. etwa [58; S. 180]). Die primitiven Permutationsgruppen sind in diesem Sinne die elementarsten Permutationsgruppen, sozusagen die Bausteine der Permutationsgruppentheorie. Ihre Untersuchung läßt sich nicht durch irgendeine Standardmethode auf die Untersuchung von Permutationsgruppen kleineren Grades zurückführen. Es sei angemerkt, daß primitive Permutationsgruppen schon ganz zu Beginn der Entwicklung der Permutationsgruppentheorie auftauchten, als E. Galois (1811—1832) jeder algebraischen Gleichung n-ten Grades eine Permutationsgruppe gleichen Grades zuordnete, die auf der Menge der Wurzeln dieser Gleichung operierte. Die Frage nach der Auflösbarkeit einer Gleichung durch Radikale ist eng mit der Primitivität der zugehörigen Gruppe verbunden.

Wir werden nun die Imprimitivitätssysteme von $(S_2 \uparrow S_n, \mathbf{F}^n)$ bestimmen. Zunächst bemerken wir, daß $\mathbf{B}_1(n)$ ein paarer Graph ist (vgl. A.3.9), d. h., es gibt eine Zerlegung $\boldsymbol{P}(N) = P_g(N) \cup P_u(N)$ der Knotenpunktmenge $\boldsymbol{P}(N)$ ($\cong \mathbf{F}^n$, vgl. 4.1.3) von $\mathbf{B}_1$, so daß es Kanten nur zwischen den Punkten aus unterschiedlichen Teilen gibt. Hier ist

$$P_g(N) = \{A \in \boldsymbol{P}(N) \mid |A| \text{ ist gerade Zahl}\},$$

$$P_u(N) = \{A \in \boldsymbol{P}(N) \mid |A| \text{ ist ungerade Zahl}\}.$$

4.1.14. Lemma. *Die Relationen* $\mathbf{B}_0(n) + \mathbf{B}_2(n) + \cdots + \mathbf{B}_{2n'}(n)$ ($n' = \lfloor n/2 \rfloor$, Bezeichnung vgl. A.0) *und* $\mathbf{B}_0(n) + \mathbf{B}_n(n)$ *sind Äquivalenzrelationen auf* $\boldsymbol{P}(N)$ *(bzw. — je nach Interpretation — auf* $\mathbf{F}^n$*).*

Beweis. a) Ist $(A, B) \in \mathbf{B}_{2i}$ ($i \in \{0, 1, \ldots, \lfloor n/2 \rfloor\}$), so gehören A und B beide entweder zu $P_g(N)$ oder zu $P_u(N)$. Deshalb ist $\mathbf{B}_0 + \mathbf{B}_2 + \cdots + \mathbf{B}_{2n'}$ die disjunkte Vereinigung von zwei vollständigen Graphen (einer mit Schlingen) mit den Knotenmengen $P_g(N)$ bzw. $P_u(N)$, d. h. eine Äquivalenzrelation.

b) $\mathbf{B}_0 + \mathbf{B}_n$ besteht aus der disjunkten Vereinigung von 2^{n-1} vollständigen Graphen (mit Schlingen $\in \mathbf{B}_0$) mit zwei Knotenpunkten, nämlich M und $\overline{M}$ $\big(M \in \boldsymbol{P}(N)\big)$, und ist damit eine Äquivalenzrelation. ∎

4.1.15. Satz. *Für $n \geqq 2$ ist die Permutationsgruppe $\big(S_2 \uparrow S_n, \boldsymbol{P}(N)\big)$ imprimitiv. Sie hat genau zwei Imprimitivitätssysteme, nämlich die Zerlegungen $\{P_g(N), P_u(N)\}$ und $\big\{\{M, \overline{M}\} \mid M \subseteq N\big\}$ von $\boldsymbol{P}(N)$, die den Äquivalenzrelationen aus 4.1.14 entsprechen.*

Beweis. Wegen 4.1.14 bleibt zu zeigen, daß es keine weiteren Imprimitivitätssysteme gibt. Es sei $\Phi \in 2\text{-}\boldsymbol{Inv}\big(S_2 \uparrow S_n, \boldsymbol{P}(N)\big)$ eine nichttriviale Äquivalenzrelation. Da Φ reflexiv ist und als Vereinigung von 2-Bahnen (= primäre Größen im V-Ring) dargestellt werden können muß, gilt $\Phi = \mathbf{B}_0 + \sum_{k \in I} \mathbf{B}_k$ mit $I \subseteq \{1, 2, \ldots, n\}$. Es sei $l = \min_{k \in I} k$. Da $\mathbf{B}_1$ ein zusammenhängender Graph auf $\boldsymbol{P}(N)$ ist, folgt $l \geqq 2$ (sonst wäre Φ zusammenhängend und damit trivial). Für $l = n$ ist $\Phi = \mathbf{B}_0 + \mathbf{B}_n$, und wir sind fertig. Es sei $l = 2$. Wegen der Transitivität ist $\Phi = \Phi^i = \Phi \circ \cdots \circ \Phi$ (Relationenprodukt). Wegen $\mathbf{B}_2 \subseteq \Phi$ und $\mathbf{B}_{2i} \subseteq \mathbf{B}_2^i$ (vgl. Definition 4.1.4) folgt $\sum_{i=0}^{n'} \mathbf{B}_{2i} \subseteq \Phi$ ($n' = \lfloor n/2 \rfloor$). Wäre zusätzlich noch $\mathbf{B}_{2i+1} \subseteq \Phi$ für ein $i \geqq 1$, so wäre $\mathbf{B}_1 \subseteq \Phi \circ \Phi = \Phi$, weil $s^1_{2i+1,2i} \neq 0$ ist (nach der Formel in 4.1.10; man beachte: Ist $\Phi * \Phi = \sum s_i \mathbf{B}_i$, so ist $\Phi \circ \Phi = \bigcup_{s_i \neq 0} \mathbf{B}_i$, vgl.

S. 119 nach 3.3.2), im Widerspruch zu $l = 2$. Also ist $\Phi = \sum_{i=0}^{n'} \mathbf{B}_{2i}$. Schließlich sei $2 < l < n$. Dann zeigt man mit 4.1.10, daß $s_{ll}^2 \neq 0$ ist, d. h. $\mathbf{B}_2 \subseteqq \Phi$ im Widerspruch zu $2 < l$. ∎

4.1.16. Für einen Graphen Γ mit der Knotenpunktmenge V und der Automorphismengruppe $(G, V) = \boldsymbol{Aut}\, \Gamma$ sei $\hat{V} = \{V_1, \ldots, V_s\}$ ein Imprimitivitätssystem von (G, V). Auf $\hat{V}$ wird ein Graph $\hat{\Gamma}$ — der sogenannte *Faktorgraph von Γ nach $\hat{V}$* — konstruiert, und zwar sei

$$\hat{\Gamma} = \{(V_i, V_j) \mid \exists\, x \in V_i\, \exists\, y \in V_j \colon (x, y) \in \Gamma\}.$$

Man überlege sich, daß dann jeder Automorphismus von Γ einen Automorphismus (möglicherweise den identischen) von $\hat{\Gamma}$ induziert (*Üb*!).

4.1.17. Beispiele. Für $\Gamma = \mathbf{B}_1(n)$ $(n \geqq 2)$ gibt es nach 4.1.15 zwei Faktorgraphen mit 2 bzw. 2^{n-1} Knotenpunkten. Mit $\square_n$ sei der Faktorgraph von $\mathbf{B}_1(n)$ nach dem Imprimitivitätssystem $\{\{(M, \overline{M}\} \mid M \subseteqq N\}$ (was der Äquivalenzrelation $\sum_{i=0}^{[n/2]} \mathbf{B}_{2i}(n)$ entspricht) bezeichnet. $\square_n$ hat 2^{n-1} Knotenpunkte. Man sieht leicht, daß $\square_n$ isomorph zu $\mathbf{B}_1(n-1) + \mathbf{B}_{n-1}(n-1)$ ist (*Üb*!,

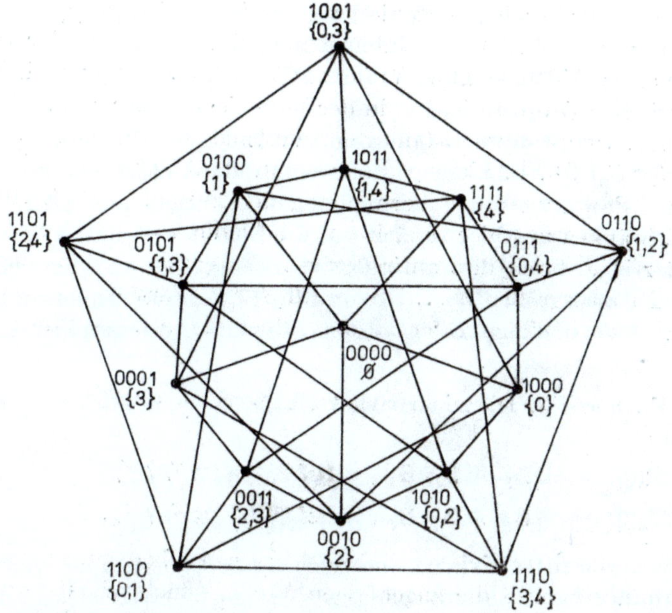

Abb. 27. Der Clebsch-Graph $\square_5$

man kodiere jedes $V_i = \{M, \overline{M}\}$ des Imprimitivitätssystems durch denjenigen der Vektoren $\chi(M)$, $\chi(\overline{M}) = \overline{\chi(M)}$, dessen letzte Komponente 0 ist, und lasse diese Komponente dann weg). Betrachten wir die Graphen $\square_n$ für kleine n:

$\square_1$, $\square_2$ bzw. $\square_3$ sind vollständige Graphen (ohne Schlingen) mit ein, zwei bzw. vier Knotenpunkten. $\square_4$ ist isomorph zu $\mathbf{B}_1(3) + \mathbf{B}_3(3)$ und damit isomorph zu $K_{4,4}$ — dem vollständigen paaren Graphen mit acht Knotenpunkten und zwei gleichen Teilen. Den ersten interessanten Graphen erhält man bei $n = 5$. $\square_5$ hat einen eigenen Namen — es ist der *Clebsch-Graph* (eine Erweiterung des Peterson-Graphen); er ist in Abb. 27 dargestellt, wobei die Knotenpunkte $V_i = \{M, \overline{M}\}$ durch die kleinere der Mengen M und $\overline{M} \subseteq N = \{0, 1, 2, 3, 4\}$ repräsentiert wurden und auch die oben angedeutete Kodierung durch $\{0, 1\}$-Vektoren der Länge $n - 1$ angegeben ist. Zwei Punkte $M_1, M_2 \in \boldsymbol{P}(N)$ ($|M_i| \in \{0, 1, 2\}$) bzw. $\alpha_1, \alpha_2 \in \mathbf{F}^{n-1}$ sind genau dann mit einer Kante verbunden, wenn $|M_1 \vartriangle M_2|$ oder $|M_1 \vartriangle \overline{M}_2|$ bzw. der Hamming-Abstand von α_1 und α_2 gleich 1 oder 4 ist.

E. Die Obergruppen von $S_2 \uparrow S_n$

In 3.3 haben wir gesehen, daß die Frage nach den Obergruppen einer Permutationsgruppe (G, N) zur Untersuchung des Verbandes der zellularen Unterringe des V-Ringes $\mathfrak{B}(G, N)$ führt. Die in 3.4 betrachteten induzierten symmetrischen Gruppen hatten in der Regel jedoch nur die zwei trivialen Unterringe. Interessanter ist nun der Verband der zellularen Unterringe von $\mathfrak{B}(S_2 \uparrow S_n, \mathbf{F}^n)$. Für kleine n kann man diese Unterringe durch systematisches Probieren unter Verwendung der Formeln aus 4.1.10 finden. Wir beschränken uns hier zunächst auf die Fälle $n = 3$ und $n = 4$, geben die Unterringe durch ihre antireflexiven Basisgrößen an (die sich ja als Summe der Basisgrößen $\mathbf{B}_1, \ldots, \mathbf{B}_n$ von $\mathfrak{B}(S_2 \uparrow S_n)$ darstellen lassen müssen) und fügen auch einige Informationen über die Automorphismengruppe hinzu.

4.1.18. Fall $n = 3$. Die nichttrivialen Unterringe von $\mathfrak{B}(S_2 \uparrow S_3, \mathbf{F}^3)$ sind folgende:

$$\mathfrak{W}_1(3) = \langle \mathbf{B}_1 + \mathbf{B}_2, \mathbf{B}_3 \rangle, \quad \boldsymbol{Aut}\, \mathfrak{W}_1(3) \cong S_4 \wr S_2,$$

$$\mathfrak{W}_2(3) = \langle \mathbf{B}_1 + \mathbf{B}_3, \mathbf{B}_2 \rangle, \quad \boldsymbol{Aut}\, \mathfrak{W}_2(3) \cong S_2 \wr S_4.$$

Man sieht, alle nichttrivialen 2-abgeschlossenen Obergruppen von $S_2 \uparrow S_3$ sind imprimitiv (weil die zugehörigen V-Ringe nichttriviale Äquivalenzrelationen, nämlich $\mathbf{B}_0 + \mathbf{B}_3$ bzw. $\mathbf{B}_0 + \mathbf{B}_2$, vgl. 4.1.14, enthalten).

4.1.19. Fall $n = 4$. Die nichttrivialen Unterringe von $\mathfrak{V}(S_2 \uparrow S_4, \mathbf{F}^4)$ sind:

$$\mathfrak{W}_1(4) = \langle \mathbf{B}_1 + \mathbf{B}_2 + \mathbf{B}_3, \mathbf{B}_4 \rangle, \quad \mathit{Aut}\, \mathfrak{W}_1(4) \cong S_8 \wr S_2,$$

$$\mathfrak{W}_2(4) = \langle \mathbf{B}_1 + \mathbf{B}_3, \mathbf{B}_2 + \mathbf{B}_4 \rangle, \quad \mathit{Aut}\, \mathfrak{W}_2(4) \cong S_2 \wr S_8,$$

$$\mathfrak{W}_3(4) = \langle \mathbf{B}_1 + \mathbf{B}_3, \mathbf{B}_2, \mathbf{B}_4 \rangle, \quad \mathit{Aut}\, \mathfrak{W}_3(4) \cong S_2 \wr S_4 \wr S_2,$$

$$\mathfrak{W}_4(4) = \langle \mathbf{B}_1 + \mathbf{B}_2, \mathbf{B}_3 + \mathbf{B}_4 \rangle, \quad \mathit{Aut}\, \mathfrak{W}_4(4) \cong (S_2)^4 \rtimes S_5,$$

$$\mathfrak{W}_5(4) = \langle \mathbf{B}_1 + \mathbf{B}_4, \mathbf{B}_2 + \mathbf{B}_3 \rangle, \quad \mathit{Aut}\, \mathfrak{W}_5(4) \cong (S_2)^4 \rtimes S_5.$$

Die Automorphismengruppe $(S_2)^4 \rtimes S_5$ von $\mathfrak{W}_4$ und $\mathfrak{W}_5$ ist ein sogenanntes halbdirektes Produkt, das in 4.1.22 genauer beschrieben wird. Man sieht aber, daß jetzt zwei der nichttrivialen 2-abgeschlossenen Obergruppen von $S_2 \uparrow S_4$ primitiv sind. Es sei erwähnt, daß diese Gruppen ähnlich sind. Die Basisgrößen $\mathbf{B}_1 + \mathbf{B}_2$ bzw. $\mathbf{B}_1 + \mathbf{B}_4$ der zugehörigen V-Ringe $\mathfrak{W}_4$ bzw. $\mathfrak{W}_5$ sind beide (als Graphen) isomorph zum Clebsch-Graphen $\square_5$ (vgl. 4.1.17 und Abb. 27). (*Üb*!).

Für größere n ist es sinnvoll, die zellularen Unterringe mit Computereinsatz zu suchen. Mit einem von V. A. Zaičenko entwickelten Programmpaket [78] gelang es, alle zellularen Unterringe von $\mathfrak{V}(S_2 \uparrow S_n, \mathbf{F}^n)$ für $n \leqq 16$ zu finden. Für jeden dieser Werte von n gibt es höchstens 17 nichttriviale Unterringe, von denen höchstens fünf primitiv sind. Durch Verallgemeinerung dieser Computerergebnisse war es möglich, fünf Klassen primitiver zellularer Unterringe für den allgemeinen Fall $n = 2k$ zu finden:

4.1.20. Satz. *Es sei $n = 2k$, $k \geqq 4$. Dann sind die folgenden fünf zellularen Ringe primitive* (vgl. 4.1.12) *Unterringe des V-Rings $\mathfrak{V}(S_2 \uparrow S_n, \mathbf{F}^n)$*:

$$\mathfrak{Y}_1 = \langle \mathbf{B}_1 + \mathbf{B}_n, \mathbf{B}_2 + \mathbf{B}_{n-1}, \ldots, \mathbf{B}_k + \mathbf{B}_{k+1} \rangle,$$

$$\mathfrak{Y}_2 = \langle \mathbf{B}_1 + \mathbf{B}_2 + \mathbf{B}_{n-1} + \mathbf{B}_n, \mathbf{B}_3 + \mathbf{B}_4 + \mathbf{B}_{n-3} + \mathbf{B}_{n-2}, \ldots, \Phi \rangle$$

$$\text{mit } \Phi = \begin{cases} \mathbf{B}_{k-1} + \mathbf{B}_k + \mathbf{B}_{k+1} + \mathbf{B}_{k+2} & \text{für gerades } k, \\ \mathbf{B}_k + \mathbf{B}_{k+1} & \text{für ungerades } k, \end{cases}$$

$$\mathfrak{Y}_3 = \langle \mathbf{B}_1 + \mathbf{B}_2, \mathbf{B}_3 + \mathbf{B}_4, \mathbf{B}_5 + \mathbf{B}_6, \ldots, \mathbf{B}_{n-1} + \mathbf{B}_n \rangle,$$

$$\mathfrak{Y}_4 = \langle \textstyle\sum \mathbf{B}_{4i+1} + \sum \mathbf{B}_{4i+4}, \sum \mathbf{B}_{4i+2} + \sum \mathbf{B}_{4i+3} \rangle,$$

$$\mathfrak{Y}_5 = \langle \textstyle\sum \mathbf{B}_{4i+1} + \sum \mathbf{B}_{4i+2}, \sum \mathbf{B}_{4i+3} + \sum \mathbf{B}_{4i+4} \rangle.$$

Die Summen erstrecken sich über alle $i \geqq 0$, für die die Indizes der $\mathbf{B}_k$ den Wert n nicht überschreiten.

Beweis. Die Unterringeigenschaften kann man mit 4.1.10 nachrechnen (sie folgen aber auch aus 4.1.21). Die Primitivität folgt aus 4.1.14, 4.1.15, weil keine von den möglichen Äquivalenzrelationen (4.1.14) primäre Größe ist. ∎

Bemerkungen. a) Für $n = 6$ bleibt 4.1.20 richtig, nur stimmen dann $\mathfrak{Y}_2$ und $\mathfrak{Y}_5$ überein.

b) Erst vor kurzem (1985) gelang es dem sowjetischen Mathematiker M. E. Muzyčuk, alle zellularen Unterringe von $\mathfrak{V}(S_2 \uparrow S_n)$ zu beschreiben. Grundlage für die vollständige Beschreibung, die schließlich bewiesen werden konnte, bildeten dabei die Computerresultate von V. A. Zaičenko für $n \leqq 16$. Es zeigt sich, daß es für gerades bzw. ungerades n mit $n \geqq 12$ genau 16 bzw. 15 nichttriviale zellulare Unterringe gibt, wobei die primitiven genau durch 4.1.20 gegeben sind. Diese Ergebnisse lassen sich sehr gut bei der Untersuchung von Automorphismengruppen „diskreter, kombinatorischer Objekte" einsetzen, deren Struktur unter Verwendung des n-dimensionalen Würfels (siehe 4.3) beschrieben werden kann.

Aus der Sicht der Permutationsgruppen sind die (primitiven) zellularen Unterringe erst dann interessant, wenn ihnen eine (primitive) Gruppe entspricht. Es gilt nun:

4.1.21. Satz. *Die primitiven zellularen Ringe* $\mathfrak{Y}_1, \ldots, \mathfrak{Y}_5$ *aus* 4.1.20 *sind schursch* (vgl. 3.3.14).

Beweis. Wir konstruieren in 4.1.22 eine Gruppe $(H, \mathsf{F}^n) \cong (S_2)^n \rtimes S_{n+1}$ mit $\mathfrak{Y}_1 = \mathfrak{V}(H, \mathsf{F}^n)$, woraus 4.1.21 folgt. Für die anderen Ringe ist der Beweis völlig analog, aber technisch schwieriger und soll hier weggelassen werden. ∎

4.1.22. *Wir konstruieren eine Gruppe* (H, F^n) *und zeigen* $\mathfrak{Y}_1 = \mathfrak{V}(H, \mathsf{F}^n)$. Es sei $n = 2k$. Wir betrachten F^n als Vektorraum über dem Körper $\mathsf{F} = \{0, 1\}$. Es seien $\varepsilon_1 = (1, 0, \ldots, 0)$, $\varepsilon_2 = (0, 1, \ldots, 0)$, …, $\varepsilon_n = (0, 0, \ldots, 1)$ die Einheitsvektoren und $\varepsilon_0 = (1, 1, \ldots, 1)$. Jede Permutation $g \in (S_{n+1}, \{0, 1, \ldots, n\})$ induziert eine Abbildung $\tilde{g}\colon \mathsf{F}^n \to \mathsf{F}^n$ durch

$$\alpha^{\tilde{g}} = a_1\varepsilon_{1^g} + a_2\varepsilon_{2^g} + \cdots + a_n\varepsilon_{n^g} \quad \text{für} \quad \alpha = (a_1, a_2, \ldots, a_n) \in \mathsf{F}^n.$$

Dies ist sogar eine Permutation (genauer ein Automorphismus des Vektorraumes), weil die Bilder $\varepsilon_{1^g}, \ldots, \varepsilon_{n^g}$ der Basis $\varepsilon_1, \ldots, \varepsilon_n$ wieder linear unabhängig sind (jede Auswahl von n Vektoren aus $\varepsilon_0, \varepsilon_1, \ldots, \varepsilon_n$ ist linear unabhängig!), und es gilt

$$\varepsilon_0^{\tilde{g}} = (\varepsilon_1 + \cdots + \varepsilon_n)^{\tilde{g}} = (\varepsilon_{0^g} + \varepsilon_{1^g} + \cdots + \varepsilon_{n^g}) - \varepsilon_{0^g} = \varepsilon_{0^g}$$

(wegen $\varepsilon_0 + \varepsilon_1 + \cdots + \varepsilon_n = 0$), d. h., wir erhalten allgemein $(\varepsilon_i)^{\tilde{g}} = \varepsilon_{i^g}$ für $i = 0, 1, \ldots, n$. Die so induzierte Gruppe sei $(\tilde{S}_{n+1}, \mathsf{F}^n)$ (sie wirkt wie eine Untergruppe der Automorphismengruppe $\mathbf{GL}(2, n)$ eines n-dimensionalen Vektorraumes). Wir definieren H als die Gruppe aller Permutationen

$$f_{g\beta}\colon \mathsf{F}^n \to \mathsf{F}^n\colon \alpha \mapsto \alpha^{\tilde{g}} + \beta \quad (g \in S_{n+1}, \beta \in \mathsf{F}^n)$$

(das sind affine Transformationen des Vektorraumes). H enthält $(S_2 \uparrow S_n, \mathsf{F}^n)$ (*Üb*!, siehe 4.1.5), so daß jede 2-Bahn von H die Vereinigung gewisser Relationen aus $\{\mathsf{B}_0, \mathsf{B}_1, \ldots, \mathsf{B}_n\} = $ **2-*Orb*** $(S_2 \uparrow S_n, \mathsf{F}^n)$ ist. Um diese 2-Bahnen zu beschreiben, nehmen wir ein $\alpha \in \mathsf{F}^n$ mit $d(\mathbf{0}, \alpha) = i$, d. h. $(\mathbf{0}, \alpha) \in \mathsf{B}_i$. Der Vektor α hat also i von 0 verschiedene Koordinaten, so daß $\alpha^{\tilde{g}}$ entweder i oder $n - i + 1$ von 0 verschiedene Koordinaten hat, je nachdem, ob $\varepsilon_0^{\tilde{g}} = \varepsilon_0$ oder $\varepsilon_0^{\tilde{g}} \in \{\varepsilon_1, \varepsilon_2, \ldots, \varepsilon_n\}$ ist (*Üb*!), d. h. $(\mathbf{0}, \alpha)^{\tilde{g}} = (\mathbf{0}^{\tilde{g}}, \alpha^{\tilde{g}}) = (\mathbf{0}, \alpha^{\tilde{g}}) \in \mathsf{B}_i + \mathsf{B}_{n-i+1}$. Weiter gilt

$$(\alpha, \alpha') \in \mathsf{B}_i \Leftrightarrow (\alpha + \beta, \alpha' + \beta) \in \mathsf{B}_i \quad \text{für} \quad \beta \in \mathsf{F}^n.$$

Damit erhält man $(\mathbf{0}, \alpha)^{f_{g\beta}} \in \mathsf{B}_i + \mathsf{B}_{n-i+1}$ für alle $f_{g\beta} \in H$; folglich ist $(\mathbf{0}, \alpha)^H = \mathsf{B}_i + \mathsf{B}_{n-i+1}$ eine 2-Bahn von H ($i = 1, 2, \ldots, n$), d. h. $\mathfrak{B}(H, \mathsf{F}^n) = \langle \mathsf{B}_1 + \mathsf{B}_n, \mathsf{B}_2 + \mathsf{B}_{n-1}, \ldots, \mathsf{B}_k + \mathsf{B}_{k+1}\rangle = \mathfrak{Y}_1$ ($n = 2k$), was zu zeigen war. Die Automorphismengruppe ***Aut*** $\mathfrak{Y}_1$ enthält damit (H, F^n), und man kann sogar ***Aut*** $\mathfrak{Y}_1 = (H, \mathsf{F}^n)$ zeigen.

Bemerkung. $(\tilde{S}_{n+1}, \mathsf{F}^n)$ ist der Stabilisator des 0-Vektors $\mathbf{0}$ in H und erzeugt zusammen mit der Gruppe $\mathbf{L} = \{f_{e\beta} \mid \beta \in F^n\}$ die Gruppe H. $\mathbf{L}$ ist die rechtsreguläre Darstellung der additiven Gruppe des Vektorraumes, sie ist isomorph zu $(S_2)^n$ (direktes Produkt) und ein Normalteiler in H. Die Elemente von S_{n+1} wirken auf $\mathbf{L}$ ($\cong \mathsf{F}^n$) wie Automorphismen. Deshalb ist $H \cong (S_2)^n \rtimes S_{n+1}$ ein sogenanntes halbdirektes Produkt (vgl. Bemerkung zu 1.7.13; zur Bezeichnung wurde dort allerdings die umgekehrte Reihenfolge der Faktoren verwendet).

4.2. Boolesche Funktionen

A. Grundbegriffe und Bemerkungen

4.2.1. Die Funktionen $f\colon \mathsf{F}^n \to \mathsf{F}$ mit $\mathsf{F} = \{0, 1\}$ heißen *Boolesche Funktionen* (mit n Variablen). Gewöhnlich beschreibt man sie durch ihre Wertetafel (auch Wahrheitstafel genannt), wie es beispielsweise in Tabelle 5a für eine dreistellige Boolesche Funktion f getan wurde. Offenbar ist $f: \mathbf{F}^n \to \mathbf{F}$ vollständig durch die Menge $\mathbf{T}(f) = \{x \in \mathbf{F}^n \mid f(x) = 1\}$ bestimmt, die der *Träger* von f heißt (für $x = (x_1, \ldots, x_n) \in \mathbf{F}^n$ verwenden wir die Schreibweise $f(x)$ für $f(x_1, \ldots, x_n)$). Für die Funktion f aus Tabelle 5a ist $\mathbf{T}(f)$ durch die dick markierten Punkte in Abb. 28a (S. 151) gegeben. Da $\mathbf{T}(f)$ nichts anderes als eine Teilmenge von $\mathbf{F}^n$ ist, ist durch $f \mapsto \mathbf{T}(f)$ ein eineindeutiger Zusammenhang zwischen den n-stelligen Booleschen Funktionen und Teilmengen der Knotenpunktmenge $\mathbf{F}^n = V(\mathbf{B}_1(n))$ des n-dimensionalen Einheitswürfels gegeben. Spezielle Boolesche Funktionen sind z. B. $\wedge$, $\vee$, $\neg$ (vgl. Tab. 5b), die in der Sprache der Mengen gerade die üblichen mengentheoretischen Operationen $\cap$, $\cup$, $^-$ (Komplement) darstellen: $\mathbf{T}(f \wedge f') = \mathbf{T}(f) \cap \mathbf{T}(f')$, $\mathbf{T}(f \vee f') = \mathbf{T}(f) \cup \mathbf{T}(f')$, $\mathbf{T}(\neg f) = \overline{\mathbf{T}(f)}$.

Tabelle 5

a)

x_1	x_2	x_3	$f(x_1, x_2, x_3)$
0	0	0	0
0	0	1	1
0	1	0	0
0	1	1	1
1	0	0	0
1	0	1	0
1	1	0	1
1	1	1	1

b)

x_1	x_2	$x_1 \wedge x_2$	$x_1 \vee x_2$
0	0	0	0
0	1	0	1
1	0	0	1
1	1	1	1

x	$\neg x$
0	1
1	0

Bemerkungen. Boolesche Funktionen sind in der Mathematik und ihren Anwendungen häufig zu finden. Wir erwähnen zwei Themenkreise.

a) In der Mengentheorie ist $\langle \boldsymbol{P}(N); \cap, \cup, ^- \rangle$ die sogenannte *Boolesche Mengenalgebra*, und jede Operation, die sich aus $\cap$, $\cup$, $^-$ zusammensetzen läßt, z. B. $g(A, B, C) = (A \cap B) \cup (C \cap \bar{A})$ $(A, B, C \subseteq N)$, heißt *Boolesche* (*Mengen-*) *Operation*. Ihnen entsprechen eineindeutig die Booleschen Funktionen, z. B. entspricht g die Funktion $f(x_1, x_2, x_3) = (x_1 \wedge x_2) \vee (x_3 \wedge \neg x_1)$. Boolesche Mengenoperationen sind durch sogenannte Venn-Diagramme (genannt nach dem englischen Moralphilosophen und Logiker J. Venn (1834 bis 1923)) beschreibbar, die insbesondere zum Beweis von Identitäten zwischen Mengenoperationen genutzt werden. Ein *Venn-Diagramm*[1]) besteht aus einem Rechteck, in dem n Kreise so eingezeichnet sind, daß das Rechteck durch die Überschneidung der Kreise in 2^n Teile (Elementargebiete) zerlegt wird. Einige dieser Elementargebiete sind markiert (in Abb. 28b

[1]) auch Euler-Venn-Diagramm genannt

schraffiert). Interpretiert man die Kreise als Mengenvariable, so ist durch die markierten Gebiete das Ergebnis der Mengenoperation festgelegt, die mit dem Venn-Diagramm beschrieben werden soll. Beispielsweise definiert das Venn-Diagramm in Abb. 28b die oben beschriebene Operation g. Ordnet man jedem der Elementargebiete eines Venn-Diagramms den Vektor $\alpha = (x_1, \ldots, x_n) \in \mathsf{F}^n$ zu, wobei $x_i = 1$ ist, falls das Elementargebiet im i-ten Kreis liegt (sonst $x_i = 0$), dann definieren die den markierten Gebieten entsprechenden Vektoren den Träger einer Booleschen Funktion f. Dieses f beschreibt nun gerade die durch das Venn-Diagramm gegebene Mengenoperation (im oben betrachteten Beispiel ist es das f aus Tabelle 5a mit dem Träger wie in Abb. 28a).

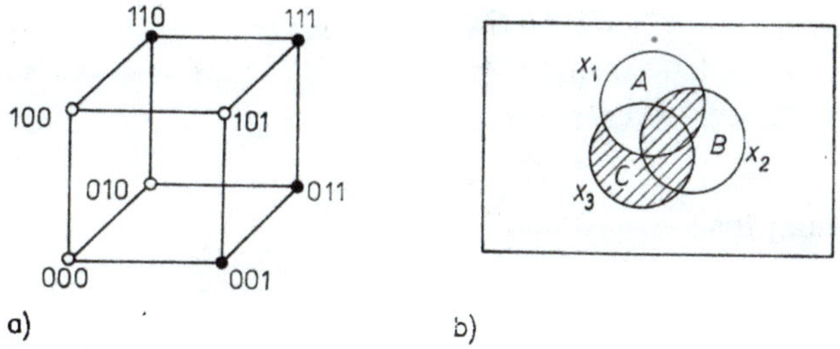

Abb. 28. Träger und Venn-Diagramm für f

b) Auch in der Aussagenlogik begegnen uns Boolesche Funktionen. Zwei Formeln der Aussagenlogik (aufgebaut aus den Elementarfunktionen $\wedge$, $\vee$, $\neg$) sind genau dann äquivalent, wenn sie die gleiche Boolesche Funktion realisieren. Jede Boolesche Funktion läßt sich aber auch durch eine geeignete Formel beschreiben, z. B. durch die sogenannte disjunktive Normalform (DNF, auch alternative Normalform (ANF) genannt).

4.2.2. Definition. Für $f\colon \mathsf{F}^n \to \mathsf{F}$ heißt die Formel

$$\bigvee_{(\sigma_1,\sigma_2,\ldots,\sigma_n)\in \mathsf{T}(f)} x_1^{\sigma_1} \wedge x_2^{\sigma_2} \wedge \cdots \wedge x_n^{\sigma_n}$$

die *vollständige disjunktive Normalform* (DNF) der Booleschen Funktion f. Dabei bedeute

$$x_i^{\sigma_i} = \begin{cases} x_i & \text{für } \sigma_i = 1, \\ \neg x_i & \text{für } \sigma_i = 0 \end{cases} \qquad (i = 1, 2, \ldots, n).$$

Die Konjunktionen der Form $x_{i_1}^{\sigma_1} \wedge x_{i_2}^{\sigma_2} \wedge \cdots \wedge x_{i_s}^{\sigma_s}$ heißen *Elementarkonjunktionen*, und jede Disjunktion von Elementarkonjunktionen ist eine

DNF. Beispielsweise ist

$$f(x_1, x_2, x_3) = (\neg x_1 \wedge \neg x_2 \wedge x_3) \vee (\neg x_1 \wedge x_2 \wedge x_3) \\ \vee (x_1 \wedge x_2 \wedge \neg x_3) \vee (x_1 \wedge x_2 \wedge x_3)$$

die vollständige DNF der Funktion f aus Tabelle 5a.

Die vollständige DNF ist eindeutig bis auf die Reihenfolge der Konjunktionen, die man aber durch eine vorher fixierte Ordnung auf den Vektoren $(\sigma_1, \ldots, \sigma_n) \in \mathbf{F}^n$ festlegen kann. Die Bestimmung der DNF ist eine Möglichkeit, um festzustellen, ob zwei Formeln des Aussagenkalküls äquivalent sind. Dazu gibt es eine Reihe von Standardmethoden. Zahlreiche Aufgaben aus der Unterhaltungsmathematik (die meist auf Fragen der Art „Wer ist wer?", „Wer hat welchen Beruf?", „Wer sagte die Wahrheit?" führen), sind mit diesen Methoden lösbar (vgl. etwa [23], [32]).

Wir wollen uns in den nächsten Abschnitten jedoch anderen Anwendungen der Booleschen Funktion zuwenden.

B. Minimisierung Boolescher Funktionen

Bei der *Minimisierung einer Booleschen Funktion* f geht es um die Aufgabe, f als Disjunktion von Elementarkonjunktionen (vgl. 4.2.2) darzustellen, in der sowenig wie möglich Variablen vorkommen (*minimale* DNF). Wir werden hier nur kurz darauf eingehen, da fast jede Publikation über Boolesche Funktionen diese Aufgabe behandelt (wir verweisen z. B. auf [25]). Das Interesse an einer möglichst optimalen Realisierung von Booleschen Funktionen durch Formeln der Aussagenlogik (speziell durch DNF) ergab sich ursprünglich daraus, daß Boolesche Funktionen die Arbeitsweise von einfachen informationsverarbeitenden Systemen beschreiben: In Abb. 29 ist ein System mit n Eingängen und m Ausgängen dargestellt, das Informationen an den Eingängen zu solchen an den Ausgängen verarbeitet. Sind an den Ein- bzw. Ausgängen nur zwei Werte möglich (z. B. 1 (Strom fließt) oder 0 (Strom fließt nicht)) und vernachlässigt man Verzögerungen, so

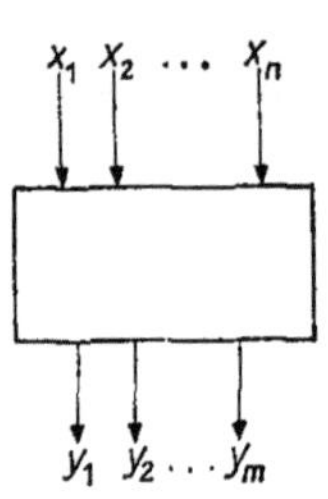

Abb. 29. Kombinatorischer Automat mit n Eingängen und m Ausgängen

kann jeder Ausgang als Boolesche Funktion der Eingänge beschrieben werden: $y_i = f_i(x_1, \ldots, x_n)$ $(i = 1, \ldots, m)$ (man spricht dann von einem *diskreten kombinatorischen System* oder *kombinatorischen Automaten* über $\mathbf{F}$). Hat man nun die elementaren Booleschen Funktionen $\wedge$, $\vee$, $\neg$ mit solchen Systemen (Elementarbausteinen) realisiert, so läßt sich jede Boolesche Funktion durch den geeigneten Zusammenbau (d. h. durch Netze) von Elementarbausteinen realisieren. Die DNF beschreibt dabei, wie der Zusammenbau vor sich zu gehen hat ($\wedge$ entspricht der Serienschaltung, $\vee$ der Parallelschaltung). Je kürzer die DNF, desto optimaler ist die Realisierung, d. h., desto weniger Elementarbausteine sind nötig.

Wir beschreiben hier eine Methode zur Bestimmung einer minimalen DNF, weil diese mit dem n-dimensionalen Würfel $\mathbf{B}_1(n)$ zusammenhängt.

4.2.3. Definition. Ein Teilmenge $U \subseteqq \mathbf{F}^n$ heißt *k-dimensionaler Teilwürfel* von $\mathbf{F}^n$ $(0 \leqq k < n)$, wenn es $n - k$ Koordinaten $i_1, \ldots, i_{n-k}$ und Werte $c_{i_1}, \ldots, c_{i_{n-k}} \in \mathbf{F}$ gibt, so daß U aus allen Vektoren besteht, die auf den ausgewählten Koordinaten die fixierten Werte haben:

$$U = \{(a_1, \ldots, a_n) \in \mathbf{F}^n \mid a_{i_1} = c_{i_1}, \ldots, a_{i_n} = c_{i_n}\}.$$

Die Elementarkonjunktion

$$\varkappa(U) = x_{i_1}^{c_{i_1}} \wedge \cdots \wedge x_{i_{n-k}}^{c_{i_{n-k}}}$$

heißt die *zu U gehörige Elementarkonjunktion*. Wir wollen U auch mit $U(\gamma)$ bezeichnen, wobei $\gamma = (-, \ldots, -, c_{i_1}, -, \ldots, -, c_{i_2}, -, \ldots, -, c_{i_{n-k}}, -, \ldots, -)$ ein Vektor ist, dessen i_j-te Koordinaten gleich c_{i_j} sind, während alle anderen Koordinaten mit einem Strich (Leerstelle) gekennzeichnet sind.

4.2.4. Es sei $f\colon \mathbf{F}^n \to \mathbf{F}$ eine Boolesche Funktion mit dem Träger $\mathbf{T}(f)$. Ist U ein k-dimensionaler Teilwürfel mit $U \subseteqq \mathbf{T}(f)$, so gilt $\mathbf{T}(\varkappa(U)) \subseteqq \mathbf{T}(f)$ (*Üb*!). Für eine Überdeckung $\mathbf{T}(f) = \bigcup_{i \in I} U_i$ durch k_i-dimensionale Teilwürfel U_i $(i \in I)$ erhält man deshalb $f(x_1, \ldots, x_n) = \bigvee_{i \in I} \varkappa(U_i)$, und jede DNF ist auf diese Weise darstellbar (*Üb*!). Man sieht sofort, daß die DNF genau dann minimal ist, wenn $\sum_{i \in I} k_i$ minimal ist. Damit haben wir ein Verfahren zur Bestimmung der minimalen disjunktiven Normalformen einer Booleschen Funktion f gefunden, das zumindest für kleine Werte von n brauchbar ist: Man suche in $\mathbf{T}(f)$ alle maximalen Teilwürfel U (*maximal* heißt, es gibt keinen höherdimensionalen Teilwürfel in $\mathbf{T}(f)$, der U echt enthält) und bestimme die kleinsten Überdeckungen $\mathbf{T}(f) = \bigcup_{i \in I} U_i$ (d. h.,

I ist minimal) durch maximale Teilwürfel $U_i \subseteq \mathbf{T}(f)$. Dann ist $f(x_1, \ldots, x_n) = \bigvee_{i \in I} \varkappa(U_i)$ minimale DNF. Wir wollen dies an zwei Beispielen demonstrieren..

4.2.5. Beispiel. Es sei f die durch Tabelle 5a gegebene Funktion. $\mathbf{T}(f)$ ist in Abb. 28a markiert. Die maximalen Teilwürfel $U_i \subseteq \mathbf{T}(f)$ sind hier alle eindimensional: $U_1 = U(0, -, 1) = \{001, 011\}$, $U_2 = U(-, 1, 1) = \{011, 111\}$, $U_3 = U(1, 1, -) = \{110, 111\}$. $\mathbf{T}(f) = U_1 \cup U_3$ ist eine minimale Überdeckung, d. h.,

$$f(x_1. x_2, x_3) = \varkappa(U_1) \vee \varkappa(U_3) = (\neg x_1 \wedge x_3) \vee (x_1 \wedge x_2)$$

ist eine minimale DNF, die in diesem Beispiel sogar eindeutig bestimmt ist, da es keine weitere minimale Überdeckung gibt.

4.2.6. Beispiel. Es sei f: $\mathbf{F}^4 \to \mathbf{F}$ die Boolesche Funktion, deren Träger $\mathbf{T}(f)$ in Abb. 30 durch dickere Punkte gekennzeichnet ist. Es gibt fünf maximale Teilwürfel in $\mathbf{T}(f)$:

$$U_1 = U(-, -, 0, 0), \quad U_2 = U(0, 1, 0, -), \quad U_3 = U(0, 1, -, 1),$$
$$U_4 = U(0, -, 1, 1), \quad U_5 = U(-, 0, 1, 1).$$

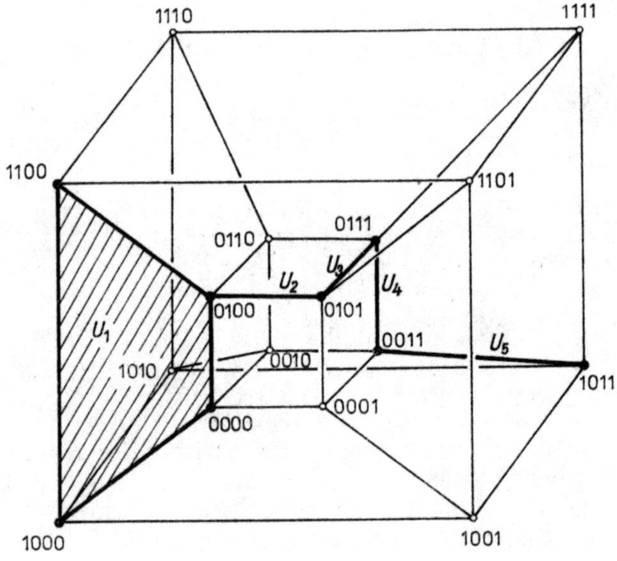

Abb. 30. Der vierdimensionale Einheitswürfel und die maximalen Teilwürfel in $\mathbf{T}(f)$

U_1 ist zweidimensional, alle anderen sind eindimensional. Es gibt mehrere Überdeckungen von $\mathbf{T}(f)$ durch solche Teilwürfel, aber nur eine minimale, nämlich $\mathbf{T}(f) = U_1 \cup U_3 \cup U_5$ (vgl. Abb. 30). Die auch hier eindeutig bestimmte minimale DNF von f ist also

$$\begin{aligned} f(x_1, x_2, x_3, x_4) &= \varkappa(U_1) \vee \varkappa(U_3) \vee \varkappa(U_5) \\ &= (\neg x_3 \wedge \neg x_4) \vee (\neg x_1 \wedge x_2 \wedge x_4) \vee (\neg x_2 \wedge x_3 \wedge x_4). \end{aligned}$$

Die Theorie der Minimisierung Boolescher Funktionen enthält natürlich viel mehr Aspekte, zu denen es zahlreiche Publikationen gibt (wir erwähnen hier nur [25], [67], [16], [24], [55]).

C. Die Klassifikation Boolescher Funktionen und der Zyklenzeiger der Gruppe $(S_2 \uparrow S_n, \mathbf{F}^n)$

Zwei diskrete informationsverarbeitende Systeme (vgl. Abb. 29, S. 152) mit n Eingängen und einem Ausgang nennt man *äquivalent*, wenn das eine aus dem anderen dadurch entsteht, daß man a) die Eingänge umnumeriert und/oder b) die Signale an (einigen von) den Eingängen durch ihr Komplement ersetzt (d. h. 0 durch 1 und umgekehrt). Da die Arbeitsweise kombinatorischer Systeme eindeutig durch Boolesche Funktionen beschrieben wird, führt die Aufgabe, alle wesentlich verschiedenen (d. h. paarweise nicht äquivalenten) kombinatorischen Systeme zu charakterisieren, zum Problem der *Klassifikation Boolescher Funktionen*. Dabei gehören zwei Boolesche Funktionen $f_1, f_2\colon \mathbf{F}^n \to \mathbf{F}$ zur *gleichen Klasse* (man sagt auch, sie sind vom *gleichen Typ* oder sie sind *äquivalent*), wenn die zugehörigen kombinatorischen Systeme äquivalent sind, was offenbar genau dann der Fall ist, wenn

$$f_2(x_0, \ldots, x_{n-1}) = f_1(x_{0g}^{\sigma_0}, \ldots, x_{(n-1)g}^{\sigma_{n-1}})$$

ist für gewisse $g \in (S_n, \{0, 1, \ldots, n-1\})$, $\sigma_0, \ldots, \sigma_{n-1} \in \mathbf{F} = \{0, 1\}$. Ein Vergleich mit 4.1.5 (man nehme g^{-1} statt g und $h_i = e$, falls $\sigma_i = 1$, $h_i = (01)$, falls $\sigma_i = 0$ ist) zeigt uns, daß f_1 und f_2 genau dann zur gleichen Klasse gehören (d. h. äquivalent sind), wenn ihre Träger $\mathbf{T}(f_1)$ und $\mathbf{T}(f_2)$ in der gleichen 1-Bahn der Gruppe $(S_2 \uparrow S_n, \mathbf{F}^n)$ liegen. Da die Potenzmenge $\boldsymbol{P}(\mathbf{F}^n)$ gerade alle (Träger von) n-stelligen Booleschen Funktionen beschreibt (vgl. 4.2.1) erhalten wir:

4.2.7. Das *Problem der Klassifikation Boolescher Funktionen* besteht in dem Problem, die 1-Bahnen der von $(S_2 \uparrow S_n, \mathbf{F}^n)$ auf $\boldsymbol{P}(\mathbf{F}^n)$ induzierten

Gruppe zu bestimmen (und aus jeder Bahn ein Element bzw. die durch es repräsentierte Boolesche Funktion anzugeben). Mit der Pólyaschen Theorie haben wir auch schon eine Methode kennengelernt, wie dieses Problem — zunächst als Abzählproblem, vgl. 2.2.1 — im Prinzip gelöst werden kann (siehe 2.2.12):

4.2.8. Ist $\mathfrak{Z}(S_2 \uparrow S_n, \mathbf{F}^n)$ der Zyklenzeiger von $S_2 \uparrow S_n$, so ist nach 2.2.13 die erzeugende Funktion für die Bahnen der auf $\boldsymbol{P}(\mathbf{F}^n)$ induzierten Gruppe gegeben durch

$$\boldsymbol{t}_{S_2 \uparrow S_n}(x) = \mathfrak{Z}(S_2 \uparrow S_n, 1 + x).$$

Für $\boldsymbol{t}_{S_2\uparrow S_n}(x) = \sum_{k=0}^{2^n} t_k x^k$ *ist damit* t_k *gleich der Anzahl der paarweise nichtäquivalenten* n*-stelligen Booleschen Funktionen* f, *für die* $|\mathbf{T}(f)| = k$ *gilt.*

Es verbleibt also die Aufgabe, den Zyklenzeiger $\mathfrak{Z}(S_2 \uparrow S_n, \mathbf{F}^n)$ zu bestimmen.

4.2.9. Beispiel. Wir betrachten den Fall $n = 3$. Hier kennen wir den Zyklenzeiger $\mathfrak{Z}(S_2 \uparrow S_3, \mathbf{F}^3)$ schon, weil die Gruppe $(S_2 \uparrow S_3, \mathbf{F}^3)$ auf dem dreidimensionalen Würfel $\mathbf{F}^3 = \mathscr{W}$ wie die Transformationsgruppe $\boldsymbol{D}(\mathscr{W})$ wirkt (vgl. 1.6.13). Die geometrischen Überlegungen, mit denen die Klassen konjugierter (bzw. ähnlicher) Elemente — und damit der Zyklenzeiger! — bestimmt wurden, lassen sich jedoch nicht direkt auf den allgemeinen Fall mit beliebigem n übertragen. Deshalb beschreiben wir hier (zunächst sogar für jedes n) einen anderen, allgemeineren Zugang zur Bestimmung der Konjugiertheitsklassen bzw. des Zyklenzeigers:

Es sei $f = (g, (h_0, \ldots, h_{n-1}))$ ein Element von $S_2 \uparrow S_n$ in Tabellenform (vgl. 4.1.5, $g \in S_n$, $h_0, \ldots, h_{n-1} \in S_2$). Da für die h_i nur zwei Permutationen (e und (01)) in Frage kommen, schreiben wir für f kürzer

$$(g; \sigma_0, \ldots, \sigma_{n-1}) \quad \text{mit} \quad (\sigma_0, \ldots, \sigma_{n-1}) \in \mathbf{F}^n,$$

wobei

$$\sigma_i = \begin{cases} 0 & \text{für} \quad h_i = e, \\ 1 & \text{für} \quad h_i = (01) \in S_2, \end{cases} \qquad i = 0, 1, \ldots, n-1,$$

ist. Die Wirkung von f auf ein Element $(b_0, \ldots, b_{n-1}) \in \mathbf{F}^n$ ist dann komponentenweise gegeben durch

$$b_i \mapsto b_{ig^{-1}} \oplus \sigma_{ig^{-1}} \quad (i = 0, 1, \ldots, n-1;\ \text{vgl. } 4.1.5)$$

($\oplus$ bedeute hier Addition modulo 2), *Üb*!. Wir betrachten nun nicht die gesamte Klasse der zu f konjugierten Elemente, sondern nur solche der

Form $t^{-1}ft$, wobei $t \in S_2 \uparrow S_n$ die Tabellenform

$$t = (h; 0, 0, \ldots, 0)$$

haben soll. Es gilt $t^{-1}ft = (g'; \tau_0, \ldots, \tau_{n-1})$ mit $g' = h^{-1}gh$, $\tau_i = \sigma_{i^{h^{-1}}}$ $(i = 0, \ldots, n-1)$ (wegen $b_i \xmapsto[t^{-1}]{} b_{i^h} \xmapsto[f]{} b_{i^{g^{-1}h}} \oplus \sigma_{i^{g^{-1}}} \xmapsto[t]{} b_{i^{h^{-1}g^{-1}h}} \oplus \sigma_{i^{h^{-1}g^{-1}}} = b_{i^{g'^{-1}}} \oplus \tau_{i^{g'^{-1}}}$). Die Elemente $t^{-1}ft$ und f sind ähnlich (vgl. 1.4.13). Ist $(g; \sigma_0, \ldots, \sigma_{n-1})$ die Tabellenform von f, so ergibt sich die Tabellenform von $t^{-1}ft$ sehr leicht, wenn man auf die Zyklendarstellung von g elementweise die Permutation h anwendet (vgl. 1.4.14) und dann das Element σ_i auf den Platz mit der Koordinate i^h setzt $(i = 0, 1, \ldots, n-1)$. So erhält man z. B. für $g = (01)(2) \in S_3$ und $h = (012) \in S_3$ aus der Tabellenform $f = (g; 1, 1, 0) \in S_2 \uparrow S_3$ die Tabellenform $t^{-1}ft = \big((12)(0); 0, 1, 1\big)$.

Zwei Tabellenformen $f = (g; \sigma_0, \ldots, \sigma_{n-1})$ und $f' = (g'; \tau_0, \ldots, \tau_{n-1})$ sollen nun *kombinatorisch äquivalent* heißen, wenn g und g' ähnlich sind und $(\tau_0, \ldots, \tau_{n-1}) = \big(\sigma_{0^{h^{-1}}}, \ldots, \sigma_{(n-1)^{h^{-1}}}\big)$ für eine Permutation $h \in S_n$ mit $g' = h^{-1}gh$ gilt (wegen der Ähnlichkeit existieren solche h). Nach den obigen Überlegungen sind dann f und f' ähnlich. Da die Klassen kombinatorisch äquivalenter Permutationen leicht zu übersehen sind, kann aus ihnen ohne Mühe der Zyklenzeiger bestimmt werden, indem man für je einen Repräsentanten f den Typ $\mathfrak{z}(f)$ (vgl. 1.4.C. S. 37) berechnet.

Für die Tabellenform $f = \big((01); 1, 0, 0\big) \in S_2 \uparrow S_3$ gibt es z. B. folgende fünf weitere kombinatorisch äquivalente Permutationen: $\big((10); 0, 1, 0\big)$, $\big((02); 1, 0, 0\big)$, $\big((20); 0, 0, 1\big)$, $\big((12); 0, 1, 0\big)$. $\big((21); 0, 0, 1\big)$ (wir verwenden wieder die verkürzte Zyklenschreibweise $(02) = (20) = (02)(1)$). Die Permutation f wirkt auf $\mathbf{F}^3$ wie folgt (in Zyklenschreibweise):

$$f = (000, 010, 110, 100)(001, 011, 111, 101).$$

Fassen wir die Elemente von $\mathbf{F}^3$ als die Dualzahldarstellung der Zahlen 0, 1, 2, 3, 4, 5, 6, 7 auf, so läßt sich f auch als

$$f = (0264)(1375)$$

schreiben. Der Typ von f ist $\mathfrak{z}(f) = x_4^2$, so daß die Klasse der zu f kombinatorisch äquivalenten Permutationen den Beitrag $6x_4^2$ für den Zyklenzeiger $\mathfrak{Z}(S_2 \uparrow S_3)$ liefert. In Tabelle 6 (S. 158) sind die entsprechenden Ergebnisse für alle Klassen aufgelistet.

Zusammengefaßt ergibt sich also

$$\mathfrak{Z}(S_2 \uparrow S_3, \mathbf{F}^3) = \frac{1}{3!\,2!^3}\,(x_1^8 + 6x_1^4x_2^2 + 8x_1^2x_3^2 + 13x_2^4 + 8x_2x_6 + 12x_4^2),$$

was tatsächlich mit dem Ergebnis aus 1.6.13 übereinstimmt.

Tabelle 6

Nr.	Repräsentant einer Klasse	Zyklendarstellung	Beitrag zum Zyklenzeiger
1	$(e; 0, 0, 0)$	(0) (1) (2) (3) (4) (5) (6) (7)	x_1^8
2	$(e; 1, 0, 0)$	(04) (15) (26) (37)	$3x_2^4$
3	$(e; 1, 1, 0)$	(06) (17) (24) (35)	$3x_2^4$
4	$(e; 1, 1, 1)$	(07) (16) (25) (34)	x_2^4
5	$((01); 0, 0, 0)$	(0) (1) (24) (35) (6) (7)	$3x_1^4x_2^2$
6	$((01); 1, 0, 0)$	(0264) (1375)	$6x_4^2$
7	$((01); 0, 0, 1)$	(01) (25) (34) (67)	$3x_2^4$
8	$((01); 1, 1, 0)$	(06) (17) (2) (3) (4) (5)	$3x_1^4x_2^2$
9	$((01); 0, 1, 1)$	(0365) (1274)	$6x_4^2$
10	$((01); 1, 1, 1)$	(07) (16) (23) (45)	$3x_2^4$
11	$((012); 0, 0, 0)$	(0) (142) (356) (7)	$2x_1^2x_3^2$
12	$((012); 1, 0, 0)$	(023754) (16)	$6x_2x_6$
13	$((012); 1, 1, 0)$	(036) (174) (2) (5)	$6x_1^2x_3^2$
14	$((012); 1, 1, 1)$	(07) (132645)	$2x_2x_6$

Nun können wir die eigentliche Ausgangsaufgabe — die Klassifikation Boolescher Funktionen — lösen. Wir haben (vgl. 4.2.8)

$$\begin{aligned} t_{S_2\uparrow S_3}(x) &= \mathfrak{Z}(S_2 \uparrow S_3, 1 + x) \\ &= \frac{1}{48}\big((1+x)^8 + 6(1+x)^4(1+x^2)^2 \\ &\quad + 8(1+x)^2(1+x^3)^2 + 13(1+x^2)^4 \\ &\quad + 8(1+x^2)(1+x^6) + 12(1+x^4)^2\big) \\ &= 1 + x + 3x^2 + 3x^3 + 6x^4 + 3x^5 + 3x^6 + x^7 + x^8. \end{aligned}$$

Die Summe der Koeffizienten ergibt $t_{S_2\uparrow S_3}(1) = 22$, *also verteilen sich die 256* $(= 2^{2^3})$ *dreistelligen Booleschen Funktionen auf 22 Klassen äquivalenter Elemente.* Die einzelnen Koeffizienten geben detailliertere Informationen: So gibt es z. B. genau 6 (= Koeffizient von x^4) paarweise verschiedene nichtäquivalente dreistellige Boolesche Funktionen f mit $|\mathbf{T}(f)| = 4$ (vgl. Abb. 31, S. 160).

4.2.10. Beispiel. In der gleichen Weise wie in 4.2.9 läßt sich die Klassifikation der vierstelligen Booleschen Funktionen durchführen. Dies wollen wir dem interessierten Leser als Übung überlassen und geben nur das Ergebnis an: Es gibt 402 Klassen, und die erzeugende Funktion ist

$$t_{S_2\uparrow S_4}(x) = 1 + x + 4x^2 + 6x^3 + 19x^4 + 27x^5 + 50x^6 + 56x^7 + 74x^8 + 56x^9 + 50x^{10} + 27x^{11} + 19x^{12} + 6x^{13} + 4x^{14} + x^{15} + x^{16}.$$

4.2.11. Bemerkungen. Die Konstruktion von $\mathfrak{Z}(S_2 \uparrow S_n, 1 + x)$ läßt sich mit speziell dafür ausgearbeiteten Regeln so vereinfachen, daß man direkt vom Zyklenzeiger $\mathfrak{Z}(S_n)$ ausgehen und auf die explizite Berechnung der Klassen kombinatorisch äquivalenter Permutationen verzichten kann. In großer Allgemeinheit findet man solche Regeln in unterschiedlichen (kombinatorischen oder algebraischen) Interpretationen z. B. in [31; 4.6] und [45]. Allerdings ist die praktische Bedeutung dieser Regeln nur gering, weil bei wachsendem n nicht nur die Gesamtzahl $|P(\mathbf{F}^n)|$ der Booleschen Funktionen, sondern auch die Zahl $t = t_{S_2\uparrow S_n}(1)$ aller paarweise nichtäquivalenten Funktionen ungeheuer schnell wächst (vgl. Tab. 7).

Tabelle 7

n	$P(\mathbf{F}^n)$	t
2	16	6
3	256	22
4	65 536	402
5	4 294 967 296	1 228 158
6	2^{64}	37 333 248

Um diesen Schwierigkeiten zu entgehen, kann man versuchen, eine gröbere Klassifikation Boolescher Funktionen zu betrachten, d. h. eine Klassifikation bezüglich einer Obergruppe von $S_2 \uparrow S_n$ in $S(\mathbf{F}^n)$. Für einige solcher Gruppen findet man die entsprechenden Resultate in [68], [69].

In diesem Zusammenhang ist das folgende Problem interessant, das unseres Wissens bisher noch nicht behandelt wurde:

4.2.12. Problem. Man beschreibe die 2-abgeschlossenen Obergruppen von $(S_2 \uparrow S_n, \mathbf{F}^n)$ (das läßt sich mit den Ergebnissen von M. E. Muzyčuk durchführen, vgl. Bemerkung b) nach 4.1.20) und klassifiziere die Booleschen Funktionen bezüglich dieser Gruppen.

D. Konstruktive Aufzählung der Typen Boolescher Funktionen

Wir wenden uns nun der konstruktiven Lösung des Problems 4.2.7 zu. Die Aufgabe, kombinatorische Objekte konstruktiv aufzuzählen (vgl. 2.2.1), betrachtete man meist auf empirischem Niveau in den einfachen Fällen, wo diese Aufzählung ohne Schwierigkeiten direkt durchführbar war. So ist es z. B. kein Problem, alle Träger $\mathbf{T}(f)$ von paarweise nichtäquivalenten dreistelligen Booleschen Funktionen mit $|\mathbf{T}(f)| = 4$ zu beschreiben, wie es in Abb. 31 zu sehen ist (vgl. auch 4.2.9). Zum Nachweis der Vollständigkeit einer aufgestellten Liste kann dann das Cauchy-Frobenius-Burnside-Lemma (2.2.1) bzw. die Pólya-Theorie dienen. Für viele Klassen kombinatorischer Objekte stößt man jedoch bei der Lösung einer konstruktiven Aufzählung auf ernsthafte und — wie schon in 2.2.1 erwähnt — meist unüberwindliche Schwierigkeiten. Deshalb ist es angebracht, sich diese Schwierigkeiten an wenigstens einem Beispiel klar zu machen und mögliche Wege zu ihrer Überwindung aufzuzeigen. Dazu soll uns die Klasse der Booleschen Funktionen dienen.

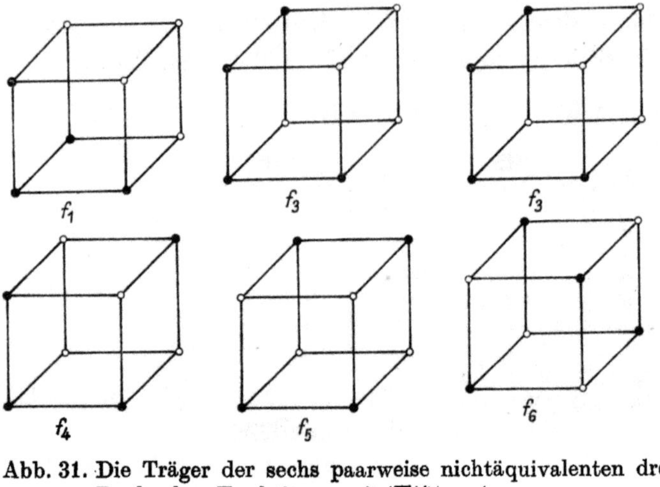

Abb. 31. Die Träger der sechs paarweise nichtäquivalenten dreistelligen Booleschen Funktionen mit $|\mathbf{T}(f)| = 4$

4.2.13. Definition. Es sei C eine Menge Boolescher Funktionen. Eine Abbildung $\gamma\colon C \to M$, die jeder Booleschen Funktion $f \in C$ einen Wert $\gamma(f)$ in einer Menge M zuordnet, heißt *Invariante* für C (bezüglich der Gruppe $(S_2 \uparrow S_n, \mathbf{F}^n)$), wenn zwei äquivalente Boolesche Funktionen stets den gleichen Wert haben. Ein System $(\gamma_i)_{i\in I}$ von Invarianten heißt *voll-*

ständig, wenn zwei Boolesche Funktionen f_1 und f_2 genau dann äquivalent sind, wenn ihre Invariantensysteme übereinstimmen (d. h., wenn $(\gamma_i(f_1))_{i\in I} = (\gamma_i(f_2))_{i\in I}$ ist).

4.2.14. Beispiele. a) $\gamma: f \mapsto |\mathbf{T}(f)|$ ist eine Invariante für die Menge aller Booleschen Funktionen, γ ist aber nicht vollständig (*Üb*!).

b) Für $C = \{f: \mathbf{F}^3 \to \mathbf{F} \mid |\mathbf{T}(f)| = 4\}$ und $f \in C$ sei

$$\delta(f) = [d(x, y)]_{\{x,y\}\subseteq \mathsf{T}(f), x\neq y}$$

die der Größe nach geordnete Folge aller von 0 verschiedenen Abstände (vgl. 4.1.4) der Punkte in $\mathbf{T}(f)$. Dann ist δ eine Invariante für C (*Üb*!). Aus Abb. 31 ergibt sich sofort

$$\delta(f_1) = \mathfrak{D}_1 = [1, 1, 1, 2, 2, 2], \quad \delta(f_2) = \mathfrak{D}_2 = [1, 1, 1, 1, 2, 2],$$

$$\delta(f_3) = \mathfrak{D}_3 = [1, 1, 1, 2, 2, 3], \quad \delta(f_4) = \mathfrak{D}_4 = [1, 1, 2, 2, 2, 3],$$

$$\delta(f_5) = \mathfrak{D}_5 = [1, 1, 2, 2, 3, 3], \quad \delta(f_6) = \mathfrak{D}_6 = [2, 2, 2, 2, 2, 2].$$

Folglich ist δ ein vollständiges System von Invarianten (hier bestehend aus einer einzigen Invariante) für die Menge C, und wir empfehlen dem Leser, sich selbständig zu überzeugen (*Üb*!), daß dies sogar für die Menge aller dreistelligen Booleschen Funktionen gilt (vgl. 4.2.16).

4.2.15. Ist es gelungen, für eine Menge C Boolescher Funktionen ein vollständiges System $(\gamma_i)_{i\in I}$ von Invarianten zu finden, dann kann man die konstruktive Aufzählung der Funktionen aus C in drei Etappen durchführen:

I. Man stellt eine Liste aller möglichen Wertetupel $(c_i)_{i\in I}$ für das betrachtete Invariantensystem $(\gamma_i)_{i\in I}$ auf.

II. Man untersucht genauer, welche Wertetupel als Invariantensysteme einer Booleschen Funktion nicht in Frage kommen können und streicht diese aus der Liste.

III. Für jedes Wertetupel $(c_i)_{i\in I}$ der (verbleibenden) Liste wird eine Funktion f mit diesem Invariantensystem konstruiert (d. h. $(c_i)_{i\in I} = (\gamma_i(f))_{i\in I}$), oder es wird gezeigt, daß es keine solche Funktion gibt.

Von den meist heuristisch gefundenen Invarianten weiß man häufig nicht a priori, ob sie vollständig sind oder nicht. Kennt man jedoch schon die Anzahl $k(C)$ der Äquivalenzklassen von C auf Grund von kombinatorischen Abzählformeln (z. B. Pólya-Theorie), dann kann man das oben beschriebene Programm gleichzeitig zur konstruktiven Aufzählung und zum

Nachweis der Vollständigkeit des betrachteten Invariantensystems nutzen: $(\gamma_i)_{i\in I}$ ist genau dann vollständig, wenn bei III. genau $k(C)$ Funktionen übrigbleiben (sind es weniger, so klassifiziert das Invariantensystem noch zu grob und ist nicht vollständig).

4.2.16. Beispiel (Fortsetzung von 4.2.14b). Wir wollen prüfen, ob die Invariante δ vollständig für C ist (Bezeichnungen wie aus 4.2.14b), und führen eine konstruktive Aufzählung nach dem Schema 4.2.15 I.—III. durch:

I. Als mögliche Invarianten kommen folgende Elemente in Betracht:

$\mathfrak{D}_1 - \mathfrak{D}_6$ (siehe 4.2.14), $\mathfrak{D}_7 = [1, 1, 1, 1, 1, 1]$, $\mathfrak{D}_8 = [1, 1, 1, 1, 1, 2]$,

$\mathfrak{D}_9 = [1, 1, 1, 1, 1, 3]$, $\mathfrak{D}_{10} = [1, 1, 1, 1, 2, 3]$, $\mathfrak{D}_{11} = [1, 1, 1, 1, 3, 3]$,

$\mathfrak{D}_{12} = [1, 1, 1, 2, 3, 3]$, $\mathfrak{D}_{13} = [1, 1, 1, 3, 3, 3]$, $\mathfrak{D}_{14} = [1, 1, 2, 2, 2, 2]$,

$\mathfrak{D}_{15} = [1, 1, 2, 3, 3, 3]$, $\mathfrak{D}_{16} = [1, 1, 3, 3, 3, 3]$, $\mathfrak{D}_{17} = [1, 2, 2, 2, 2, 2]$,

$\mathfrak{D}_{18} = [1, 2, 2, 2, 2, 3]$, $\mathfrak{D}_{19} = [1, 2, 2, 2, 3, 3]$, $\mathfrak{D}_{20} = [1, 2, 2, 3, 3, 3]$,

$\mathfrak{D}_{21} = [1, 2, 3, 3, 3, 3]$, $\mathfrak{D}_{22} = [1, 3, 3, 3, 3, 3]$, $\mathfrak{D}_{23} = [2, 2, 2, 2, 2, 3]$,

$\mathfrak{D}_{24} = [2, 2, 2, 2, 3, 3]$, $\mathfrak{D}_{25} = [2, 2, 2, 3, 3, 3]$, $\mathfrak{D}_{26} = [2, 2, 3, 3, 3, 3]$,

$\mathfrak{D}_{27} = [2, 3, 3, 3, 3, 3]$, $\mathfrak{D}_{28} = [3, 3, 3, 3, 3, 3]$.

II. Wir betrachten einige einfache Eigenschaften des dreidimensionalen Würfels $\mathbf{B}_1(3)$, (die auch für beliebiges n formuliert werden können und) durch die einige der Wertetupel aus der Liste I ausgeschieden werden können:

(i) Es gibt nur drei Paare von Punkten ($\in \mathbf{F}^3$), die den Abstand 3 haben (damit scheiden $\mathfrak{D}_{16}$, $\mathfrak{D}_{21}$, $\mathfrak{D}_{22}$, $\mathfrak{D}_{26}$, $\mathfrak{D}_{27}$, $\mathfrak{D}_{28}$ aus). Diese Punktepaare sind disjunkt (es scheiden $\mathfrak{D}_{13}$, $\mathfrak{D}_{15}$, $\mathfrak{D}_{20}$, $\mathfrak{D}_{25}$ aus).

(ii) Es gibt in $\mathbf{B}_1(3)$ keine Dreiecke ($\mathfrak{D}_7$, $\mathfrak{D}_8$, $\mathfrak{D}_9$ scheiden aus).

(iii) Jeder Untergraph von $\mathbf{B}_1(3)$ mit vier Kanten und vier Punkten ist isomorph zu einem 4-Kreis ($\mathfrak{D}_{10}$, $\mathfrak{D}_{11}$ scheiden aus).

Eine genauere Analyse des dreidimensionalen Würfels ergibt folgende speziellen Eigenschaften:

(iv) Ist $d(x, y) = 3$, so ist jeder andere Punkt entweder zu x oder zu y benachbart ($\mathfrak{D}_{23}$, $\mathfrak{D}_{24}$ scheiden aus).

(v) Wenn vier Abstände zwischen vier Punkten den Wert 2 haben, dann sind auch die restlichen Abstände gleich 2 ($\mathfrak{D}_{14}$, $\mathfrak{D}_{17}$, $\mathfrak{D}_{18}$ scheiden aus).

(vi) Für den Abstand d gilt die Dreiecksungleichung ($\mathfrak{D}_{12} = [1,1,1,2,3,3]$ scheidet aus: Dazu belege man die sechs Kanten des vollständigen Graphen K_4 mit den Zahlen aus $\mathfrak{D}_{12}$ und überzeuge sich, daß stets ein „verbotenes" Dreieck mit den Kantenbelegungen 1, 1, 3 vorkommt).

III. Es bleiben sieben Invariantenwerte übrig. Zu $\mathfrak{D}_1$ bis $\mathfrak{D}_6$ findet man die Booleschen Funktionen f_1 bis f_6 (Abb. 31). Bei $\mathfrak{D}_{19}$ kann man sich unmittelbar überzeugen, daß es keine Boolesche Funktion f mit $\delta(f) = \mathfrak{D}_{19}$ geben kann.

Aus 4.2.9 wissen wir, daß es sechs Funktionen sein müssen, d. h., δ ist eine vollständige Invariante für die Menge C.

Bemerkungen. Für beliebiges n ist δ zwar eine Invariante, aber nicht vollständig: Betrachtet man z. B. die beiden vierstelligen Booleschen Funktionen f_1, f_2 mit den Trägern $\mathbf{T}(f_1) = \{0000, 1100, 1010, 1001\} \subseteq \boldsymbol{P}(\mathbf{F}^4)$ und $\mathbf{T}(f_2) = \{0000, 1100, 1010, 0110\}$, so gilt $\delta(f_1) = \delta(f_2) = [2, 2, 2, 2, 2, 2]$, aber f_1 und f_2 sind nicht äquivalent.

Das Problem, ein nichttriviales vollständiges Invariantensystem für die Booleschen Funktionen zu finden, ist noch weit von einer endgültigen Lösung entfernt. In [70] wird für die Menge der Booleschen Funktionen f mit $|\mathbf{T}(f)| = k$ ein Invariantensystem untersucht, das aus Bewertungen der Punkte des k-dimensionalen Würfels besteht. Jedoch führt die Benutzung dieses Invariantensystems zu der Aufgabe, die Isomorphie bewerteter k-dimensionaler Würfel festzustellen. Das ist in der Praxis nur dann durchführbar, wenn k klein gegenüber n ist.

E. Lineare Codes über dem zweielementigen Körper

In diesem Abschnitt wollen wir den Leser auf eine spezielle, aber außerordentlich wichtige Klasse Boolescher Funktionen — die linearen Codes — aufmerksam machen, ohne uns jedoch detailliert damit zu beschäftigen. Die Theorie der algebraischen fehlerkorrigierenden Codes hat sich in den letzten Jahrzehnten rasant entwickelt; in der schon klassisch zu nennenden und als Standardwerk zu empfehlenden Monographie [51] sind bereits fast 1500 Literaturstellen verzeichnet. Wir verweisen den Leser, der sich mit der Kodierungstheorie näher vertraut machen will, zusätzlich auf [4], [47], [48], [49] [56], [59].

Wir gehen davon aus, daß über einen gestörten diskreten Kanal Nachrichten übertragen werden sollen, die als Folgen von dualen Signalen (hier wieder mit 0 und 1 bezeichnet) verschlüsselt sind. Die Kodierung soll nun so erfolgen, daß die bei der Übertragung auftretenden Fehler mit hoher Wahrscheinlichkeit erkannt und möglichst korrigiert werden können (Fehler bedeutet im weiteren stets Fehler eines Dualsignals der Folge). Nehmen wir an, daß jedes Signal vom Empfänger mit der Wahrscheinlichkeit q richtig und mit der Wahrscheinlichkeit $p = 1 - q$ falsch erkannt wird (den Fehler, daß ein Signal überhaupt nicht ankommt, wollen wir hier ausschließen). Natürlich wird man für eine zuverlässige Nachrichtenverbindung fordern, daß $q \gg p$, d. h., daß die Fehlerwahrscheinlichkeit klein ist. Das folgende Beispiel zeigt, daß mit hoher Wahrscheinlichkeit nur mit einer kleinen Fehleranzahl zu rechnen ist ($k = 0, 1, 2$):

4.2.17. Beispiel. Es sei $n = 20$, $p = 0{,}01$, $q = 0{,}99$. Die Wahrscheinlichkeit, daß in einer Folge von n Signalen bei der Übertragung k Fehler entstehen, berechnet sich für die verschiedenen Werte k wie folgt:

$$p(k = 0) = (0{,}99)^{20} \approx 0{,}818,$$

$$p(k = 1) = 20 \cdot 0{,}01 \cdot (0{,}99)^{19} \approx 0{,}165,$$

$$p(k = 2) = \binom{20}{2} \cdot (0{,}01)^2 \cdot (0{,}99)^{18} \approx 0{,}016,$$

$$p(k > 2) \approx 1 - 0{,}818 - 0{,}165 - 0{,}016 = 0{,}001.$$

Man wird also versuchen, solche Kodierungen zu finden, die eine (im Vergleich zur Gesamtlänge n) kleinere Anzahl von Fehlern erkennbar bzw. korrigierbar machen.

4.2.18. Definitionen. Eine Folge von n dualen Symbolen, d. h. ein Element von F^n ($\mathsf{F} = \{0, 1\}$) heißt auch *Wort der Länge n*. Eine Teilmenge $C \subseteqq \mathsf{F}^n$ von Wörtern heißt *Code* über F.

Dazu kann man sich vorstellen, daß vereinbart wurde, die Nachrichten mit Hilfe gewisser Wörter der Länge n zu kodieren und im Verbindungskanal zu übertragen. Andere, nicht zu C gehörige Wörter sollen nicht gesendet werden. Kommt ein Wort, das nicht zum Code C gehört an, dann muß ein Fehler vorliegen und der Empfänger kann u. U. den Fehler korrigieren. Je mehr sich die Wörter aus C voneinander unterscheiden (präziser: je größer ihr Abstand ist), desto einfacher wird es, Fehler zu erkennen bzw. zu korrigieren.

4.2.19. Beispiele. a) Es sei $n = 3$ und $C_1 = \{000, 111\} \subseteqq \mathsf{F}^3$. Dieser Code erkennt bis zu zwei Fehler und korrigiert einen Fehler: Treten nämlich bei der Übertragung eines Codewortes maximal zwei Fehler auf, so entsteht stets ein Wort, was nicht zu C_1 gehört, und man weiß, es muß mindestens ein Übertragungsfehler vorliegen. Nimmt man zusätzlich (!) an, daß höchstens ein Fehler pro Codewort möglich ist, dann läßt sich dieser Fehler genau angeben und damit korrigieren; entsteht z. B. bei dem Codewort 000 ein Fehler, so erhält man eines der Wörter 001, 010, 100, und diese Wörter sind verschieden von den Wörtern 110, 101, 011, die man aus dem anderen Codewort 111 bei einem Fehler erhält. Aus dem fehlerhaften Wort läßt sich also eindeutig das ursprüngliche Codewort bestimmen (d. h., C_1 ist *1-Fehler-korrigierend*).

b) $C_2 = \{000, 101, 110, 011\} \subseteqq \mathsf{F}^3$ ist ein Code, mit dem man einen Fehler zwar erkennen, aber keinen korrigieren kann (*Üb*!).

Je mehr Wörter ein Code enthält, d. h., je größer sein Informationsgehalt ist, um so geringer wird seine Zuverlässigkeit bei der Fehlererkennung. Es ist eine Hauptaufgabe der Kodierungstheorie, einen Kompromiß zwischen diesen sich widersprechenden Forderungen zu finden. Jeder Code $C \subseteqq \mathsf{F}^n$ ist wegen 4.2.1 als Träger einer Booleschen Funktion interpretierbar. Der in 4.1.4 betrachtete Hamming-Abstand $d(\boldsymbol{x}, \boldsymbol{y})$, d. h. die Anzahl der unterschiedlichen Koordinaten von $\boldsymbol{x}, \boldsymbol{y} \in \mathsf{F}^n$, spielt in der Kodierungstheorie eine wichtige Rolle.

4.2.20. Definition. Für $C \subseteqq \mathsf{F}^n$ heißt

$$d(C) = \min \{d(x, y) \mid x, y \in C, x \neq y\}$$

der *Minimalabstand* (*Codeabstand*) von C.

Man überlegt sich ohne Mühe:

4.2.21. Ein Code $C \subseteqq \mathsf{F}^n$ erkennt t Fehler genau dann, wenn $d(C) \geqq t + 1$ ist. Der Code C kann t Fehler korrigieren (ist t-Fehler-korrigierend) genau dann, wenn $d(C) \geqq 2t + 1$ ist, d. h., *jeder Code C erkennt $d(C) - 1$ Fehler und korrigiert* $\left\lfloor \frac{d(C) - 1}{2} \right\rfloor$ *Fehler.* ∎

(Der Leser, dem die Begriffe unklar sind, nehme 4.2.21 als Definition.)

Die Menge F^n kann als Vektorraum über dem zweielementigen Körper F betrachtet werden.

4.2.22. Definitionen. Ein Code $C \subseteqq \mathsf{F}^n$ heißt *linearer (n, k)-Code*, wenn C ein k-dimensionaler Unterraum des Vektorraums F^n ist (konkret bedeutet das hier nur die Abgeschlossenheit gegenüber der Vektoraddition; deshalb handelt es sich hier auch um sogenannte *Gruppencodes*). Eine (k, n)-Matrix

$\boldsymbol{G}$, deren Zeilenvektoren $\boldsymbol{x}_1, \ldots, \boldsymbol{x}_k \in \mathbf{F}^n$ eine Basis für den Code C (als Teilvektorraum) bilden, heißt *Generatormatrix* (oder *Basismatrix*) für C. Eine Generatormatrix für den zu C orthogonalen $(n-k)$-dimensionalen Unterraum $C^\perp = \{\boldsymbol{x} \in \mathbf{F}^n \mid \boldsymbol{x} \cdot \boldsymbol{y}^\top = 0 \text{ für alle } \boldsymbol{y} \in C\}$ ($\boldsymbol{y}^\top$ ist der transponierte Vektor, $\boldsymbol{x} \cdot \boldsymbol{y}^\top$ die Summe der Produkte der Koordinaten (mod 2)) heißt *Prüfmatrix* (oder *Kontrollmatrix*) von C. Für $\boldsymbol{x} \in \mathbf{F}^n$ sei die *Norm* $\|\boldsymbol{x}\|$ $(= \boldsymbol{x} \cdot \boldsymbol{x}^\top)$ die Anzahl der Koordinaten, die 1 sind (d. h. $\|\boldsymbol{x}\| = i \Leftrightarrow d(\boldsymbol{0}, \boldsymbol{x}) = i$).

Jeder lineare Code kann durch eine Generator- bzw. Prüfmatrix beschrieben werden:

4.2.23. Satz. *Es sei C ein linearer (n, k)-Code, $\boldsymbol{G}$ eine (k, n)-Generatormatrix und $\boldsymbol{H}$ eine $(n-k, n)$-Prüfmatrix für C. Dann gilt:*

(i) $C = \{\boldsymbol{x}\boldsymbol{G} \mid \boldsymbol{x} \in \mathbf{F}^k\}$ (*$\boldsymbol{x}\boldsymbol{G}$ bedeutet Multiplikation Zeilenvektor mal Matrix*),

(ii) $C = \{\boldsymbol{y} \in \mathbf{F}^n \mid \boldsymbol{H}\boldsymbol{y}^\top = \boldsymbol{0}\}$ (*$\boldsymbol{0}$ ist hier der $(n-k)$-dimensionale Nullvektor*),

(iii) $d(C) = \min \{\|\boldsymbol{x}\| \mid \boldsymbol{x} \in C, \boldsymbol{x} \neq \boldsymbol{0}\}$.

(iv) *Sind je l Spalten von $\boldsymbol{H}$ linear unabhängig, so ist $d(C) \geqq l + 1$ $(1 \leqq l \leqq k)$, d. h., C korrigiert $\lfloor l/2 \rfloor$ Fehler. Sind insbesondere alle Spalten von $\boldsymbol{H}$ paarweise verschieden und nicht der Nullvektor, dann ist C 1-Fehler-korrigierend.*

Beweis. (i) bzw. (ii) folgt aus der Basiseigenschaft der Zeilen von $\boldsymbol{G}$ bzw. aus bekannten Eigenschaften aus der linearen Algebra über orthogonale Räume. Für (iii) überlege man sich, daß $d(\boldsymbol{x}, \boldsymbol{y}) = \|\boldsymbol{x} + \boldsymbol{y}\|$ ist (*Üb!*). Wegen $\boldsymbol{x} + \boldsymbol{y} \in C$ (C ist Unterraum!) folgt die Behauptung.

(iv): Ist $\boldsymbol{x} \in C$, so folgt aus $\boldsymbol{H}\boldsymbol{x}^\top = \boldsymbol{0}$, daß die Summe von $\|\boldsymbol{x}\|$ Spalten von $\boldsymbol{H}$ gleich $\boldsymbol{0}$ ist, d. h., $\|\boldsymbol{x}\|$ Spalten sind linear abhängig. Also haben wir $\|\boldsymbol{x}\| > l$ für alle $\boldsymbol{x} \in C$. ∎

Die Nutzung eines (n, k)-linearen Codes kann man sich so vorstellen, daß die zu übertragenden Nachrichten durch die 2^k Wörter von $\mathbf{F}^k$ gegeben sind und durch die Kodierung $\boldsymbol{x} \mapsto \boldsymbol{x}\boldsymbol{G}$ $(\boldsymbol{x} \in \mathbf{F}^k)$ mit zusätzlicher Redundanz für die Fehlerkorrektur versehen werden (im einfachsten Fall durch Anhängen weiterer Koordinaten, vgl. C in 4.2.24). Die Matrizen $\boldsymbol{G}$ und $\boldsymbol{H}$ liefern mit 4.2.23 (i), (ii) eine bequeme Methode, die Codewörter (z. B. aus dem „Urtext" $\mathbf{F}^k$) zu erzeugen bzw. nachzuprüfen, ob ein Wort Codewort ist.

4.2.24. Beispiel. $C = \{\boldsymbol{x}_0, \boldsymbol{x}_1, \boldsymbol{x}_2, \boldsymbol{x}_3, \boldsymbol{x}_4, \boldsymbol{x}_5, \boldsymbol{x}_6, \boldsymbol{x}_7\} \subseteqq \mathbf{F}^6$ mit $\boldsymbol{x}_0 = 000000$, $\boldsymbol{x}_1 = 001101$, $\boldsymbol{x}_2 = 010011$, $\boldsymbol{x}_3 = 011110$, $\boldsymbol{x}_4 = 100110$, $\boldsymbol{x}_5 = 101011$,

$\boldsymbol{x}_6 = 110101$, $\boldsymbol{x}_7 = 111000$ ist ein linearer (3, 6)-Code; $\boldsymbol{x}_1$, $\boldsymbol{x}_2$ und $\boldsymbol{x}_4$ sind linear unabhängig, und

$$\boldsymbol{G} = \begin{pmatrix} \boldsymbol{x}_4 \\ \boldsymbol{x}_2 \\ \boldsymbol{x}_1 \end{pmatrix} = \begin{pmatrix} 1 & 0 & 0 & 1 & 1 & 0 \\ 0 & 1 & 0 & 0 & 1 & 1 \\ 0 & 0 & 1 & 1 & 0 & 1 \end{pmatrix}$$

ist eine (3, 6)-Generatormatrix (man überprüfe 4.2.23 (i)). Gemäß 4.2.23 (iii) ist $\boldsymbol{d}(C) = 3$, also ist C 1-Fehler-korrigierend (vgl. 4.2.21). Die Matrix

$$\boldsymbol{H} = \begin{pmatrix} 1 & 0 & 1 & 1 & 0 & 0 \\ 1 & 1 & 0 & 0 & 1 & 0 \\ 0 & 1 & 1 & 0 & 0 & 1 \end{pmatrix}$$

ist eine Prüfmatrix (man überprüfe 4.2.23 (ii)). Der Wert $d(C) = 3$ folgt dann auch aus 4.2.23 (iv).

Es gibt hier übrigens eine einfache Regel, um $\boldsymbol{H}$ zu konstruieren: Wenn $\boldsymbol{G} = (\boldsymbol{I}_k \;\; \boldsymbol{P})$ (d. h. Nebeneinander der Spalten von Einheitsmatrix $\boldsymbol{I}_k$ und der Spalten von $\boldsymbol{P}$), so ist $\boldsymbol{H} = (\boldsymbol{P}^\top \;\; \boldsymbol{I}_{n-k})$ (vgl. etwa [59; Satz 7.12, S. 157]).

4.3. Abstandstransitive und abstandsreguläre Graphen

Wie schon in der Einleitung zu Kapitel 4 erwähnt, werden wir uns nun mit Klassen besonders symmetrischer Graphen beschäftigen, von denen der n-dimensionale Einheitswürfel nur ein Beispiel ist. Die Grundlagen der Theorie der abstandstransitiven Graphen wurden u. a. von N. Biggs entwickelt (wir verweisen auf [5] bzw. besonders auf [6]). Der geeignete algebraische Hintergrund wird — wie wir sehen werden — die Theorie der V-Ringe bzw. der zellularen Ringe sein. Alle Graphen seien im weiteren grundsätzlich ungerichtet und schlingenfrei (d. h., wir betrachten symmetrische und antireflexive binäre Relationen).

A. Abstandstransitive Graphen

Das Interesse an den abstandstransitiven Graphen hängt zum einen eng mit Anwendungen in der Gruppentheorie zusammen. Eines der reizvollsten und zugleich schwierigsten Probleme der Theorie endlicher Gruppen ist die *Klassifikation der endlichen einfachen* (vgl. A.2.4) *Gruppen*. Die ersten unendlichen Serien solcher Gruppen wurden schon im 19. Jh. entdeckt (z. B. die alternierenden Gruppen A_n für $n \geqq 5$). Später kamen weitere unendliche Serien hinzu. Die gesuchten Gruppen waren dabei stets als Untergruppen von Automorphismengruppen spezieller Geometrien über endlichen Körpern darstellbar. Die fünf sogenannten Mathieu-Gruppen M_n ($n = 11, 12, 22, 23, 24$) waren lange Zeit die einzigen einfachen Gruppen, die nicht in eine der bekannten Serien paßten (ihre Beschreibung als Automorphismengruppen von Steinersystemen findet man beispielsweise in [15]). Erst in den siebziger Jahren unseres Jahrhunderts konnten weitere 21 solcher *„sporadischen"* Gruppen gefunden werden, und zwar meist als Normalteiler der Automorphismengruppen speziell konstruierter abstandstransitiver Graphen. Dadurch wurde das Interesse an den abstandstransitiven Graphen verstärkt, insbesondere weil sie auch für die schon bekannten einfachen Gruppen mit Erfolg eingesetzt werden konnten. Es sei angemerkt, daß man heute die Klassifikation der endlichen einfachen Gruppen als „im Prinzip" abgeschlossen ansehen kann (vgl. [27]).

Ein weiterer Ausgangspunkt für das Interesse an den abstandstransitiven Graphen ist bei Anwendungen in der Kodierungstheorie zu suchen, wie sie z. B. in den Arbeiten von P. Delsarte über kohärente Relationenschemata (assoziation schemes) zu finden sind (vgl. [20], [65]). Wir können im Rahmen dieses Buches nicht weiter darauf eingehen und erwähnen nur, daß die aus dem n-dimensionalen Würfel sich ergebenden und auf S. 142 beschriebenen Hamming-Schemata dabei zu den wichtigsten kohärenten Relationenschemata gehören.

4.3.1. Definitionen. In einem (ungerichteten!) Graphen $\Gamma = (V(\Gamma), E(\Gamma))$ bezeichne $d_\Gamma(x, y)$, kurz $d(x, y)$, den *Abstand* der Punkte $x, y \in V(\Gamma)$, d. h. die Anzahl der Kanten eines kürzesten Weges zwischen x und y. Wir setzen $d(x, y) = \infty$, falls kein solcher Weg existiert (d. h., falls x und y zu verschiedenen Zusammenhangskomponenten des Graphen gehören), sowie $d(x, x) = 0$ für alle $x \in V(\Gamma)$. Damit definiert d eine Metrik auf $V(\Gamma)$ (*Üb*!), vgl. A.3.8. Die Zahl $d(\Gamma) = \max\{d(x, y) \mid x, y \in V(\Gamma)\}$ nennt man den *Durchmesser von* Γ. Für $i = 0, 1, 2, \ldots$ und $x \in V(\Gamma)$ sei

$$\Gamma_{(i)} = \{(x, y) \in V(\Gamma) \times V(\Gamma) \mid d(x, y) = i\},$$

$$\Gamma_{(i)}(x) = \{y \in V(\Gamma) \mid d(x, y) = i\} \quad (\text{„Umgebung" von } x \text{ im Abstand } i);$$

insbesondere ist $\Gamma_{(0)} = \Delta$, $\Gamma_{(1)} = \Gamma$ (genauer $\Gamma_{(1)} = E(\Gamma)$, wir werden jedoch wie verabredet einen Graphen und seine Kantenmenge meist mit demselben Buchstaben bezeichnen). Für einen Graphen mit Durchmesser

d ist offenbar $V(\Gamma) = \bigcup_{i=0}^{d} \Gamma_{(i)}(x)$ eine Zerlegung von $V(\Gamma)$, die wir die *Abstandszerlegung von Γ bezüglich des Punktes x* nennen wollen.

4.3.2. Definition. Ein Graph Γ heißt *abstandstransitiv*, wenn für alle $x, y, x', y' \in V(\Gamma)$ mit $d(x, y) = d(x', y')$ ein Automorphismus $g \in \textbf{Aut}\,\Gamma$ existiert, so daß $x' = x^g$ und $y' = y^g$ gilt. Abstandstransitive Graphen mit primitiver Automorphismengruppe nennt man auch *automorphe* Graphen.

Offenbar führt jeder Automorphismus eines Graphen Γ zwei Punkte mit dem Abstand i wieder in Punkte mit dem Abstand i über, d. h. $\Gamma_{(i)} \in 2\text{-}\textbf{Inv}\,\textbf{Aut}\,\Gamma$. Ist Γ ein zusammenhängender Graph (d. h. $d(\Gamma) < \infty$) mit dem Durchmesser d, so gibt es folglich für $\textbf{Aut}\,\Gamma$ mindestens $d + 1$ 2-Bahnen, da in Γ Punktepaare mit jedem der Abstände $0, 1, 2, \ldots, d$ existieren, d. h.:

4.3.3. Lemma. *Für jeden zusammenhängenden Graphen gilt*

$$|2\text{-}\textbf{Orb}\,\textbf{Aut}\,\Gamma| \geqq d(\Gamma) + 1\,. \blacksquare$$

Die abstandstransitiven Graphen zeichnen sich nach Definition gerade dadurch aus, daß ihre Automorphismengruppe nicht mehr 2-Bahnen haben kann:

4.3.4. Satz. *Ein Graph Γ mit $d(\Gamma) < \infty$ ist genau dann abstandstransitiv, wenn die Automorphismengruppe $\textbf{Aut}\,\Gamma$ transitiv ist und den Rang $d(\Gamma) + 1$ hat* (vgl. 3.3.1). *Es gilt dann*

$$2\text{-}\textbf{Orb}\,\textbf{Aut}\,\Gamma = \{\Gamma_{(0)}, \Gamma_{(1)}, \ldots, \Gamma_{(d(\Gamma))}\}\,. \blacksquare \text{ (Vgl. 4.3.2., 4.3.3, } \textit{Üb}\text{!)}$$

Als Folgerung ergibt sich:

4.3.5. Satz. *Es sei (G, N) eine transitive Permutationsgruppe vom Rang $d + 1$ $(d = 1, 2, \ldots)$, Φ sei ein ungerichteter Graph mit dem Durchmesser d und $\Phi \in 2\text{-}\textbf{Inv}\,(G, N)$ (d. h. $\Phi \in \mathfrak{B}(G, N)$). Dann ist Φ abstandstransitiv, und es gilt $2\text{-}\textbf{Orb}\,(G, N) = \{\Phi_{(0)}, \Phi_{(1)}, \ldots, \Phi_{(d)}\}$.*

Beweis. Wegen $G \subseteqq \textbf{Aut}\,\Phi$ und 4.3.3 gilt

$$d + 1 = |2\text{-}\textbf{Orb}\,(G, N)| \geqq |2\text{-}\textbf{Orb}\,\textbf{Aut}\,\Phi| \geqq d + 1\,,$$

so daß die Behauptung aus 4.3.4 folgt. Weiter folgt $\Phi \in 2\text{-}\textbf{Orb}\,\textbf{Aut}\,\Phi = 2\text{-}\textbf{Orb}\,(G, N)$. $\blacksquare$

4.3.6. Beispiel. Der Graph $\mathbf{B}_1(n)$ des n-dimensionalen Einheitswürfels hat den Durchmesser n und gehört zu dem V-Ring $\mathfrak{B}(S_2 \uparrow S_n, \mathbf{F}^n)$ (vgl.

4.1.9), der $n+1$ Basiselemente hat. Gemäß 4.3.5 ist $\mathbf{B}_1(n)$ somit abstandstransitiv.

Wir geben noch eine weitere Charakterisierung abstandstransitiver Graphen.

4.3.7. Satz. *Ein zusammenhängender Graph Γ ist genau dann abstandstransitiv, wenn **Aut** Γ transitiv (auf $V(\Gamma)$) ist und für ein (beliebiges fixiertes) $a \in V(\Gamma)$ der Stabilisator $(\mathbf{Aut}\,\Gamma)_a$ transitiv auf jeder Klasse $\Gamma_{(i)}(a)$ der Abstandszerlegung von Γ bezüglich a operiert.* ∎ (*Üb*!).

Wie kann man einen Überblick über die abstandstransitiven Graphen erhalten? Für eine konstruktive Aufzählung symmetrischer Objekte versucht man gewöhnlich, zunächst irgendwelche Invarianten (meist Zahlen) und Beziehungen zwischen diesen Invarianten (meist diophantische Gleichungen) zu finden. Danach versucht man zu klären, wann Invariantensystemen, die den Beziehungen genügen, auch wirklich ein konkretes Objekt entspricht. Für eine Reihe klassischer symmetrischer Objekte wird dieses Vorgehen z. B. in [18] demonstriert. Wir werden auf diese Weise die abstandstransitiven bzw. allgemeiner die abstandsregulären (Abschnitt B) Graphen untersuchen.

4.3.8. Die gesuchten Zahleninvarianten bieten sich im Blick auf 4.3.4 sofort an: Da $\mathfrak{V}(\mathbf{Aut}\,\Gamma, V(\Gamma))$ ein (wegen 3.3.6 sogar kommutativer!) V-Ring mit der Basis $\Gamma_{(0)}, \Gamma_{(1)}, \ldots, \Gamma_{(d)}$ ist, können die Strukturkonstanten s_{ij}^k (vgl. 3.3.1) zur Charakterisierung eines abstandstransitiven Graphen Γ (mit Durchmesser d) herangezogen werden. Für $(x, y) \in \Gamma_{(k)}$, d. h. $y \in \Gamma_{(k)}(x)$, gilt (wegen der V-Ring-Eigenschaften unabhängig von der speziellen Auswahl der Punkte x, y!):

$$\begin{aligned} s_{ij}^k &= |\{z \in V(\Gamma) \mid (x,z) \in \Gamma_{(i)} \wedge (z,y) \in \Gamma_{(j)}\}| \\ &= |\{z \in V(\Gamma) \mid z \in \Gamma_{(i)}(x) \wedge z \in \Gamma_{(j)}(y)\}| = |\Gamma_{(i)}(x) \cap \Gamma_{(j)}(y)|. \end{aligned}$$

In der Theorie der abstandstransitiven (bzw. -regulären) Graphen haben einige dieser Strukturkonstanten, nämlich

$$s_{11}^0, s_{21}^1, s_{31}^2, \ldots, s_{d1}^{d-1}; \quad s_{01}^1, s_{11}^2, s_{21}^3, \ldots, s_{d-1,1}^d$$

eigene Bezeichnungen $[b_i; c_i]$ bekommen, und es zeigte sich auf Grund der speziellen Natur der V-Ringe, daß durch diese wenigen Zahlen alle anderen Strukturkonstanten vollständig bestimmt sind (wir werden dies erst später im Beweis von 4.3.15 sehen). Das motiviert folgende Definition:

4.3.9. Definition. Für einen abstandstransitiven Graphen Γ mit $d(\Gamma) = d < \infty$ wollen wir

$$\mathrm{i}(\Gamma) = [b_0, b_1, b_2, \ldots, b_{d-1}; c_1, c_2, c_3, \ldots, c_d]$$

den *Durchschnittsvektor* (*intersection array*) von Γ nennen; dabei seien $b_i = |\Gamma_{(i+1)}(x) \cap \Gamma_{(1)}(y)|$ $(0 \leqq i \leqq d-1)$, $c_i = |\Gamma_{(i-1)}(x) \cap \Gamma_{(1)}(y)|$ $(1 \leqq i \leqq d)$ für $y \in \Gamma_{(i)}(x)$ (b_i, c_i sind unabhängig von der konkreten Wahl von x, y, vgl. 4.3.8). Bemerkung. Stets gilt $c_1 = s^1_{01} = 1$, und $b_0 = s^0_{11}$ ist gleich der Valenz $k = \deg(\Gamma)$ des (regulären!) Graphen Γ (vgl. 3.3.4b).

Wie wir sehen werden, kann der Durchschnittsvektor nicht nur für abstandstransitive Graphen, sondern für die größere Klasse der abstandsregulären Graphen definiert und als Invariante genutzt werden.

4.3.10. Beispiel. Die anschaulichsten Beispiele für abstandstransitive Graphen liefern die regelmäßigen Polyeder $\mathcal{T}$, $\mathcal{O}$, $\mathcal{W}$, $\mathcal{I}$, $\mathcal{D}$ (vgl. 1.6.12 bis 1.6.16). In 1.6.17 haben wir gesehen, daß die Automorphismengruppe von jedem regelmäßigen Polyeder mit Durchmesser d genau d antireflexive Bahnen besitzt. Nach 4.3.4 sind sie also abstandstransitiv. Die Durchschnittsvektoren ergeben sich zu (*Üb*!)

$$\mathrm{i}(\mathcal{T}) = [3; 1], \qquad \mathrm{i}(\mathcal{I}) = [5, 2, 1; 1, 2, 5],$$

$$\mathrm{i}(\mathcal{O}) = [4, 1; 1, 4], \qquad \mathrm{i}(\mathcal{D}) = [3, 2, 1, 1, 1; 1, 1, 1, 2, 3].$$

$$\mathrm{i}(\mathcal{W}) = [3, 2, 1; 1, 2, 3],$$

4.3.11. Beispiel. Der Graph $\mathbf{B}_1(n)$ des n-dimensionalen Würfels ist abstandstransitiv (vgl. 4.3.5) und hat den Durchschnittsvektor $\mathrm{i}(\mathbf{B}_1(n)) = [n, n-1, \ldots, 2, 1; 1, 2, \ldots, n-1, n]$, der sich wegen 4.3.5 und 4.1.9 unmittelbar aus 4.1.10 berechnen läßt (*Üb*!).

4.3.12. Beispiele. a) Es sei $n \geqq 2m + 1$, und $J = \Psi_{m-1} = \{(A, B) \mid |A \cap B| = m - 1\}$ sei der in 3.4.1 definierte Graph mit der Knotenpunktmenge P^m_n. J ist ein sogenannter *Johnson-Graph* (vgl. [17]), er hat den Durchmesser m (*Üb*!). Wegen 3.4.3 und 4.3.5 ist J abstandstransitiv. Der Durchschnittsvektor ergibt sich zu

$$\mathrm{i}(J) = [m(n-m), (m-1)(n-m-1), \ldots, (m-i)(n-m-i), \ldots, n-2m+1; 1, 2^2, \ldots, i^2, \ldots, m^2]$$

(*Üb*!), vgl. 3.4.7, 3.4.5, $J_{(i)} = \Psi_{m-i}$).

b) Für $n = 2m + 1$ betrachten wir den Graphen $\Psi_0 = \{(A, B) \mid |A \cap B| = \emptyset\}$ mit der Knotenpunktmenge P^m_{2m+1} (vgl. 3.4.1), der hier mit O_m (engl.

Odd graph [17]) bezeichnet werden soll ($m = 2, 3, 4, \ldots$). Wegen $d(O_m) = m$ und 3.4.3, 4.3.5 ist O_m abstandstransitiv. Der Durchschnittsvektor ist

$$\mathfrak{i}(O_m) = \left[m+1, m-1, m-1, m-2, m-2, \ldots, m - \left\lfloor \frac{m}{2} \right\rfloor; \right.$$
$$\left. 1, 1, 2, 2, \ldots, \left\lfloor \frac{m+1}{2} \right\rfloor \right]$$

(*Üb*!, vgl. 3.4.8, 3.4.5; $\lfloor x \rfloor$ bezeichnet den ganzen Teil von x, vgl. A.0). Der Graph O_2 ist der in der Graphentheorie wohlbekannte Peterson-Graph, den man aus Abb. 27 (S. 145) erhält, wenn man die Punkte $\emptyset$, $\{0\}$, $\{1\}$, $\{2\}$, $\{3\}$, $\{4\}$ wegläßt.

Wir merken an, daß die Graphen O_m und die Johnson-Graphen J automorphe Graphen sind. Es gibt viele andere interessante Serien abstandstransitiver (automorpher) Graphen (wir verweisen z. B. auf [35], [17]). Die Frage nach der Existenz von abstandstransitiven Graphen mit gegebenem Durchschnittsvektor werden wir im Zusammenhang mit den abstandsregulären Graphen behandeln.

B. Abstandsreguläre Graphen

4.3.13. Definition. Ein (ungerichteter) Graph Γ mit $d(\Gamma) = d < \infty$ heißt *abstandsregulär*, wenn für alle $i \in \{0, 1, \ldots, d-1\}$ bzw. $i \in \{1, 2, \ldots, d\}$ und Punkte $x, y \in V(\Gamma)$ mit $d(x, y) = i$ die Zahlen $b_i = |\Gamma_{(i+1)}(x) \cap \Gamma_{(1)}(y)|$ bzw. $c_i = |\Gamma_{(i-1)}(x) \cap \Gamma_{(1)}(y)|$ unabhängig von der speziellen Auswahl der Punkte x, y sind (Bezeichnungen vgl. 4.3.1). $\mathfrak{i}(\Gamma) = [b_0, b_1, \ldots, b_{d-1}; c_1, c_2, \ldots, c_d]$ heißt *Durchschnittsvektor* von Γ (es gilt $b_0 = \deg(\Gamma)$, $c_1 = 1$).

Wegen 4.3.8 ist offenbar jeder abstandstransitive Graph auch abstandsregulär. Wir werden bald sehen, daß die Umkehrung jedoch nicht gilt. Der Grund, abstandsreguläre Graphen einzuführen, liegt u. a. darin, daß man dabei keine Informationen über die Automorphismengruppe mehr benötigt. Das eröffnet einen kombinatorischen Zugang zu den abstandstransitiven Graphen. Der nächste Satz zeigt uns im Vergleich mit 4.3.5 deutlich, daß die Eigenschaft, abstandsregulär zu sein, ebenso als kombinatorische Approximation der Eigenschaft, abstandstransitiv zu sein, betrachtet werden kann, wie die zellularen Ringe kombinatorische Approximationen der V-Ringe sind.

4.3.14. Satz. *Es sei* $\mathfrak{W} = \mathfrak{W}(\mathcal{R})$ *ein zellularer Ring mit dem kohärenten Relationenschema* $\mathcal{R} = \{R_0, R_1, \ldots, R_d\}$ *als Basis, und* $\Phi \in \mathfrak{W}(\mathcal{R})$ *sei ein* *ungerichteter Graph mit dem Durchmesser d. Dann ist Φ abstandsregulär, und es gilt* $\{\Phi_{(0)}, \Phi_{(1)}, \ldots, \Phi_{(d)}\} = \{R_0, R_1, \ldots, R_d\}$.

Beweis. Durch Betrachtung der k-fachen Faltung $\Phi^k = \Phi * \cdots * \Phi$ zeigt man ohne Schwierigkeiten (analog zum Beweis von 3.4.7, *Üb*!), daß $\Phi_{(k)}$ aus $\Phi_{(1)} = \Phi$ ableitbar ist, d. h., daß Φ einen zellularen Unterring von $\mathfrak{W}$ erzeugt, in dem $\Phi_{(0)}, \Phi_{(1)}, \ldots, \Phi_{(d)}$ primäre Größen sind, und der deshalb mindestens $d + 1$ Basisgrößen enthalten muß (das ist das kombinatorische Analogon zu 4.3.3). Daraus folgt $\{\Phi_{(0)}, \Phi_{(1)}, \ldots, \Phi_{(d)}\} = \{R_0, R_1, \ldots, R_d\}$ und die Zahlen b_i, c_i (vgl. 4.3.13) sind wie in 4.3.9 (bzw. 4.3.8) wegen 3.3.11(R3) unabhängig von der Auswahl von x und y, d. h., Φ ist abstandsregulär. ∎

Nicht jede Folge von Zahlen b_i, c_i ist der Durchschnittsvektor eines abstandsregulären Graphen. Der folgende Satz klärt einige Beziehungen zwischen den Strukturkonstanten abstandsregulärer Graphen.

4.3.15. Satz. *Es sei Γ ein abstandsregulärer Graph mit $d(\Gamma) = d$ und* $\mathfrak{i}(\Gamma) = [b_0, b_1, \ldots, b_{d-1}; c_1, c_2, \ldots, c_d]$. *Es sei*

$$s_{ij}^l = s_{ij}(x, y) = |\Gamma_{(i)}(x) \cap \Gamma_{(j)}(y)| \quad \text{für} \quad x \in \Gamma_{(l)}(y)$$

(speziell ist $s_{i+1,1}^i = b_i$, $s_{i-1,1}^i = c_i$). Dann gilt:

(1) *$s_{ij}(x, y)$ hängt nur von $l = d(x, y)$ ab, aber nicht von der konkreten Wahl der Elemente x, y* (Sprechweise: s_{ij}^l existiert).

(2) $a_i + b_i + c_i = b_0 = \deg \Gamma$ *mit* $a_i = s_{i1}^i = |\Gamma_{(i)}(x) \cap \Gamma_{(1)}(y)|$ *für* $y \in \Gamma_{(i)}(x)$ $(i = 0, 1, \ldots, d$; *man setze* $c_0 = b_d = 0)$.

(3) $$\frac{b_0 b_1 \cdots b_{i-1}}{c_1 c_2 \cdots c_i} = k_i \quad \text{mit} \quad k_i = s_{ii}^0 = |\Gamma_{(i)}(x)| = \deg \Gamma_{(i)} \ \big(x \in V(\Gamma)\big).$$

(4) $$\sum_{\lambda=0}^{d} s_{1i}^{\lambda} s_{\lambda j}^{l} = \sum_{\mu=0}^{d} s_{1j}^{\mu} s_{\mu i}^{l} \quad (i, j, l \in \{0, 1, \ldots, d\}),$$ *was konkret*

(4′) $$b_{i-1} s_{i-1,j}^l + a_i s_{ij}^l + c_{i+1} s_{i+1,j}^l = b_{j-1} s_{j-1,i}^l + a_j s_{ji}^l + c_{j+1} s_{j+1,i}^l$$

ergibt (da alle anderen Summanden 0 sind!).

Beweis. Wir zeigen zunächst für $y \in \Gamma_{(i)}(x)$, daß $s_{i1}(x, y) = b_0 - b_i - c_i$ gilt, also unabhängig von der Wahl der Punkte x, y ist, womit zugleich (2) bewiesen ist. Auf Grund der Dreiecksungleichung (für die Metrik d) $d(x, y) - d(y, z) \leqq d(x, z) \leqq d(x, y) + d(y, z)$ muß jedes $z \in \Gamma_{(1)}(y)$ zu $\Gamma_{(i-1)}(x)$, $\Gamma_{(i)}(x)$ oder $\Gamma_{(i+1)}(x)$ gehören. Also gilt

$$\Gamma_{(1)}(y) = \big(\Gamma_{(1)}(y) \cap \Gamma_{(i-1)}(x)\big) \cup \big(\Gamma_{(1)}(y) \cap \Gamma_{(i)}(x)\big) \cup \big(\Gamma_{(1)}(y) \cap \Gamma_{(i+1)}(x)\big).$$

Daraus folgt

$$b_0 = |\Gamma_{(1)}(y)| = |\Gamma_{(1)}(y) \cap \Gamma_{(i-1)}(x)| + |\Gamma_{(1)}(y) \cap \Gamma_{(i)}(x)| + |\Gamma_{(1)}(y) \cap \Gamma_{(i+1)}(x)| = b_i + s_{i1}(x, y) + c_i,$$

was wir zeigen wollten.

Als nächstes zeigen wir die Gleichung (4') (die wegen der Dreiecksungleichung offenbar dasselbe wie (4) ist) für fixierte Elemente x, y mit $d(x, y) = l$, d. h.

$$(4'') \qquad b_{i-1}s_{i-1,j}(x, y) + a_i s_{ij}(x, y) + c_{i+1}s_{i+1,j}(x, y) = b_{j-1}s_{j-1,i}(x, y) + a_j s_{ji}(x, y) + c_{j+1}s_{j+1,i}(x, y).$$

Wir zählen dazu alle Paare $(u, v) \in V(\Gamma) \times V(\Gamma)$ mit $u \in \Gamma_{(i)}(x)$, $v \in \Gamma_{(j)}(y)$, $u \in \Gamma_{(1)}(v)$ auf zwei verschiedene Weisen, wie es in Abb. 32 skizziert ist:

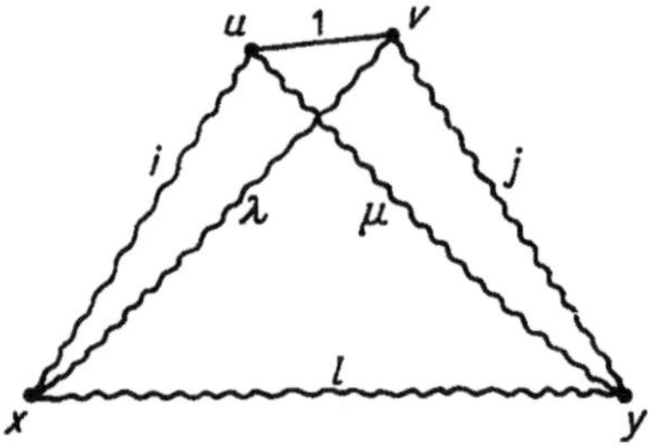

Abb. 32

Für $\lambda = d(x, v)$ kommen nach der Dreiecksungleichung nur die Werte $i - 1$, i, $i + 1$ in Frage. Es gibt also $|\Gamma_{(i)}(x) \cap \Gamma_{(1)}(v)| \cdot |\Gamma_{(\lambda)}(x) \cap \Gamma_{(j)}(y)|$ Paare (u, v) mit festem λ. Der erste Faktor ist nach dem oben gezeigten von v unabhängig und gleich s_{i1}^{λ}, so daß also insgesamt

$$\sum_{\lambda=i-1}^{i+1} s_{i1}^{\lambda} s_{\lambda j}(x, y) = b_{i-1}s_{i-1,j}(x, y) + a_i s_{ij}(x, y) + c_{i+1}s_{i+1,j}(x, y)$$

Paare (u, v) existieren. Analog ergibt sich bei Betrachtung von zunächst festem $\mu = d(y, u)$, daß $b_{j-1}s_{j-1,i}(x, y) + a_j s_{ji}(x, y) + c_{j+1}s_{j+1,i}(x, y)$ ebenfalls die Anzahl der betrachteten Paare (u, v) ist.

Da wir schon die Existenz von s_{i1}^{l} gezeigt haben, folgt aus (4'') durch Induktion über die einzelnen Indizes, daß jedes s_{ij}^{l} existiert und aus solchen $s_{i'j'}^{l'}$ berechnet werden kann, deren Existenz schon (induktiv) bewiesen wurde (beispielsweise $s_{22}^{l}(x, y) = \dfrac{1}{c_2}(b_1 s_{11}^{l} + a_2 s_{21}^{l} + c_3 s_{31}^{l} - b_0 s_{02}^{l} - a_1 s_{12}^{l},$

man beachte $s^l_{i1} = s^l_{1i}$). Damit sind (1) und (4) bewiesen. Setzt man in (4) bzw. (4') $l = 0$ und $j = i + 1$, so ergibt sich (da $s^0_{ij} = 0$ für $i \neq j$ und $s^0_{ii} = k_i = \deg \Gamma_{(i)}$) sofort $c_{i+1}k_{i+1} = b_i k_i$ $(i = 0, 1, \ldots, d-1)$, woraus (wegen $k_0 = b_0$) $k_{i+1} = \frac{b_i b_{i-1} \cdots b_1}{c_{i+1} c_i \cdots c_2} b_0$ folgt. Damit ist auch (3) bewiesen. ∎

Bemerkungen. a) Betrachtet man die $(d+1) \times (d+1)$-Matrizen $M_i = (a_{uv})$ $(i = 0, 1, \ldots, d)$ mit $a_{uv} = s^v_{iu}$ $(u, v \in \{0, 1, \ldots, d\})$, so läßt sich die Bedingung (4) als folgende Matrizengleichung schreiben:

$$(4^*) \qquad M_1 M_j = b_{j-1} M_{j-1} + a_j M_j + c_{j+1} M_{j+1}.$$

Analog kann man

$$(4^{**}) \qquad M_i M_j = \sum_{k=0}^{d} s^k_{ij} M_k$$

zeigen.

b) Wegen $V(\Gamma) = \bigcup_{i=0}^{d} \Gamma_{(i)}(x)$ (vgl. 4.3.1) folgt $|V(\Gamma)| = 1 + \sum_{i=1}^{d} k_i$.

Aus 4.3.15(1) (und 4.3.14) folgt unmittelbar:

4.3.16. Folgerung. *Ein Graph Γ mit Durchmesser $d < \infty$ ist genau dann abstandsregulär, wenn $\{\Gamma_{(0)}, \Gamma_{(1)}, \ldots, \Gamma_{(d)}\}$ ein kohärentes Relationenschema mit den Strukturkonstanten $s^k_{ij} = |\Gamma_{(i)}(x) \cap \Gamma_{(j)}(y)|$ (für $d(x, y) = k$) ist.* ∎ (Vgl. 3.3.11.)

Bemerkungen. a) Mit 4.3.15 haben wir auch bewiesen, daß der Durchschnittsvektor $\mathfrak{i}(\Gamma)$ eines abstandsregulären Graphen alle Strukturkonstanten und damit den zellularen Ring $\mathfrak{W}(\{\Gamma_{(0)}, \ldots, \Gamma_{(d)}\})$ determiniert. Wegen $s^k_{ij} = s^k_{ji}$ ist dieser Ring kommutativ (vgl. 3.3.6).

b) Ist Γ insbesondere abstandstransitiv, so ist mit $\mathfrak{i}(\Gamma)$ auch der ganze V-Ring $\mathfrak{V}(Aut\, \Gamma, V(\Gamma))$ bestimmt (vgl. 4.3.8). *Γ ist genau dann abstandstransitiv, wenn $\mathcal{R} = \{\Gamma_{(0)}, \Gamma_{(1)}, \ldots, \Gamma_{(d)}\}$ ein kohärentes Relationenschema und $\mathfrak{W}(\mathcal{R})$ ein schurscher zellularer Ring ist.*

c) Die Sätze 4.3.14, 4.3.15 (bzw. 4.3.4, 4.3.5) zeigen, daß die zellularen Ringe (bzw. V-Ringe) einen geeigneten algebraischen Apparat zur Behandlung von abstandsregulären (bzw. abstandstransitiven) Graphen darstellen.

4.3.17. Beispiel. Wir beschreiben einen ungerichteten Graphen, den Shrikhande-Graphen (vgl. [66]) Σ mit 16 Knotenpunkten, die wir uns als die Felder der Additionstafel

+	0	1	2	3
0	0	1	2	3
1	1	2	3	0
2	2	3	0	1
3	3	0	1	2

der additiven zyklischen Gruppe $\mathbf{Z}_4$ vorstellen können: $V(\Sigma) = N \times N$ für $N = \{0, 1, 2, 3\}$. Zwei Punkte aus $V(\Sigma)$ sind nun genau dann durch eine Kante verbunden, wenn die Felder nicht in der gleichen Zeile oder Spalte stehen und nicht den gleichen Wert haben, d. h.

$$E(\Sigma) = \{((x, y), (x', y')) \mid x \neq x', y \neq y', x + y \neq x' + y'\}.$$

Dann ist Σ offenbar ein regulärer Graph der Valenz $\deg \Sigma = 6$ und $\Sigma \in 2\text{-}\boldsymbol{Inv}(G, V(\Sigma))$, wobei G die rechtsreguläre Darstellung der Gruppe $\mathbf{Z}_4 \times \mathbf{Z}_4$ ist. Die Graphen $\Gamma_0 = \Delta$ und

$$\Gamma_1 = \{((x, y), (x, y')) \mid y \neq y', x \in N\}$$
$$\Gamma_2 = \{((x, y), (x', y)) \mid x \neq x', y \in N\}$$
$$\Gamma_3 = \{((x, y), (x', y')) \mid x + y = x' + y', x \neq x'\}$$

sind ebenfalls invariant für G, und man rechnet leicht nach, daß Γ_0, Σ und $\bar{\Sigma} = \Gamma_1 + \Gamma_2 + \Gamma_3$ die Basiselemente eines zellularen Unterringes $\mathfrak{W}$ des V-Ringes $\mathfrak{V}(G, V(\Sigma))$ sind:

$$\Gamma_i * \Gamma_j = 2(\Gamma_k + \Sigma) \quad \text{für} \quad \{i, j, k\} = \{1, 2, 3\},$$

$$\bar{\Sigma} * \bar{\Sigma} = 4\bar{\Sigma} + 6\Sigma + 9\Gamma_0,$$

$$\bar{\Sigma} * \Sigma = 4\bar{\Sigma} + 3\Sigma,$$

$$\Sigma * \Sigma = 2\bar{\Sigma} + 2\Sigma + 6\Gamma_0.$$

Da $d(\Sigma) = 2$ ist, folgt aus 4.3.14, daß Σ ein abstandsregulärer Graph ist. Der Durchschnittsvektor ergibt sich aus den obigen Strukturkonstanten zu $\mathfrak{i}(\Sigma) = [6, 3; 1, 2]$. Σ ist jedoch nicht abstandstransitiv! Um das einzusehen, betrachten wir die Punkte $x = (0, 0)$, $y = (0, 1)$ und $z = (2, 2)$ in Σ. In der Metrik des Graphen Σ ist $d(x, y) = d(x, z) = 2$. Wäre Σ abstandstransitiv, so müßte ein Automorphismus $\sigma \in \boldsymbol{Aut}\, \Sigma$ mit $x^\sigma = x$ und $z^\sigma = y$ existieren. Die Menge $\{x, y\}$ gehört jedoch zu nur einem vierelementigen Untergraphen von Σ, der keine Kanten besitzt (nämlich $U_1 = \{x, y, (0, 2),$

$(0, 3)\}$), während $\{x, z\}$ zu zwei solchen induzierten Untergraphen gehört (nämlich zu $U_2 = \{x, z, (0, 2), (2, 0)\}$ und zu $U_3 = \{x, z, (1, 3), (3, 1)\}$), woraus $U_2^\sigma = U_3^\sigma = U_1$ folgen würde, was offenbar einen Widerspruch darstellt (da σ eine Permutation ist).

Es sei erwähnt, daß der Shrikhande-Graph Σ der Graph mit der kleinsten Knotenpunktanzahl ist, der abstandsregulär, aber nicht abstandstransitiv ist. Aus 3.4.16 kennen wir ein weiteres Beispiel eines abstandsregulären, aber nicht abstandstransitiven Graphen: Der Graph Ψ_1 mit der Knotenpunktmenge P_{10}^3 (vgl. 3.4.1, 3.4.16) ist zusammenhängend und $d(\Psi_1) = 2$ (wegen 4.3.14 folgt $d(\Psi_1) \leqq 2$ auch aus der Tatsache, daß Ψ_1 zu einem zellulären Ring $\mathfrak{W}$ mit drei Basiselementen $\Psi_3 = \Delta$, Ψ_1, $\Psi_0 + \Psi_2$ gehört. Wäre Ψ_1 abstandstransitiv, so wäre $\mathfrak{W} = \mathfrak{V}(\mathit{Aut}\ \Psi_1)$ im Widerspruch dazu, daß $\mathfrak{W}$ nicht schursch ist (vgl. 3.4.16).

4.3.18. Satz. *Es sei Γ ein abstandsregulärer Graph mit $d(\Gamma) = d$ und $\mathfrak{i}(\Gamma) = [b_0, b_1, \ldots, b_{d-1}; c_1, c_2, \ldots, c_d]$. Dann gilt:*

(5) $\quad b_0 \geqq b_1 \geqq \cdots \geqq b_{d-1}.$

(6) $\quad 1 = c_1 \leqq c_2 \leqq \cdots \leqq c_d.$

(7) $\quad c_i \leqq b_j$, *falls $i + j \leqq d$ ist.*

(8) $\quad$ *Ist $c_2 = 1$, so ist $a_1 + 1$ ein Teiler von b_0* ($a_1 = s_{11}^1$, vgl. 4.3.15).

(Die Bedingung (8) verdanken die Autoren einer Mitteilung von A. A. Ivanov.)

Beweis. Zu (5). Für $d(x,y) = i$ betrachte man einen Punkt z mit $d(x,z) = 1$, $d(z, y) = i - 1$. Dann gilt $\Gamma_{(i+1)}(x) \cap \Gamma_{(1)}(y) \subseteqq \Gamma_{(i)}(z) \cap \Gamma_{(1)}(y)$, also $b_i = s_{i+1,1}^i \leqq s_{i1}^{i-1} = b_{i-1}$ ($i = 1, 2, \ldots, d - 1$). Analog folgt (6) aus $\Gamma_{(i-1)}(z) \cap \Gamma_{(1)}(y) \subseteqq \Gamma_{(i)}(x) \cap \Gamma_{(1)}(y)$ für $d(x, y) = i + 1$.

Zu (7). Für $i + j \leqq d$ existieren $x, y, z \in V(\Gamma)$ mit $y \in \Gamma_{(i)}(x)$ und $z \in \Gamma_{(i+j)}(x) \cap \Gamma_{(j)}(y)$. Dann ist $\Gamma_{(i-1)}(x) \cap \Gamma_{(1)}(y) \subseteqq \Gamma_{(j+1)}(z) \cap \Gamma_{(1)}(y)$, woraus $c_i \leqq b_j$ folgt.

Zu (8). Für $y \in \Gamma_{(1)}(x)$ ist der induzierte Untergraph von Γ, der die $(a_1 + 1)$-elementige Knotenpunktmenge $\{y\} \cup \big(\Gamma_{(1)}(x) \cap \Gamma_{(1)}(y)\big)$ hat, ein vollständiger Graph (ohne Schlingen). Anderenfalls würden nämlich Punkte $u, v \in \Gamma_{(1)}(x) \cap \Gamma_{(1)}(y)$ mit $(u, v) \notin \Gamma$ (also $d(u, v) = 2$) existieren. und es wäre $\{x, y\} \subseteqq \Gamma_{(1)}(u) \cap \Gamma_{(1)}(v)$, d. h. $c_2 = |\Gamma_{(1)}(u) \cap \Gamma_{(1)}(v)| \geqq 2$ im Widerspruch zu $c_2 = 1$. Damit besteht $\Gamma_{(1)}(x) = \bigcup_{y \in \Gamma_{(1)}(x)} \{y\} \cup \big(\Gamma_{(1)}(x) \cap \Gamma_{(1)}(y)\big)$ aus der disjunkten Vereinigung von vollständigen Untergraphen mit $a_1 + 1$ Knotenpunkten, d. h., $a_1 + 1$ ist ein Teiler von $b_0 = |\Gamma_{(1)}(x)|$. ∎

Wie bei den abstandstransitiven Graphen, so stehen wir auch bei den abstandsregulären Graphen vor zwei Aufgaben.

1. Zunächst versucht man alle Systeme $\mathfrak{i} = [b_0, \ldots, b_{d-1}; c_1, \ldots, c_d]$ zu finden, die als Durchschnittsvektoren in Frage kommen können. Dazu werden möglichst viele notwendige Beziehungen zwischen den Zahlen b_i, c_i aufgestellt, um die Anzahl der in Betracht kommenden Systeme $\mathfrak{i}$ einzuschränken. Die Bedingungen (2) bis (8) aus 4.3.15 und 4.3.18 sind Beispiele solcher Beziehungen; sie tragen lokalen Charakter und können durch kombinatorische Betrachtungen von Untergraphen (z. B. Umgebungen $\Gamma_{(i)}(x)$) bewiesen werden. Es gibt aber auch globale Bedingungen, durch die z. B. Beziehungen zwischen den Eigenwerten der Adjazenzmatrix eines abstandsregulären Graphen festgelegt sind und die mit Methoden der linearen Algebra bewiesen werden. Wir können im Rahmen dieses Buches nicht weiter darauf eingehen und verweisen auf z. B. [7] und [19]. Bei der Suche nach Bedingungen, unter denen abstandsreguläre Graphen mit vorgegebenen Parametern existieren, wurden wesentliche Fortschritte in jüngster Zeit erreicht. Ausgangspunkt dabei war die Arbeit [37] von A. A. Ivanov (wo z. B. die Abhängigkeit des Durchmessers eines abstandsregulären Graphen von seiner Valenz und anderen Eigenschaften bewiesen wurde).

2. Hat man die Existenz von abstandsregulären Graphen mit gegebenem Durchschnittsvektor $\mathfrak{i}$ gezeigt, so stellt sich die Frage nach der Eindeutigkeit (d. h., wie viele Γ mit $\mathfrak{i}(\Gamma) = \mathfrak{i}$ gibt es?), die bisher nur in Spezialfällen beantwortet werden konnte (vgl. [17]).

Wir erwähnen noch einen dritten Problemkreis (vgl. 4.3.A).

3. Erfüllt ein Durchschnittsvektor $\mathfrak{i}$ alle bekannten Bedingungen für abstandsreguläre Graphen, so hat es Sinn, nach der Realisierung durch abstandstransitive (oder sogar durch automorphe) Graphen zu fragen und diese möglichst konstruktiv zu finden. Das folgende Vorgehen führt dabei häufig zum Ziel. Ausgangspunkt ist die Voraussetzung, daß die Automorphismengruppe $G = \boldsymbol{Aut}\ \Gamma$ des gesuchten abstandstransitiven Graphen Γ eine Untergruppe H enthält, deren Wirkung auf $V(\Gamma)$ bekannt ist (während G selbst nicht bekannt zu sein braucht). Nun untersucht man alle zellularen Unterringe $\mathfrak{W}$ des V-Ringes $\mathfrak{V}(H, V(\Gamma))$, deren Strukturkonstanten gemäß 4.3.14 die Existenz eines abstandsregulären Graphen mit dem gewünschten Durchschnittsvektor $\mathfrak{i}$ garantieren. Gibt es keine solchen zellularen Unterringe, so gibt es keine abstandsregulären und insbesondere keine abstandstransitiven Graphen Γ mit $\mathfrak{i}(\Gamma) = \mathfrak{i}$ (vgl. 4.3.16). Anderenfalls muß man die gefundenen zellularen Unterringe $\mathfrak{W}$ untersuchen und prüfen, ob $\boldsymbol{Aut}\ \mathfrak{W}$ (= $\boldsymbol{Aut}\ \Gamma$) abstandstransitiv auf Γ wirkt (äquivalent

dazu ist, daß $\mathfrak{W}$ schursch ist). Auf diese Art und Weise gelang es beispielsweise, die in [7] von N. Biggs für die verbliebenen elf möglichen Durchschnittsvektoren gestellte Frage nach der Existenz automorpher Graphen mit Durchmesser $d \leqq 5$ und Valenz $b_0 \leqq 13$ zu beantworten (für detailiertere Informationen dieser Ergebnisse von V. A. Zaičenko, A. A. Ivanov und M. Ch. Klin verweisen wir auf den Übersichtsartikel [42]).

4.3.19. Bemerkung. Es gibt eine Reihe von Operationen (vgl. etwa [17]), mit denen aus abstandsregulären Graphen Γ neue abstandsreguläre Graphen gewonnen werden können. Ist beispielsweise Γ ein abstandsregulärer Graph, so ist auch der folgende paare Graph (den man die „2-*Entfaltung*" nennen könnte) Γ^+ abstandsregulär: $V(\Gamma^+)$ erhält man aus $V(\Gamma)$ durch Verdopplung aller Punkte, d. h. genauer $V(\Gamma^+) = V(\Gamma) \times \{1, 2\}$. $E(\Gamma^+)$ besteht aus ungerichteten Kanten zwischen Punkten der Form $(x, 1)$ und $(y, 2)$, falls die ungerichtete Kante $\{x, y\}$ zu $E(\Gamma)$ gehört, d. h.

$$E(\Gamma^+) = \big\{\{(x, 1), (y, 2)\} \mid \{x, y\} \in E(\Gamma)\big\}.$$

Die 2-Entfaltung Σ^+ des Shrikhande-Graphen (vgl. 4.3.17) ist z. B. ein abstandsregulärer (aber nicht abstandstransitiver!) Graph mit $\mathfrak{i}(\Sigma^+) = [6, 5, 4; 1, 2, 6]$ (*Üb*!).

C. Streng reguläre Graphen

Im Zusammenhang mit Steiner-Tripel-Systemen und speziellen Blockplänen und vielen anderen kombinatorischen Strukturen ist die Klasse der abstandsregulären Graphen vom Durchmesser 2 von besonderem Interesse. Diese Graphen haben einen eigenen Namen bekommen: sie heißen *streng reguläre Graphen*.

4.3.20. Die Strukturkonstanten eines streng regulären Graphen Γ werden traditionsbedingt nicht durch den Durchschnittsvektor $\mathfrak{i}(\Gamma) = [b_0, b_1; c_1, c_2]$ charakterisiert, sondern durch $v = |V(\Gamma)|$ und die Strukturkonstanten

$$k = b_0 \quad (= k_1 = \deg \Gamma),$$

$$l = k_2 \quad (= \deg \Gamma_{(2)} = \deg \overline{\Gamma}),$$

$$\lambda = a_1 \quad (= s_{11}^1),$$

$$\mu = c_2 \quad (= s_{11}^2) \quad \text{(Bezeichnungen vgl. 4.3.15).}$$

Wir wollen $\mathfrak{p}(\Gamma) = \langle v, k, l, \lambda, \mu \rangle$ den *Parametervektor* des streng regulären Graphen nennen. Gemäß 4.3.15(3) und (2) ist dann $b_1 = \frac{c_2 k_2}{b_0} = \frac{\mu l}{k}$ und $a_1 + b_1 + 1 = b_0$, woraus sofort

$$k(k - \lambda - 1) = l\mu$$

folgt. Weiter gilt $|V(\Gamma)| = 1 + k_1 + k_2$ (vgl. Bemerkung b) nach 4.3.15), d. h.

$$v = 1 + k + l.$$

Diesen Bedingungen muß also jeder Parametervektor genügen.

Der folgende Satz charakterisiert auf verschiedene Weisen streng reguläre Graphen.

4.3.21. Satz. *Für einen ungerichteten Graphen Γ (mit mindestens einer Kante und einer Nichtkante) sind die folgenden Bedingungen äquivalent:*

(i) *Γ ist streng regulär (d. h. abstandstransitiv und $d(\Gamma) = 2$) mit dem Parametervektor $\langle v, k, l, \lambda, \mu \rangle$, $k, \lambda, \mu \neq 0$.*

(ii) *Das Komplement $\overline{\Gamma}$ ist streng regulär mit dem Parametervektor $\langle v, l, k, l - k + \mu - 1, l - k + \lambda + 1 \rangle$.*

(iii) *Jeder Punkt von Γ hat genau k Nachbarn, für jedes Paar (x, y) adjazenter bzw. nichtadjazenter Punkte gibt es genau λ bzw. μ Punkte, die zu x und zu y benachbart sind ($k, \lambda, \mu \neq 0$, v und l ergeben sich aus $l\mu = k(k - \lambda - 1)$, $v = 1 + k + l$).*

(iv) *Für die Adjazenzmatrix $A = \mathfrak{A}(\Gamma)$ gilt die Matrizengleichung*

$$A^2 = kI + \lambda A + \mu(J - A - I)$$

für gewisse Zahlen $k, \lambda, \mu \neq 0$ (I ist die Einheitsdiagonalmatrix, und J bezeichne die Matrix, die an allen Stellen eine 1 hat).

(v) $\{I, A, J - A - I\}$ (Bezeichnungen wie in (iv)) *bilden die Basis (der Matrizendarstellung*, vgl. Aufgabe 3.5.11, S. 136) *eines zellularen Ringes mit den Strukturkonstanten $k = s_{11}^0$, $\lambda = s_{11}^1$, $\mu = s_{11}^2$, $l = s_{22}^0$.*

Bemerkung. Läßt man in (iii) auch den Wert 0 für λ oder μ zu (in (i) bedingt $d(\Gamma) = 2$, daß $k \neq 0$, $\mu \neq 0$ ist, während $\lambda = 0$ möglich ist), so erhält man weitere Graphen, die ebenfalls als (sogenannte *imprimitive*) streng reguläre Graphen bezeichnet werden, nämlich $m \bullet K_n$ (= disjunkte Vereinigung von m vollständigen Graphen K_n) für $\mu = 0$ sowie $\overline{m \bullet K_n}$ für $\lambda = 0$ (speziell paare Graphen $K_{n,n} = \overline{2 \bullet K_n}$), *Üb*!.

Beweis. Der Beweis folgt nahezu sofort aus den Definitionen und uns bereits bekannten Sätzen (*Üb!*):

(i) $\Leftrightarrow$ (iii): Die Bedingungen in (iii) sind nur eine Umformulierung der Aussage, daß $s_{11}(x, y)$ für $d(x, y) = 0$, $d(x, y) = 1$ und $d(x, y) = 2$ unabhängig von der konkreten Wahl von x, y sind ($s_{11}^0 = k$, $s_{11}^1 = \lambda$, $s_{11}^2 = \mu$).

(iii) $\Leftrightarrow$ (iv): Ist $A^2 = (u_{xy})_{x,y \in V(\Gamma)}$, so ist u_{xx} die Valenz des Punktes x, und u_{xy} $(x \neq y)$ ist die Anzahl der Wege der Länge 2 vom Punkt x zum Punkt y, d. h. $u_{xy} = |\Gamma_{(1)}(x) \cap \Gamma_{(1)}(y)|$. Damit ist die Matrizengleichung in (iv) nur eine komprimierte Schreibweise der Bedingungen aus (iii).

(i) $\Leftrightarrow$ (v) gilt wegen 4.3.16 (man beachte $I = \mathfrak{A}(\Delta)$, $A = \mathfrak{A}(\Gamma)$, $J - A - I = \mathfrak{A}(\overline{\Gamma})$ sowie $\mathfrak{A}(\Psi)\,\mathfrak{A}(\Psi') = \mathfrak{A}(\Psi * \Psi')$, vgl. S. 136, Aufgabe 11).

(ii) $\Leftrightarrow$ (v) gilt schließlich wegen 4.3.16 bzw. 4.3.14 und $\mathfrak{A}(\overline{\Gamma}) = J - A - I$, sowie (unter Benutzung von (iv))

$$\begin{aligned}(J - A - I)^2 = lI &+ (l - k + \lambda + 1)\, A \\ &+ (l - k + \mu - 1)\,(J - A - I). \blacksquare\end{aligned}$$

Wie in 4.3.21(v) verwendet man für streng reguläre Graphen Γ statt des zellularen Ringes $\mathfrak{W} = \mathfrak{W}(\{\Gamma_{(0)}, \Gamma_{(1)}, \Gamma_{(2)}\})$ (man beachte $\Gamma_{(0)} = \Delta$, $\Gamma_{(1)} = \Gamma$, $\Gamma_{(2)} = \overline{\Gamma}$) den ganzzahligen Matrizenring mit der Basis $I = \mathfrak{A}(\Delta)$, $A = \mathfrak{A}(\Gamma)$, $B = J - A - I = \mathfrak{A}(\overline{\Gamma})$ (diese Ringe sind isomorph, vgl. Aufgabe 3.5.11a, S. 136). Zerlegt man für $C \in \{I, A, B\}$ die Matrixprodukte CI, CA, CB in Summen der Basiselemente, so sind die Koeffizienten die entsprechenden Strukturkonstanten s_{ij}^k von $\mathfrak{W}$; faßt man diese als Zeilen einer Matrix $\hat{C}$ auf, so erhält man konkret (*Üb!*):

$$\hat{I} = (s_{0i}^j) = \begin{pmatrix} 1 & 0 & 0 \\ 0 & 1 & 0 \\ 0 & 0 & 1 \end{pmatrix}, \quad \hat{A} = (s_{1i}^j) = \begin{pmatrix} 0 & 1 & 0 \\ k & \lambda & \mu \\ 0 & k - \lambda - 1 & k - \mu \end{pmatrix},$$

$$\hat{B} = (s_{2i}^j) = \begin{pmatrix} 0 & 0 & 1 \\ 0 & k - \lambda - 1 & k - \mu \\ l & l - k + \lambda + 1 & l - k + \mu - 1 \end{pmatrix} \quad (i, j \in \{0, 1, 2\}).$$

Das sind genau die in Bemerkung a) zu 4.3.15 (S. 175) definierten Matrizen M_0, M_1, M_2, und die dort betrachtete Gleichung (4*) (bzw. (4**)) zeigt, daß sich Produkte der Matrizen $\hat{I}$, $\hat{A}$, $\hat{B}$ in die Basis $\{\hat{I}, \hat{A}, \hat{B}\}$ genauso zerlegen lassen, wie die Produkte von I, A, B in die Basis $\{I, A, B\}$ zerlegt werden können (hier kann man das aber ohne Mühe auch direkt nachrechnen (*Üb!*)), d. h.:

4.3.22. Satz. *Für einen streng regulären Graphen Γ sind der zellulare Ring $\mathfrak{W}(\{\Delta, \Gamma, \bar{\Gamma}\})$ und die Matrizenringe mit der Basis I, A, B bzw. $\hat{I}$, $\hat{A}$, $\hat{B}$ paarweise isomorph.* ∎

Wir geben hier noch einen Satz an, der die Parametervektoren streng regulärer Graphen stark einschränkt.

4.3.23. Satz. *Es sei Γ ein streng regulärer Graph mit dem Parametervektor $\langle v, k, l, \lambda, \mu\rangle$. Dann ist eine von den folgenden beiden Bedingungen erfüllt:*

(I) $k = l = 2\mu = 2(\lambda + 1)$ (*insbesondere haben Γ und $\bar{\Gamma}$ die gleiche Valenz $k = l$*);

(II) *Es gibt einen Teiler r von $2k + (\lambda - \mu)(k + l)$, so daß* $(\lambda - \mu)^2 + 4(k - \mu) = r^2$ *und* $\dfrac{2k + (\lambda - \mu)(k + l)}{r} \equiv v - 1$ (mod 2) *ist.*

Der Beweis (vgl. [5], [6]) soll hier weggelassen werden; er führt auf die Untersuchung der Eigenwerte der Matrix $A = \mathfrak{A}(\Gamma)$ bzw. $\hat{A}$ und verwendet einfache Methoden der linearen Algebra. Eine systematische Untersuchung von Spektraleigenschaften von Graphen findet man in [19].

4.3.24. Beispiele. a) Die in 4.3.10, 4.3.12 und 4.3.17 betrachteten abstandstransitiven bzw. abstandsregulären Graphen vom Durchmesser 2 sind natürlich (per Definition) streng regulär, insbesondere das Oktaeder, der Peterson-Graph und der Shrikhande-Graph.

b) Für $q = p^k$ (p Primzahl, $q \equiv 1 \bmod 4$) sei Γ der wie folgt definierte Graph: $V(\Gamma) = \mathbf{F}_q$ $(= \{0, 1, \ldots, q - 1\})$, $(x, y) \in E(\Gamma)$ genau dann, wenn $y - x$ im Galoiskörper $\langle \mathbf{F}_q; +, \bullet\rangle$ das Quadrat eines Elementes ist. Γ ist dann ein streng regulärer Graph mit den Parametern

$$v = q, \quad k = l = \frac{q-1}{2}, \quad \lambda = \frac{q-3}{2}, \quad \mu = \frac{q-1}{4},$$

der auch der Paley-Graph $P(q)$ genannt wird und den Fall (I) aus 4.3.23 illustriert. Die Automorphismengruppen der Paley-Graphen haben alle den Rang 3. Für $q \geqq 25$ sind Beispiele anderer, zu $P(q)$ nicht isomorpher streng regulärer Graphen mit dem gleichen Parametervektor bekannt.

c) Es sei $L_2(n)$ $(n \geqq 3)$ der „*Gittergraph*" mit n^2 Punkten, d. h.

$$V(L_2(n)) = N \times N, \quad N = \{1, 2, \ldots, n\};$$
$$E(L_2(n)) = \{((x, y), (x', y')) \mid x = x' \text{ oder } y = y'\}.$$

Man sieht leicht, daß $L_2(n)$ ein streng regulärer Graph mit dem Parametervektor $\langle n^2, 2(n-1), (n-1)^2, n-2, 2\rangle$ ist (*Üb!*). Es gilt **Aut** $L_2(n) = S_n \uparrow S_2$ (*Üb!*, vgl. 1.7.18). Betrachtet man den Graphen aus Abb. 13 (S. 70) als ungerichtet (Pfeile weglassen), so stellt er gerade den Gittergraphen $L_2(3)$ dar. Der folgende Satz zeigt, daß die Gittergraphen nahezu eindeutig durch ihre Parameter bestimmt sind.

4.3.25. Satz. *Für $n \neq 4$ ist jeder streng reguläre Graph mit dem Parametervektor $\langle n^2, 2(n-1), (n-1)^2, n-2, 2\rangle$ isomorph zum Gittergraphen $L_2(n)$. Für $n = 4$ gibt es bis auf Isomorphie außer $L_2(4)$ nur noch einen Graphen mit diesem Parametervektor, nämlich den Shrikhande-Graphen Σ* (vgl. 4.3.17).

Der Beweis kann rein kombinatorisch (vgl. [66]), aber auch mit Hilfe von Spektraleigenschaften (vgl. [19]) geführt werden und soll hier weggelassen werden.

D. Homogene Graphen

Stellen wir uns ein „System" (z. B. Verbindungsnetzwerk) vor, dessen Struktur durch einen Graphen beschrieben werden kann. Um bei größeren Systemen die Übersichtlichkeit zu wahren, ist es sinnvoll, dem System eine möglichst „homogene" Struktur zu geben, bei der Teilsysteme durch Symmetrien (= Automorphismen) auseinander hervorgehen. Im folgenden letzten Abschnitt wollen wir solche — von unserem Standpunkt aus am meisten symmetrischen — homogenen Graphen betrachten (die sich als spezielle streng reguläre Graphen herausstellen werden, deren Existenz aber a priori nicht gesichert ist). Alle betrachteten Graphen seien wieder ungerichtet und schlingenfrei. Induzierte Untergraphen wollen wir kurz Untergraphen nennen. Die dargestellten Ergebnisse findet man zum großen Teil in [26].

4.3.26. Definitionen und Bezeichnungen. Zwei isomorphe (!) Untergraphen Φ_1 und Φ_2 eines Graphen Γ heißen *gleichartige Untergraphen von Γ*, wenn ein Automorphismus $f \in$ **Aut** Γ existiert, so daß $\Phi_1^f = \Phi_2$ ist. Der Graph Γ heißt *k-homogen*, wenn für alle $l \in \{1, 2, \ldots, k\}$ je zwei isomorphe Untergraphen mit l Knotenpunkten gleichartige Untergraphen von Γ sind (damit ist der oben erwähnte vage Begriff „homogene Struktur" präzisiert). Wir nennen Γ *absolut homogen*, wenn Γ v-homogen ist, wobei $v = |V(\Gamma)|$ sei. Für einen Untergraphen $\Phi \subseteq \Gamma$ von Γ sei $\deg_\Gamma(\Phi)$ (*Valenz von Φ in Γ*) die Anzahl der Punkte aus $V(\Gamma)$, die zu allen Punkten aus $V(\Phi)$ benachbart sind. Ein Graph Γ heißt *k-regulär*, wenn für alle $l \in \{1, 2, \ldots, k\}$

die Bedingung $\deg_\Gamma(\Phi_1) = \deg_\Gamma(\Phi_2)$ für je zwei isomorphe Untergraphen Φ_1, Φ_2 mit l Knotenpunkten gilt. Ein $|V(\Gamma)|$-regulärer Graph heißt *absolut regulär*. Für $x \in V(\Gamma)$ sei

$$\Gamma(x) = \{y \in V(\Gamma) \mid (x, y) \in \Gamma\}, \quad \bar{\Gamma}(x) = \{y \in V(\Gamma) \mid (x, y) \notin \Gamma\}.$$

Der von JA. JU. GOL'FAND eingeführte Begriff der k-Regularität wird dadurch motiviert, daß er sozusagen eine kombinatorische Näherung (man braucht keine Automorphismen) für die k-Homogenität ist, wie der Punkt a) des folgenden Satzes zeigt. Wir geben einige unmittelbare Folgerungen aus den Definitionen an:

4.3.27. Satz. a) *Jeder k-homogene Graph ist k-regulär.*

b) *Ein Graph ist 1-regulär genau dann, wenn er regulär ist.*

c) *Jeder 2-reguläre Graph ist streng regulär* (einschließlich der imprimitiven Graphen, vgl. 4.3.21(iii) und Bemerkung zu 4.3.21) *oder gleich dem vollständigen Graphen K_v oder dessen Komplement $\overline{K_v}$.*

d) *Ein Graph ist genau dann k-homogen, wenn es sein Komplement ist.* ∎ (*Üb*!).

Bemerkungen. Wegen d) berücksichtigt man bei einer Aufzählung k-homogener Graphen Γ meist nur einen der beiden Graphen Γ bzw. $\bar{\Gamma}$ (gemäß 4.3.21(v) entspricht Γ und $\bar{\Gamma}$ ja auch nur ein zellularer Ring). Die 1-homogen Graphen sind gerade solche mit transitiver Automorphismengruppe.

Unser Ziel ist eine Beschreibung der k-homogenen bzw. k-regulären Graphen ($k \geqq 2$), und wir geben zunächst notwendige Bedingungen an:

4.3.28. Satz. 1. *Es sei Γ ein k-regulärer Graph ($k \geqq 2$). Dann gilt*

a) *Γ ist $(k-1)$-regulär;*

b) *Für einen (beliebig gewählten) Punkt $x \in V(\Gamma)$ sind $\Gamma(x)$ und $\bar{\Gamma}(x)$ $(k-1)$-reguläre Graphen; ist $k \geqq 3$, so haben $\Gamma(x)$ bzw. $\bar{\Gamma}(x)$ (als streng reguläre Graphen,* vgl. 4.3.27c) *für alle $x \in V(\Gamma)$ den gleichen Parametervektor $\langle v, k, l, \lambda, \mu\rangle$ bzw. $\langle \bar{v}, \bar{k}, \bar{l}, \bar{\lambda}, \bar{\mu}\rangle$.*

2. *Ist $k = 3$, so folgt umgekehrt aus* a) *und* b) *auch die 3-Regularität von Γ.*

Beweis. 1. *Üb*! (a) folgt trivial, für b) betrachte man zu jedem Untergraphen Φ von $\Gamma(x)$ den Untergraphen von Γ mit der Knotenpunktmenge $\{x\} \cup V(\Phi)$.)

2. Es seien Φ_1 und Φ_2 zwei isomorphe Untergraphen von Γ. Ist $|V(\Phi_1)| \leqq 2$, so folgt $\deg_\Gamma(\Phi_1) = \deg_\Gamma(\Phi_2) \in \{k, \lambda, \mu\}$, weil Γ wegen a) 2-regulär und

damit streng regulär ist (vgl. 4.3.21(iii)). Es sei nun $|V(\Phi_i)| = 3$ $(i = 1, 2)$. Für die Φ_i kommen vier verschiedene Graphtypen in Frage: die Graphen mit 0, 1, 2 oder 3 (ungerichteten) Kanten und 3 Knotenpunkten. Betrachten wir z. B. den Fall von zwei bzw. drei Kanten (alle anderen Fälle löst man analog, *Üb*!), d. h.

$$V(\Phi_i) = \{x_i, y_i, z_i\},$$

$$E(\Phi_i) \supseteqq \big\{\{x_i, y_i\}, \{x_i, z_i\}\big\} \quad (i \in \{1, 2\}).$$

Es sei $\mathfrak{p}\big(\Gamma(x_i)\big) = \langle v_i, k_i, l_i, \lambda_i, \mu_i\rangle$. Für die Untergraphen Φ_i' mit $V(\Phi_i') = \{y_i, z_i\}$ gilt dann

$$\deg_\Gamma(\Phi_i) = \deg_{\Gamma(x_i)}(\Phi_i') = \begin{cases} \lambda_i & \text{für} \quad \{y_i, z_i\} \in E(\Phi_i'), \\ \mu_i & \text{für} \quad \{y_i, z_i\} \notin E(\Phi_i'). \end{cases}$$

Wegen b) folgt daraus $\deg_\Gamma(\Phi_1) = \deg_\Gamma(\Phi_2)$, d. h., Γ ist 3-regulär. ∎

4.3.29. Beispiele. (1) Die Graphen $m \bullet K_n$ (das ist die disjunkte Vereinigung von m Kopien des vollständigen Graphen K_n), $m, n \geqq 1$, sind absolut homogen. Den Beweis führt man für festes n mittels Induktion über m und benutzt dabei, daß $\boldsymbol{Aut}\,(m \bullet K_n)$ die Untergruppe $\boldsymbol{Aut}\,\big((m-1) \bullet K_n\big) \times \boldsymbol{Aut}\,(K_n)$ enthält (*Üb*!). Ebenso sind die Komplemente $\overline{m \bullet K_n}$ absolut homogen (vgl. 4.3.27d).

(2) Der Graph $\mathscr{C}_5$ (ungerichteter Kreis mit fünf Punkten und fünf Kanten, vgl. Abb. 5, S. 53) ist absolut homogen (*Üb*!).

(3) Der Gittergraph $L_2(3)$ (vgl. 4.3.24c) ist absolut homogen.

Bemerkung. Die Graphen $\mathscr{C}_5$ und $L_2(3)$ sind zu ihren Komplementen isomorph, so daß man durch Komplementbildung keine anderen absolut homogen Graphen erhält. Übrigens sind es gerade die ersten zwei Paley-Graphen (vgl. 4.3.24b): $\mathscr{C}_5 \cong P(5)$, $L_2(3) \cong P(9)$.

(4) Die Gittergraphen $L_2(n)$ mit $n \geqq 4$ sind 3-homogen (*Üb*!), aber nicht 4-homogen. Um das letztere zu sehen, betrachte man die beiden Untergraphen von $L_2(n)$ mit den Knotenpunktmengen $V(\Phi_1) = \{(1, 1), (1, 2), (2, 3), (3, 3)\}$ und $V(\Phi_2) = \{(1, 1), (1, 2), (2, 3), (2, 4)\}$. Dann ist $\Phi_1 \cong \Phi_2$, aber $\deg_{L_2(n)}(\Phi_1) = 1 \neq 0 = \deg_{L_2(n)}(\Phi_2)$, d. h., $L_2(n)$ ist nicht 4-regulär, also auch nicht 4-homogen, vgl. 4.3.27a).

Wir werden nun sehen, daß es außer (1), (2), (3) keine weiteren Beispiele geben kann und daß die Begriffe absolut regulär und absolut homogen dasselbe sind:

4.3.30. Charakterisierungssatz für absolut reguläre Graphen. *Jeder absolut reguläre Graph ist einer der folgenden Graphen*

$$\text{(i) } m \bullet K_n \text{ oder } \overline{m \bullet K_n} \ (m, n \geqq 1), \quad \text{(ii) } \mathscr{C}_5, \quad \text{(iii) } L_2(3)$$

und ist damit auch absolut homogen.

Beweis. Wegen 4.3.29(1) bis (3) sind die angegebenen Graphen absolut homogen. Der Beweis, daß es keine weiteren absolut regulären Graphen Γ gibt, wird mittels Induktion über die Anzahl $|V(\Gamma)|$ der Knotenpunkte geführt. Dabei wird 4.3.28 benutzt: Folglich müssen die Untergraphen $\Gamma(x)$ und $\overline{\Gamma}(x)$ (nach Induktionsvoraussetzung) isomorph zu einem der Graphen aus (i) bis (iii) sein. Der Fall, daß sowohl $\Gamma(x)$ als auch $\overline{\Gamma}(x)$ zu den Graphen aus (i) gehören, wird im folgenden Lemma 4.3.31 abgehandelt (das von eigenständigem Interesse ist). Es bleiben zwei Fälle übrig: $\Gamma(x) \cong \mathscr{C}_5$ bzw. $\Gamma(x) \cong L_2(3)$. Ein streng regulärer Graph Γ mit $\Gamma(x) \cong \mathscr{C}_5$ existiert nicht (Üb!). Ist $\Gamma(x) \cong L_2(3)$, so folgt für die Parameter $\mathfrak{p}(\Gamma) = \langle v, k, l, \lambda, \mu\rangle$, daß $k = 9$ und $\lambda = 2$ ist. Benutzt man die Beziehung $k(k - \lambda - 1) = l\mu$ und Satz 4.3.23, so gibt es nur eine Möglichkeit $\mathfrak{p}(\Gamma) = \langle 16, 6, 9, 2, 2\rangle$, und Γ kann nach 4.3.25 nur $L_2(4)$ oder Σ sein, diese beiden Graphen sind aber nicht absolut homogen (für $L_2(4)$ siehe 4.3.29(4); Σ ist nicht einmal 2-homogen, wie aus dem Beweis, daß Σ nicht abstandstransitiv ist, folgt, vgl. 4.3.17, S. 176). ∎

4.3.31. Lemma. *Es sei Γ ein 3-regulärer Graph und $x \in V(\Gamma)$, $p, q, r, s \in \{1, 2, 3, \ldots\}$. Dann gilt:*

Ist $\Gamma(x) =$	*und* $\overline{\Gamma}(x) =$	*dann ist* $\Gamma =$	*und*
a) $p \bullet K_r$, $p \geqq 2$	$\overline{q \bullet K_s}$, $q \geqq 2$	$L_2(3)$ *oder* $\mathscr{C}_5$	$p = q = 2$, $r = s \in \{1, 2\}$
b) $p \bullet K_r$	$q \bullet K_s$, $s \geqq 2$	$(q + 1) \bullet K_{r+1}$	$p = 1$, $s = r + 1$
c) $\overline{p \bullet K_r}$	$\overline{q \bullet K_s}$, $s \geqq 2$	$\overline{(p + 1) \bullet K_{s+1}}$	$q = 1$, $r = s + 1$
d) $\overline{p \bullet K_r}$, $r \geqq 2$	$q \bullet K_s$	$\overline{(p + 1) \bullet K_r}$	$s = 1$, $p = q + 1$

Beweis. Wir zeigen a): Aus den Bedingungen für $\Gamma(x)$, $\overline{\Gamma}(x)$ folgt, daß Γ ein streng regulärer Graph mit den Parametern $k = pr$, $l = qs$, $\lambda = r - 1$, $\mu = pr - (q - 1)s$ sein muß. Mit $k(k - \lambda - 1) = l\mu$ (4.3.20) folgt daraus

$$(*) \qquad pqrs = p(p - 1)r^2 + q(q - 1)s^2,$$

also $p(p - 1)u^2 - pqu + q(q - 1) = 0$ mit $u = \dfrac{r}{s} \geqq 0$. Dies bedingt $(pq)^2 - 4p(p - 1)q(q - 1) \geqq 0$, d. h. $pq \geqq 4(p - 1)(q - 1)$. Diese Ungleichung hat für $p, q \geqq 2$ eine einzige Lösung $p = q = 2$, so daß wegen $(*)$

auch $r = s$ und damit $\Gamma(x) = 2 \bullet K_r$, $\overline{\Gamma}(x) = \overline{2 \bullet K_r}$, $k = l = 2r$, $\lambda = r - 1$, $\mu = r$ folgt. Für $r \in \{1, 2\}$ definieren diese Bedingungen eindeutig die Graphen $\mathscr{C}_5$ und $L_2(3)$. Den Fall $r \geqq 3$ führen wir zum Widerspruch: Dazu sei $y \in \Gamma(x)$, dann ist $|\Gamma(y) \cap \overline{\Gamma}(x)| = |\Gamma_{(1)}(y) \cap \Gamma_{(2)}(x)| = b_1 = k - \lambda - 1 = r$ (Bezeichnungen vgl. 4.3.20). Wegen $\Gamma(y) = 2 \bullet K_r$ und $r \geqq 3$ müßte folglich $\Gamma(y) \cap \overline{\Gamma}(x)$ mindestens ein Dreieck enthalten; das kann nicht sein, da $\overline{\Gamma}(x) = \overline{2 \bullet K_r}$ ein paarer Graph ist. Damit ist Fall a) bewiesen. Die Fälle b) bis d) beweist man mit analogen Überlegungen (*Üb*!). ∎

Mit Satz 4.3.30 kann man sagen, daß unter allen ungerichteten Graphen die Graphen $\mathscr{C}_5$ und $L_2(3)$ am symmetrischsten sind, wenn man von den trivialen Fällen $m \bullet K_n$ und $\overline{m \bullet K_n}$ absieht. Es zeigt sich aber auch, daß die Forderung der absoluten Homogenität außerordentlich stark ist.

4.3.32. Bemerkungen. a) Das Problem, die k-homogenen (oder k-regulären) Graphen zu beschreiben, ist schon bedeutend komplizierter. Einen k-homogenen Graphen, der nicht $(k-1)$-homogen ist, wollen wir *scharf k-homogen* nennen. Für $k = 1$ oder $k = 2$ ist die Beschreibung der scharf k-homogenen Graphen zu umfangreich. Einige Serien scharf 3-homogener Graphen sowie eine konstruktive Aufzählung der scharf k-homogenen Graphen Γ mit $|V(\Gamma)| \leqq 300$, $k \geqq 3$, findet man in [26] (für $k \geqq 5$ gibt es keine). Der einzige bekannte nichttriviale scharf 4-homogene Graph ist der sogenannte Schläfli-Graph mit dem Parametervektor $\langle 27, 10, 16, 1, 5\rangle$, den wir in 4.3.33 beschreiben werden (natürlich ist wegen 4.3.27d auch das Komplement mit den Parametern $\langle 27, 16, 10, 10, 8\rangle$, vgl. 4.3.21(ii), scharf 4-homogen).

b) Es gibt Gründe für die Annahme, daß man die k-homogenen Graphen unter Benutzung der Klassifikation der endlichen einfachen Gruppen beschreiben kann (für $k \geqq 3$ oder $k \geqq 2$). In diesem Zusammenhang wäre es von Interesse, einen Beweis zu finden, der für Kombinatoriker und Graphentheoretiker (ohne Benutzung der umfangreichen Theorie der einfachen Gruppen) zugänglich ist und der zeigt, daß die Liste der bereits bekannten k-homogenen Graphen vollständig ist. Ein solcher Beweis könnte offenbar durch die Beschreibung der k-regulären Graphen gewonnen werden. Einen wesentlichen Beitrag dazu leistete z. B. Ja. Ju. Gol'fand, der mit Methoden der linearen Algebra zeigte, daß nichttriviale 4-reguläre Graphen nur solche Graphen $M(r)$ mit den folgenden Parametern sein können:

$$v = (2r+1)\left(2r^2(2r+3) - 1\right),$$

$$k = 2r^3(2r+3),$$

$$l = 2(r+1)^3 (2r+1),$$
$$\lambda = r(2r-1)(r^2+r-1),$$
$$\mu = r^3(2r+3).$$

Dabei ist r ein positiver Eigenwert der Adjazenzmatrix des streng regulären Graphen. Aus den Ergebnissen von JA. JU. GOL'FAND folgt auch, daß es keine nichttrivialen 5-regulären (und damit keine 5-homogenen) Graphen gibt. Die ersten beiden Glieder aus der Reihe der Graphen $\boldsymbol{M}(r)$ sind bekannt: $\boldsymbol{M}(1)$ ist der Schläfli-Graph (der, wie schon erwähnt, 4-homogen ist), $\boldsymbol{M}(2)$ ist der sogenannte McLaughlin-Graph, der 275 Knotenpunkte hat und scharf 3-homogen sowie scharf 4-regulär ist (mit diesem Graphen wurde eine der 26 sporadischen einfachen Gruppen konstruiert). Es sei erwähnt, daß der Schläfli-Graph und der McLaughlin-Graph als streng reguläre Graphen eindeutig durch ihren Parametervektor bestimmt sind.

4.3.33. Für den Schläfli-Graphen gibt es eine Reihe „globaler" Beschreibungen (vgl. etwa [26]), von denen die bekannteste die Darstellung der Punkte durch 27 Geraden (in einer geeigneten Fläche) ist, wobei die Adjazenzbeziehung dadurch beschrieben werden kann, wie diese Geraden sich schneiden. Diese Konfiguration der 27 Geraden ist seit dem 19. Jh. wohlbekannt, ihre Symmetrien reizten zu immer neuen Untersuchungen (vgl. [52]). Das stetige Interesse an diesem Graphen hat möglicherweise seine Ursache darin, daß der Schläfli-Graph vermutlich der einzige scharf 4-homogene Graph ist. Wir wollen hier — ausgehend von zwei nichtadjazenten Punkten x, y — eine „lokale" Beschreibung des Schläfli-Graphen Γ angeben (aus der relativ einfach die 4-Homogenität bewiesen werden kann):

$$V(\Gamma) = \{x, y\} \cup V_1 \cup V_2 \cup V_3 \cup V_4,$$
$$V_1 = \{a_1, a_2, a_3, a_4, a_5\}, \quad V_2 = \{b_1, b_2, b_3, b_4, b_5\},$$
$$V_3 = \{c_1, c_2, c_3, c_4, c_5\}, \quad V_4 = \{d_{ij} \mid i, j \in I, i \neq j\},$$
$$I = \{1, 2, 3, 4, 5\}.$$

$\boldsymbol{E}(\Gamma)$ besteht aus allen (ungerichteten) Kanten der Gestalt

$$\{x, a_i\}, \quad \{x, b_i\}, \quad \{y, a_i\}, \quad \{y, c_i\}, \quad \{a_i, b_i\}, \quad \{a_i, c_i\},$$
$$\{b_i, c_j\}, \quad \{a_k, d_{ij}\}, \quad \{b_i, d_{ij}\}, \quad \{c_i, d_{ij}\}, \quad \{d_{ij}, d_{kl}\},$$

wobei $i, j, k, l \in I$ beliebige paarweise verschiedene Indizes sind.

Bemerkung. Der Untergraph $\overline{\Gamma}(x)$ ist gerade der Clebsch-Graph $\square_5$, vgl. 4.1.17 und Abb. 27.

4.4. Aufgaben

1. Man zeige, daß die zwei in 4.1.4 gegebenen Definitionen für die Graphen $\mathbf{B}_i(n)$ ($i = 0, 1, \ldots, n$) äquivalent sind, insbesondere, daß die Abbildung $A \mapsto \chi(A)$ aus 4.1.3 einen Isomorphismus darstellt.

2. Man zeige, daß die Graphen $\mathbf{B}_1(n)$ und $\mathbf{B}_{n-1}(n)$ isomorph sind, falls n eine gerade Zahl ist (speziell für $n = 4$).

3. Man beweise: Für eine transitive und imprimitive Permutationsgruppe haben alle Klassen eines Imprimitivitätssystems die gleiche Mächtigkeit (vgl. 4.1.11).

4. Man prüfe, ob die Invariante δ aus 4.2.14b) ein vollständiges Invariantensystem für die Menge aller dreistelligen Booleschen Funktionen ist.

5. Man finde ein Invariantensystem für $C = \{f\colon \mathbf{F}^4 \to \mathbf{F} \mid |\mathbf{T}(f)| = 4\}$, das für die beiden Funktionen f_1, f_2 aus der Bemerkung (S. 163) nach 4.2.16 unterschiedliche Werte ergibt. Ist das gefundene Invariantensystem vollständig für C? Man versuche, damit eine konstruktive Aufzählung der Funktionen aus C durchzuführen, vgl. 4.2.15.

6. Es sei Γ ein abstandsregulärer Graph mit $d(\Gamma) = 2$, $\mathrm{i}(\Gamma) = [k, b_1; 1, c_2]$ und $a_1 = c_2 \neq 0$. Man beweise: Dann ist die 2-Entfaltung Γ^+ von Γ (vgl. 4.3.19) ein abstandsregulärer Graph mit $d(\Gamma^+) = 3$ und $\mathrm{i}(\Gamma^+) = [k, k-1, k-c_2; 1, c_2, k]$. Man benutze dieses Ergebnis zur Bestimmung von $\mathrm{i}(\Sigma^+)$ (Σ ist der Shrikhande-Graph).

7. Man zeige: Der Clebsch-Graph $\square_5$ ist scharf 3-homogen (man benutze Abb. 27 und die dort gegebene Numerierung der Punkte, vgl. 4.1.17).

8. Man beweise 4.3.27.

9. Man zeige: Eine Menge $M \subseteq N$ ist genau dann Element eines Imprimitivitätssystems einer Permutationsgruppe (G, N), wenn für alle $g \in G$ entweder $M^g = M$ oder $M^g \cap M = \emptyset$ gilt (vgl. 4.1.11).

Algebraischer Anhang

A.0. Mengentheoretische, logische und andere Symbole

$\cap, \bigcap$	Durchschnitt
$\cup, \bigcup$	Vereinigung
$\setminus$	Mengendifferenz, $A \setminus B = \{x \mid x \in A \wedge x \notin B\}$
$\wedge$	Konjunktion, „und“
$\vee$	Disjunktion, „oder“
$\exists$	„es existiert ein“
$\forall$	„für alle“
$\neg$	Negation, „nicht“, Komplement (für Relationen)
$\Rightarrow$	Implikation, „wenn ..., dann“
$\Leftrightarrow$	Äquivalenz, „genau dann, wenn“
$\in$ bzw. $\notin$	„ist Element von“ bzw. „ist kein Element von“
$\{x \mid q(x)\}$	Menge aller x, für die $q(x)$ gilt
$\{x \in A \mid q(x)\}$	Menge aller x, für die $x \in A$ und $q(x)$ gilt
$\emptyset$	leere Menge
$\lvert A \rvert$	Kardinalzahl (Mächtigkeit, Anzahl der Elemente) von A
$A \subseteqq B$ $(A \subset B)$	A ist Teilmenge (echte Teilmenge) von B
$\boldsymbol{P}(A)$	Potenzmenge von A, $\boldsymbol{P}(A) = \{B \mid B \subseteqq A\}$
$\overline{B}$	Komplement von $B \in \boldsymbol{P}(A)$, $\overline{B} = A \setminus B$ (für Graphen vgl. A.3.2)
$\boldsymbol{P}_k(A)$	Menge aller k-elementigen Teilmengen von A
$f: A \to B: x \mapsto f(x)$	f ist Funktion von A in B und ordnet jedem x den Funktionswert $f(x)$ zu
$A \times B$	kartesisches Produkt
A^m	m-te kartesische Potenz

$\lfloor x \rfloor$	ganzer Teil von x, d. h. größte ganze Zahl, die kleiner als die gegebene reelle Zahl x ist
Z	Menge der ganzen Zahlen ($= \{\ldots, -1, 0, 1, 2, \ldots\}$)
F	$= \{0, 1\}$

A.1. Mengentheoretische Grundlagen und Begriffe

A.1.1. Zur Beschreibung mathematischer Sachverhalte werden die logischen Symbole $\wedge$, $\vee$, $\exists$, $\forall$, $\Rightarrow$, $\Leftrightarrow$ nur als Abkürzungen für die Redeweisen „*und*", „*oder*", „*es existiert ein*", „*für alle*", „*wenn ..., dann*", „*genau dann, wenn*" verwendet. Für Mengen A_i $(i \in I)$ bezeichnet $\bigcap \{A_i \mid i \in I\}$ od r $\bigcap\limits_{i \in I} A_i$ den gemeinsamen Durchschnitt $\{x \mid \forall i \in I: x \in A_i\}$ (analog für $\bigcup$).

A.1.2. Eine *Funktion* f von einer Menge A in eine Menge B — auch *Abbildung* oder *Operation* genannt — wird durch ihren *Definitionsbereich* A, ihren *Wertebereich* B und eine Relation festgelegt, die jedem $x \in A$ in eindeutiger Weise ein Element $y \in B$ (Bezeichnung $y = f(x)$; $f: A \to B: x \mapsto f(x)$) — den *Funktionswert* oder das *Bild* von x — zuordnet. Die Funktion f heißt *surjektiv* (oder Funktion von A *auf* B) bzw. *injektiv* (*eineindeutig*), wenn jedes $y \in B$ Funktionswert von mindestens einem $x \in A$ bzw. von höchstens einem $x \in A$ ist. Abbildungen, die gleichzeitig surjektiv und injektiv sind, heißen *bijektiv* (oder auch *Bijektionen*, *Permutationen*).

Mit B^A wird manchmal die Menge aller Funktionen $f: A \to B$ bezeichnet. Ist $A = \{1, 2, \ldots, n\}$ (oder $A = \{0, 1, \ldots, n-1\}$), so bezeichnet man ein $f \in B^A$ auch durch das n-Tupel $(f(1), \ldots, f(n)) \in B^n$ (oder $(f(0), \ldots, f(n-1))$). Dabei ist $B^n = \{(b_1, \ldots, b_n) \mid b_1, \ldots, b_n \in B\}$ die n-te *kartesische Potenz* von B, d. h. ein Spezialfall des *kartesischen Produkts* $A_1 \times \cdots \times A_n = \{(a_1, \ldots, a_n) \mid a_1 \in A_1, \ldots, a_n \in A_n\}$ für $A_1 = \cdots = A_n = B$. Eine Funktion $f: A^n \to A$ heißt *n-stellige Funktion* über A. Eine nullstellige Funktion ist die Festlegung eines ausgezeichneten Elements $x_0 \in A$ (formal ist $A^0 = \{\emptyset\}$, $x_0 = f(\emptyset)$).

A.1.3. Eine Teilmenge $\Phi \subseteq A^n$ heißt *n-stellige Relation* in (auf, über) A, $n \in \{1, 2, 3, \ldots\}$. Zweistellige Relationen heißen auch *binäre* Relationen. Für $\Phi \subseteq A \times A$ heißt $\Phi^{-1} = \{(y, x) \mid (x, y) \in \Phi\}$ die zu Φ *inverse* Relation. Eine binäre Relation Φ auf einer Menge A heißt *reflexiv* bzw. *antireflexiv*, wenn $(x, x) \in \Phi$ für alle (d. h. $\Delta \subseteq \Phi$) bzw. für kein $x \in A$ gilt. Sie heißt *symmetrisch*, wenn für alle $x, y \in A$ aus $(x, y) \in \Phi$ stets $(y, x) \in \Phi$ folgt (d. h. $\Phi^{-1} = \Phi$); Φ heißt *transitiv*, wenn für alle $x, y, z \in A$ aus $(x, y) \in \Phi$

und $(y, z) \in \Phi$ stets $(x, z) \in \Phi$ folgt (d. h. $\Phi \circ \Phi \subseteq \Phi$). Eine binäre, reflexive, symmetrische und transitive Relation Φ nennt man *Äquivalenzrelation* (kurz *Äquivalenz*) auf A. Die Mengen $[x]_\Phi = \{y \in A \mid (x, y) \in \Phi\}$ (im Zusammenhang mit Graphen auch mit $\Phi(x)$ bezeichnet) heißen *Äquivalenzklassen* der Äquivalenzrelation Φ. Diese bilden eine Zerlegung von A, die zugehörige *Äquivalenzklassenzerlegung* $\{[x]_\Phi \mid x \in A\}$. Umgekehrt ist jede *Zerlegung* $\{M_1, \ldots, M_r\}$ von A (d. h. $A = \bigcup_{i=1}^{r} M_i$, $M_i \cap M_j = \emptyset$ für $i \neq j$) die Äquivalenzklassenzerlegung einer Äquivalenzrelation (nämlich $\Phi = \{(x, y) \mid \exists\, i \in \{1, \ldots, r\}: \{x, y\} \subseteq M_i\}$), so daß sich Zerlegungen und Äquivalenzrelationen in eineindeutiger Weise gegenseitig bestimmen.

Die Relationen $\Delta = \{(x, y) \mid x \in A\}$ (*Diagonale*) und $A \times A = \{(x, y) \mid x, y \in A\}$ (*Allrelation*) sind stets Äquivalenzrelationen für jede Menge A, meist als *triviale* Äquivalenzrelationen bezeichnet (die zugehörigen Zerlegungen sind $\big\{\{x\} \mid x \in A\big\}$ und $\{A\}$).

A.2. Gruppen, Ringe, Körper

A.2.1. Eine nichtleere Menge G zusammen mit einem ausgezeichneten Element $e \in G$ (*Einselement*), einer binären Operation $\cdot: G \times G \to G: (x, y) \mapsto x \cdot y$ („*Multiplikation*") und einer einstelligen Operation $^{-1}: G \to G: x \mapsto x^{-1}$ („*Inversenbildung*") heißt *Gruppe* (Bezeichnung $\langle G; \cdot, ^{-1}, e\rangle$, meist kurz $\langle G; \cdot\rangle$), wenn folgendes gilt:

(0) $\forall\, x \in G: x \cdot e = e \cdot x = x$,

(1) $\forall\, x, y, z \in G: x \cdot (y \cdot z) = (x \cdot y) \cdot z$ (Assoziativgesetz),

(2) $\forall\, x \in G: x \cdot x^{-1} = x^{-1} \cdot x = e$.

Ist die Multiplikation $\cdot$ kommutativ (d. h. $\forall\, x, y \in G: x \cdot y = y \cdot x$), so heißt G *abelsche* (oder *kommutative*) Gruppe, und man verwendet für die Operationen e, $\cdot$, $^{-1}$ meist die Zeichen 0 (*Nullelement*), $+$ („*Addition*"), $-$ (das ist die sogenannte *additive Schreibweise* $\langle G; +, -, 0\rangle$ im Gegensatz zur *multiplikativen Schreibweise* $\langle G; \cdot, ^{-1}, e\rangle$; statt $x + (-y)$ schreibt man $x - y$). Für $g \in G$ wird das n-fache Produkt $g \cdot \cdots \cdot g$ (multiplikative Schreibweise) bzw. die n-fache Summe $g + \cdots + g$ (additive Schreibweise) kurz als g^n bzw. ng geschrieben, $n \in \{1, 2, \ldots\}$, speziell $g^0 = e$ bzw. $0g = 0$; für negative Zahlen definiert man $g^{-n} = (g^n)^{-1}$ bzw. $(-n)\, g = -(ng)$. Die kleinste Zahl n, für die $g^n = e$ (bzw. $ng = 0$) gilt, heißt — falls sie existiert —

Ordnung des Elements $g \in G$ ($n \in \{1, 2, \ldots\}$). Die Anzahl $|G|$ der Elemente von G heißt (*Gruppen-*) *Ordnung* von G. Die Ordnung jedes Elements ist stets Teiler der Gruppenordnung (vgl. 1.3.2). Für $H, U \subseteq G$ und $g \in G$ sei $HU = \{hu \mid h \in H \wedge u \in U\}$, $Ug = U\{g\}$, $gU = \{g\}\, U$ (statt $x \cdot y$ wird meist nur xy geschrieben).

A.2.2. Eine Teilmenge $U \subseteq G$ nennt man *Untergruppe* der Gruppe $\langle G; \cdot, {}^{-1}, e\rangle$ (und G heißt *Obergruppe* von U), falls $\langle U; \cdot, {}^{-1}, e\rangle$ mit den gleichen Operationen wie G selbst eine Gruppe ist, d. h. $e \in U$, $\forall\, x, y \in U : xy \in U \wedge x^{-1} \in U$. Der Durchschnitt von Untergruppen ist stets wieder eine Untergruppe. Die von einer Teilmenge $M \subseteq G$ *erzeugte* Untergruppe ist die kleinste Untergruppe U von G, die M enthält (Schreibweise $U = \langle M\rangle$, vgl. auch 1.2.1). Die Menge aller Untergruppen zusammen mit der Enthaltenseinsrelation (oder zusammen mit den Operationen $U \cap U'$ (Durchschnittsbildung) und $\langle U \cup U'\rangle$ (gemeinsames Erzeugnis)) heißt *Untergruppenverband*, und für eine Untergruppe H von G bildet $\{U \mid H \subseteq U \subseteq G,\ U \text{ Untergruppe}\}$ den Verband der Obergruppen von H in G. (Unter *Verbänden* versteht man allgemeiner algebraische Strukturen mit einer Halbordnungsrelation oder zwei Operationen, die gewissen Bedingungen genügen müssen.)

A.2.3. Die von einem Element g einer Gruppe $\langle G; \cdot, {}^{-1}, e\rangle$ erzeugte Untergruppe $\langle\{g\}\rangle$ (kurz $\langle g\rangle$) besteht aus allen Potenzen g^i ($i \in \mathbf{Z} = \{\ldots, -2, -1, 0, 1, 2, \ldots\}$), das sind sogenannte *zyklische Gruppen*. Hat g die endliche Ordnung n, so ist $\langle g\rangle = \{e, g, g^2, \ldots, g^{n-1}\}$ eine zyklische Gruppe der Ordnung n (es gilt dabei $g^{-1} = g^{n-1}$) und ist isomorph zu der Restklassengruppe $\langle \mathbf{Z}_n; + \pmod n\rangle$ (vgl. A.2.8).

A.2.4. Eine Untergruppe U einer Gruppe $\langle G; \cdot, {}^{-1}, e\rangle$ heißt *Normalteiler*, wenn $\forall\, g \in G : gU = Ug$. Für einen Normalteiler U bildet die Menge $\{Ug \mid g \in G\}$ der Rechtsnebenklassen (vgl. 1.3.1) eine Gruppe bezüglich der Multiplikation $(Ug) \cdot (Ug') = U(gg')$ und Inversenbildung $(Ug)^{-1} = Ug^{-1}$ (das Einselement ist $U = Ue$), die sogenannte *Faktorgruppe* G/U. Die Ordnung $|G/U|$ ist gleich dem Index $[G : U]$ (vgl. 1.3.1). Eine Gruppe G heißt *einfach*, wenn sie außer $\{e\}$ und G keine weiteren Normalteiler besitzt. Für $g \in G$ und eine Untergruppe U ist $g^{-1}Ug$ eine sogenannte zu U *konjugierte Untergruppe*. Ein Normalteiler ist nur zu sich selbst konjugiert.

A.2.5. Eine Abbildung $\varphi : G \to H$ einer Gruppe G in eine Gruppe H heißt *Homomorphismus*, falls $\forall x, y \in G : \varphi(x \cdot y) = \varphi(x) \cdot \varphi(y)$ (links Multiplikation in G, rechts Multiplikation in H; die Multiplikation wird in G und H gleich bezeichnet, da hier keine Verwechslungen zu befürchten sind).

Ist φ surjektiv, so heißt H ein *homomorphes Bild* von G. Bijektive Homomorphismen φ heißen *Isomorphismen*, die Gruppen G und H nennt man dann isomorph (Bezeichnung $G \cong H$ oder $\varphi\colon G \xrightarrow{\sim} H$). Für einen Homomorphismus φ ist $\textbf{Ker}\ \varphi = \{g \in G \mid \varphi(g) = e\}$ ($e \in H$ Einselement) ein Normalteiler, der der *Kern* von φ heißt. Nach dem Homomorphiesatz für Gruppen besteht (bis auf Isomorphie) ein eineindeutiger Zusammenhang zwischen Normalteilern und homomorphen Bildern (jedem Normalteiler U entspricht der kanonische surjektive Homomorphismus $\eta\colon G \to G/U : g \mapsto Ug$, und das homomorphe Bild eines Homomorphismus φ ist isomorph zu $G/\textbf{Ker}\ \varphi$). Ein Homomorphismus φ ist genau dann ein Isomorphismus, wenn φ surjektiv und $\textbf{Ker}\ \varphi = \{e\}$ ist.

Ein *Automorphismus* einer Gruppe G ist ein Homomorphismus von G auf sich. Die Abbildungen $g \mapsto h^{-1}gh$ ($h \in G$ fest) sind Automorphismen — sogenannte *innere* Automorphismen.

A.2.6. Eine *Permutationsgruppe* (G, A) ist eine Menge G ($\subseteq A^A$) von bijektiven Abbildungen (Permutationen) $f\colon A \to A$, die eine Gruppe bezüglich der Komposition (Hintereinanderausführung) und Inversenbildung von Funktionen bilden (die identische Abbildung $e\colon A \to A : x \mapsto x$ ist das Einselement). Man sagt, G operiert auf A. Statt $f(a)$ schreibt man bei Permutationen meist a^f. Für $\Phi \subseteq A^n$ sei $\Phi^f = \{(a_1^f, \ldots, a_n^f) \mid (a_1, \ldots, a_n) \in \Phi\}$. Ist $\Phi^f \subseteq \Phi$, so ist Φ eine für f *invariante* Relation (dann gilt $\Phi^f = \Phi$).

A.2.7. Eine abelsche Gruppe $\langle G; +, -, 0\rangle$ heißt auch **Z**-*Modul* (**Z** Menge der ganzen Zahlen), weil für jedes $c \in \mathbf{Z}$ und $g \in G$ ein Element cg definiert werden kann (vgl. A.2.1). Ist $M = \{m_i \mid i \in I\}$ eine Menge, so bildet die Menge aller formalen Linearkombinationen $\sum_{i \in I} c_i m_i$ ($c_i \in \mathbf{Z}$) einen (sogenannten *freien*) **Z**-Modul mit der Addition

$$\left(\sum_{i\in I} c_i m_i\right) + \left(\sum_{i\in I} d_i m_i\right) = \sum_{i\in I} (c_i + d_i)\, m_i$$

und der Skalarmultiplikation

$$c\left(\sum_{i\in I} c_i m_i\right) = \sum_{i\in I} (c c_i)\, m_i .$$

Die Menge M heißt dabei freies Erzeugendensystem des **Z**-Moduls.

Ein *Ring* $\langle R; +, *\rangle$ ist eine abelsche Gruppe (**Z**-Modul) $\langle R; +, -, 0\rangle$ mit einer zusätzlichen zweistelligen Operation $*$ („Multiplikation"), so daß folgendes gilt:

(1) $*$ ist assoziativ,

(2) $\forall\, x, y, z \in R\colon (x + y) * z = (x * z) + (y * z)$,
$z * (x + y) = (z * x) + (z * y)$ (Distributivgesetze).

Der Ring heißt kommutativ, wenn $*$ kommutativ ist.

Ist $\langle R \setminus \{0\}; *\rangle$ sogar eine abelsche Gruppe $\langle R \setminus \{0\}; *, ^{-1}, e\rangle$, so nennt man $\langle R; +, -, 0, *, ^{-1}, e\rangle$ einen *Körper* (wobei die Inversenbildung $^{-1}$ nur auf die von 0 verschiedenen Elemente angewandt werden kann). Die *Charakteristik* eines Körpers ist die kleinste natürliche Zahl $m \neq 0$, für die $me = 0$ gilt. Gibt es kein solches m, so hat der Körper die Charakteristik 0.

A.2.8. Für $a, a' \in \mathbf{Z}$ und $n \in \{2, 3, \ldots\}$ schreiben wir $a \equiv a' \pmod{n}$ (a ist *kongruent* a' *modulo* n), falls $a - a'$ ein Vielfaches (einschließlich 0) von n ist. Die Relation $\equiv \pmod{n}$ ist eine Äquivalenzrelation mit n Äquivalenzklassen $[0], [1], \ldots, [n-1]$, die *Restklassen* heißen. Sie ist verträglich mit der Addition und Multiplikation von Zahlen, d. h., durch $[x] + [y] = [x+y]$ und $[x] \cdot [y] = [xy]$ sind zwei Operationen auf der Menge der Restklassen erklärt, die damit sogar einen kommutativen Ring — den *Restklassenring modulo* n — bildet. Betrachtet man statt der Restklassen $[a] = \{a' \mid a \equiv a' \pmod{n}\}$ $(a \in \mathbf{Z})$ die kleinste nichtnegative Zahl aus $[a]$, die mit $a \pmod{n}$ bezeichnet werden soll, so ist der Restklassenring auch durch die Menge $\mathbf{Z}_n = \{0, 1, \ldots, n-1\}$ und die Operationen $(x, y) \mapsto (x + y) \pmod{n}$ sowie $(x, y) \mapsto (xy) \pmod{n}$ beschreibbar. Ist $n = p$ eine Primzahl, so ist $\langle \mathbf{Z}_p; + \pmod{n}, \cdot \pmod{n}\rangle$ sogar ein Körper, der sogenannte *Primkörper* oder *Galois-Körper* der Charakteristik p, der mit F_p (oder $\mathsf{GF}(p)$) bezeichnet wird.

A.3. Graphen

A.3.1. Wir beschränken uns hier von vornherein auf sogenannte schlichte Graphen, bei denen höchstens eine Kante von einem Punkt zu einem anderen Punkt führen kann (keine Mehrfachkanten). Dies führt zur folgenden Definition. Ein *Graph* oder *gerichteter Graph* $\Gamma = \big(V(\Gamma), E(\Gamma)\big)$ besteht aus einer Menge $V(\Gamma)$, deren Elemente (*Knoten-*) *Punkte* heißen, und einer binären Relation $E(\Gamma) \subseteq V(\Gamma) \times V(\Gamma)$. Ein Element $(a, b) \in E(\Gamma)$ heißt *gerichtete Kante* (auch *Bogen* genannt), kurz Kante vom *Anfangspunkt* a nach dem *Endpunkt* b. Ist $a = b$, so heißt $(a, a) \in E(\Gamma)$ *Schlinge* von Γ. Ist $E(\Gamma)$ eine symmetrische (meist auch antireflexive) Relation, so nennt man Γ einen *ungerichteten* (oder gewöhnlichen) *Graphen* (*schlingenfrei*, falls $E(\Gamma)$ antireflexiv ist). Statt der beiden gerichteten Kanten (a, b) und $(b, a) \in E(\Gamma)$ $(a \neq b)$ betrachtet man dann oft die Menge $\{a, b\} \in \boldsymbol{P}_2\big(V(\Gamma)\big)$, die *ungerich-*

tete Kante, kurz Kante zwischen a und b oder ebenfalls Kante von a nach b, genannt wird. Ein ungerichteter antireflexiver Graph ist also auch ein Paar $(V(\Gamma), E(\Gamma))$ mit $E(\Gamma) \subseteqq \boldsymbol{P}_2(V(\Gamma))$; die zugehörige binäre Relation ist dann $\{(a, b) \mid V(\Gamma) \times V(\Gamma) \mid \{a, b\} \in E(\Gamma)\}$ (man beachte die Mengenidentität $\{a, b\} = \{b, a\}$). Die Elemente $a, b \in V(\Gamma)$ mit $(a, b) \in E(\Gamma)$ bzw. $\{a, b\} \in E(\Gamma)$ heißen *benachbart* oder *adjazent*. Über die grafische Darstellung von Graphen durch Punkte und Pfeile siehe 3.1.1. Graphen Γ werden häufig einfach durch ihre Kantenmenge $E(\Gamma)$ bezeichnet; man spricht vom Graphen Φ, wobei Φ eine binäre Relation auf einer Menge, der Knotenpunktmenge, ist.

A.3.2. Unter dem *Komplement* (*Komplementärgraphen*) $\bar{\Gamma}$ eines schlingenfreien Graphen Γ mit $E(\Gamma) = \Phi \subseteqq V \times V$ wollen wir den Graphen $\bar{\Gamma}$ mit der gleichen Knotenpunktmenge $V(\bar{\Gamma}) = V$ und mit

$$E(\bar{\Gamma}) = \bar{\Phi} = \{(a, b) \in V \times V \mid (a, b) \notin \Phi \wedge a \neq b\}$$

verstehen (d. h. $\bar{\Phi} = \neg\Phi \setminus \Delta$; manchmal, insbesondere bei Graphen mit Schlingen, bezeichnet auch $\neg\Phi = V \times V \setminus \Phi$ das Komplement), d. h., zwei Punkte sind genau dann in $\bar{\Gamma}$ mit einer Kante verbunden, wenn sie es in Γ nicht sind.

A.3.3. Ein *Teilgraph* eines Graphen Γ ist ein Graph Γ' mit $V(\Gamma') \subseteqq V(\Gamma)$, $E(\Gamma') \subseteqq E(\Gamma)$. Er heißt *induzierter Untergraph* von Γ, falls jede Kante von Γ zwischen Punkten von Γ' zu Γ' gehört, d. h. $E(\Gamma') = E(\Gamma) \cap V(\Gamma') \times V(\Gamma')$

A.3.4. Die Anzahlen $|\{y \mid (x, y) \in E(\Gamma)\}|$ bzw. $|\{y \mid (y, x) \in E(\Gamma)\}|$ der von einem Knotenpunkt $x \in V(\Gamma)$ ausgehenden bzw. zu x laufenden gerichteten Kanten eines Graphen Γ heißen (*out*-)*Valenz* (*out-degree*) bzw. (*in*-)*Valenz* (*in-degree*) von x. Stimmen beide überein, so spricht man von der *Valenz* von x, die mit $\deg(x)$ bezeichnet wird. Das ist z. B. bei ungerichteten Graphen der Fall. Ein Graph Γ heißt *regulär* (vom Grade r oder mit der Valenz r), wenn jeder Punkt die gleiche (out-)Valenz r hat, die mit $\deg(\Gamma)$ bezeichnet wird (daraus folgt sogar, daß (out-)Valenz und (in-)Valenz übereinstimmen). Graphen mit transitiver Automorphismengruppe sind stets regulär.

A.3.5. Die ungerichteten Graphen K_V, auch mit K_n bezeichnet, für die $V(K_V) = V$ und $|V| = n \in \{1, 2, 3, \ldots\}$ sowie $E(K_V) = V \times V$ bzw. $E(K_V) = V \times V \setminus \Delta$ ist, heißen *vollständige Graphen* (mit bzw. ohne Schlingen). Für $m \in \{1, 2, \ldots\}$ sei $\Gamma = m \bullet K_n$ die disjunkte Vereinigung von m vollständigen Graphen $K_n^{(1)}, \ldots, K_n^{(m)}$, d. h. $V(\Gamma) = \bigcup_{i=1}^{m} V(K_n^{(i)}), E(\Gamma) = \bigcup_{i=1}^{m} E(K_n^{(i)})$ (wobei $V(K_n^{(i)}) \cap V(K_n^{(j)}) = \emptyset$ für $i \neq j$ ist). Bis auf Isomorphie (d. h. bis auf die Bezeichnung der Punkte) sind die Graphen K_n und $m \bullet K_n$ eindeutig bestimmt. Die Komplementärgraphen $\overline{K_n}$ haben gar keine Kanten $\big(E(\overline{K_n}) = \emptyset\big)$ und heißen auch *leere* Graphen, die nur aus isolierten Punkten bestehen.

A.3.6. Zwei Graphen Γ, Γ' heißen *isomorph* (und f ein *Isomorphismus*), wenn es eine bijektive Abbildung $f\colon V(\Gamma) \to V(\Gamma')$ gibt, so daß $E(\Gamma)^f = E(\Gamma')$ ist (vgl. A.2.6, 3.2.1). Isomorphismen von Γ auf sich heißen *Automorphismen*.

A.3.7. Ein (*ungerichteter*) *Weg* der Länge m (von a_1 zu b_m) in einem Graphen Γ ist eine Folge von Kanten $(a_1, b_1), (a_2, b_2), \ldots, (a_m, b_m) \in E(\Gamma)$, so daß je zwei aufeinanderfolgende Kanten einen Punkt gemeinsam haben, d. h. $\{a_{i-1}, b_{i-1}\} \cap \{a_i, b_i\} \neq \emptyset$ $(i = 2, 3, \ldots, m)$. Gilt $b_{i-1} = a_i$, so spricht man von einem *gerichteten Weg* $a_1 \to b_1 \to b_2 \to \cdots \to b_m$ (mit Anfangspunkt a_1 und Endpunkt b_m; Weg von a_1 nach b_m). Ein Graph heißt *zusammenhängend*, wenn je zwei Punkte durch einen (ungerichteten) Weg verbunden sind. Die maximalen zusammenhängenden Untergraphen eines Graphen heißen *Zusammenhangskomponenten*. Ein gerichteter Weg $a_1 \to a_2 \to \cdots \to a_n \to a_1$ heißt *Kreis* (Zyklus) der Länge n, falls alle Knotenpunkte $a_1, \ldots, a_n$ verschieden sind (eine Schlinge $(a_1, a_1) \in E(\Gamma)$ ist ein Kreis der Länge 1). Ein ungerichteter (schlingenloser), zusammenhängender Graph, der keine Kreise enthält, heißt *Baum*.

A.3.8. Der *Abstand* $d(x, y)$ zweier Punkte $x, y \in V(\Gamma)$ eines Graphen Γ ist die Länge eines kürzesten gerichteten Weges von x nach y. Gibt es keinen solchen gerichteten Weg, so wird $d(x, y) = \infty$ gesetzt. Für $x = y$ wird $d(x, x) = 0$ definiert. Der Abstand d in einen ungerichteten(!) Graphen Γ ist eine Metrik, d. h., es gelten $d(x, x) = 0$, $0 \leq d(x, y) = d(y, x)$ und die Dreiecksungleichung $d(x, y) \leq d(x, z) + d(z, y)$ $\big(x, y, z \in V(\Gamma)\big)$. Der größtmögliche Abstand zweier Punkte heißt *Durchmesser* von Γ (Bezeichnung $d(\Gamma)$). Es gilt $d(\Gamma) < \infty$ für einen ungerichteten Graphen Γ genau dann, wenn Γ zusammenhängend ist.

A.3.9. Ein ungerichteter Graph Γ mit $V(\Gamma) = V_1 \cup V_2$ und $E(\Gamma) \subseteq (V_1 \times V_2) \cup (V_2 \times V_1)$ heißt *paarer Graph* (zwischen den Elementen der Teile V_1 (bzw. V_2) gibt es keine Kanten). Γ ist ein paarer Graph genau dann, wenn Γ nur Kreise gerader Länge hat. Die sogenannten *vollständigen paaren* Graphen $K_{n,m}$ sind gegeben durch $V(K_{n,m}) = V_1 \cup V_2$, $|V_1| = n$, $|V_2| = m$, und $E(K_{n,m}) = (V_1 \times V_2) \cup (V_2 \times V_1)$ (oder, gleichbedeutend, $E(K_{n,m}) = \big\{\{v_1, v_2\} \mid v_1 \in V_1 \wedge v_2 \in V_2\big\}$, vgl. A.3.1). Speziell ist $K_{n,n} = \overline{2 \bullet K_n}$.

Literatur

[1] Aigner, M., Kombinatorik I, II. Springer-Verlag, Berlin—Heidelberg—New York 1975 bzw. 1976.

[2] Alexandroff, P. S., Einführung in die Gruppentheorie. 9. Aufl., VEB Deutscher Verlag der Wissenschaften, Berlin 1975 (Mathematische Schülerbücherei Nr. 1) (Übersetzung aus dem Russischen).

[3] Arlazarov, V. L., I. I. Zuev, A. V. Uskov und I. A. Faradžev, Algorithmus zur Überführung endlicher ungerichteter Graphen in ihre kanonische Form. (Арлазаров, В. Л., И. И. Зуев, А. В. Усков и И. А. Фараджев, Алгоритм приведения конечных неориентированных графов к каноническому виду. Журн. вычисл. матем. и матем. фих. **14** (1974), 737—743.)

[4] Berstel, J., and D. Perrin, Theory of codes. Academic Press, New York 1985.

[5] Biggs, N., Finite groups of automorphisms. Cambridge, University Press 1971.

[6] Biggs, N. L., Algebraic graph theory. Cambridge Univ. Press 1974.

[7] Biggs, N. L., Automorphic graphs and the Krein condition. Geom. Dedic. **5** (1976), 117—127.

[8] Biggs, N. L., and A. T. White, Permutation groups and combinatorial structures. Cambridge University Press 1979 (London Math. Soc. Lecture Notes series 33).

[9] Birkhoff, G., und Th. C. Bartee, Angewandte Algebra. R. Oldenbourg Verlag, München—Wien 1973. (Übersetzung aus dem Amerikanischen; russ. Übers. Moskau 1976).

[10] Bodnarčuk, V. G., L. A. Kalužnin, V. N. Kotov und B. A. Romov, Galois-Theorie für Postsche Algebren. (Боднарчук, В. Г., Л. А. Калужнин, В. Н. Котов и Б. А. Ромов, Теория Галуа для алгебр Поста I, II. Кибернетика **3** (1969), 1—10; **5** (1969), 1—9.)

[11] Bose, R. C., and K. R. Nair, Partially balanced incomplete block designs. Sankhya **4** (1939), 337—372. (Vgl. auch R. C. Bose, Strongly regular graphs, partial geometries and partially balanced designs. Pacific J. Math. **13** (1963), 389—419.)

[12] de Bruijn, N. G., Generalization of Pólya's fundamental theorem in enumerative combinatorial analysis. Indag. Math. **21** (1959), 59—69.

[13] Burnside, W., Theory of groups of finite order (2nd ed., Cambridge 1911; bzw. Dover Public., Inc., 1955).

[14] Cameron, P. C., Finite permutation groups and finite simple groups. Bull. London Math. Soc. **13** (1981), 1—22.

[15] Cameron, P. C., and J. H. van Lint, Graphs, codes and designs. Cambridge University Press 1980 (London Math. Soc. Lecture notes series 43).

[16] Černyšev, Ju. O., Methoden der Optimierung kombinatorischer Systeme. (Чернышев, Ю. О., Методы оптимизации комбинационных устройств. Москва 1980.)
[17] Cohen, A. M., A synopsis of known distance-regular graphs with large diameter. Preprint, Math. Cent. Amsterdam, Afd. Zuivere wisk. 168 (1981).
[18] Coxeter, H. S. M., Unvergängliche Geometrie. Birkhäuser-Verlag, Basel und Stuttgart 1963.
[19] Cvetković, D. M., M. Doob and H. Sachs, Spectra of graphs. Theory and Application. 2. Aufl., VEB Deutscher Verlag der Wissenschaften, Berlin 1982/Academic Press, New York—San Francisco—London 1979.
[20] Delsarte, P., An algebraic approach to the association schemes of coding theory. Philips Research Reports, Supplement No. 10, 1973. (russ. Übers. Moskau 1976).
[21] Dembowski, P., Finite geometries. Springer-Verlag, Berlin—Heidelberg—New York 1968.
[22] Dembowski, P., Kombinatorik. BI Hochschultext 741a, Mannheim—Wien—Zürich 1970.
[23] Gardner, M., Mathematische Rätsel und Probleme. 3. Aufl., Verlag F. Vieweg u. Sohn, Braunschweig 1968. (Vgl. auch: Logik unterm Galgen, Braunschweig 1971).
[24] Gavrilov, M. A., V. V. Devjatkov und E. I. Pupyrev, Logische Projektierung diskreter Automaten. (Гаврилов, М. А., В. В. Девятков и Е. И. Пупырев, Логическое проектирование дискретных автоматов (языки, методы, алгоритмы). Наука, Москва 1977.)
[25] Glagoljew, W. W., S. W. Jablonski, W. I. Löwenstein, J. I. Shurawlew, J. L. Wassiljew und F. J. Wetuchnowski, Diskrete Mathematik und mathematische Fragen der Kybernetik. Akademie-Verlag, Berlin 1980 (Übersetzung aus dem Russischen).
[26] Gol'fand, Ja. Ju., und M. Ch. Klin, Über k-reguläre Graphen. (Гольфанд, Я. Ю., и М. Х. Клин, О κ-регулярных графах. В сб.: „Алгоритмические исследования в комбинаторике". Наука, Москва 1978, стр. 76—85.)
[27] Gorenstein, D., The classification of finite simple groups. Bull. Amer. Math. Soc., New Ser. 1 (1979), 43—199. (Vgl. auch D. Gorenstein, Finite simple groups. An introduction to their classification. Plenum Press, New York and London 1982.)
[28] Halberstadt, E., On certain maximal subgroups of symmetric or alternating groups. Math. Z. **151** (1976), 117—125.
[29] Halder, H.-R., und W. Heise, Einführung in die Kombinatorik. Carl Hanser Verlag, München—Wien 1976/Akademie-Verlag, Berlin 1977.
[30] Harary, F., Graphentheorie. R. Oldenbourg Verlag, München—Wien 1974 (Übersetzung aus dem Englischen; russ. Übers. Moskau 1973).
[31] Harary, F., and E. M. Palmer, Graphical enumeration. Academic Press, New York, London 1973 (russ. Übers. Moskau 1977).
[32] Hasse, M., Grundbegriffe der Mengenlehre und Logik. Teubner, Leipzig 1966 (Mathematische Schülerbücherei Nr. 2).
[33] Higman, D. G., Invariant relations, coherent configurations and generalized polygons. Math. Centre Tracts. No. 57, pp. 27—43, Math. Centrum, Amsterdam 1974.
[34] Holt, D. F., Rooks involate. Math. Gaz. No. 404, **58** (1974), 131—134.

[35] Hubaut, X. L., Strongly regular graphs. Discrete Math. **13** (1975), 357–381.
[36] Huppert, B., Endliche Gruppen I. Springer-Verlag, Berlin–Heidelberg–New York 1967.
[37] Ivanov, A. A., Beschränkung des Durchmessers abstandsregulärer Graphen. (Иванов, А. А., Ограничение диаметра дистанционно-регулярного графа. ДАН СССР **271** (1983), 789–792.)
[38] Kaloujnine, L. A., und V. I. Suščanskij, Transformationen und Permutationen. VEB Deutscher Verlag der Wissenschaften, Berlin (Mathematische Schülerbücherei Nr. 124)/Verlag Harri Deutsch, Thun–Frankfurt am Main (Deutsch Taschenbücher Bd. 49) 1986 (Übersetzung aus dem Russischen).
[39] Kalužnin, L. A., Einführung in die allgemeine Algebra. (Калужнин, Л. А., Введение в общую алгебру. Москва 1973.)
[40] Kalužnin, L. A., und M. Ch. Klin, Über gewisse maximale Untergruppen der symmetrischen und alternierenden Gruppen. (Калужнин, Л. А., и М. Х. Клин, О некоторых максимальных подгруппах симметрических и знакопеременных групп. Матем. сб. **87** (**129**) (1972), 91–121.)
[41] Kalužnin, L. A., und A. A. Stognij (Hrsg.), Berechnungen in Algebra, Zahlentheorie und Kombinatorik. (Вычисления в алгебре, теории чисел и комбинаторике. Под ред. Калужнина, Л. А., и А. А. Стогния, ИК АН УССР, Киев 1980).
[42] Kalužnin, L. A., V. I. Suščanskij und V. A. Ustimenko, Der Einsatz der EDV in der Permutationsgruppentheorie und Anwendungen. (Калужнин, Л. А., В. И. Сущанский и В. А. Устименко, Применение ЭВМ в теории групп подстановок и их приложениях. Кибернетика **6** (1982), 83–94.)
[43] Klin, M. Ch., Über die Anzahl der Graphen, für die eine gegebene Permutationsgruppe Automorphismengruppe ist. (Клин, М. Х., О числе графов для которых данная группа подстановок является группой автоморфисмов. Кибернетика **6** (1970), 131–137.)
[44] Klin, M. Ch., Permutationsgruppen und Abzählungstheorie. (Клин, М. Х., Группы подстановок и теория перечисления. В кн.: В мире математики, Вып. 8 (на укр. яз.), Радянська школа, Киев 1977, стр. 33–62.)
[45] Kerber, A., Representations of permutation groups I, II. Lecture Notes Math. 240 (1971); 250 (1975).
[46] Krasner, M., Une généralisation de la notion de corps. J. Math. pure et appl. **17** (1938), 367–385.
[47] Leont'ev, V. K., Kodierungstheorie. (Леонтьев, В. К., Теория кодирования. Знание, Москва 1977.)
[48] Lindner, R., und L. Staiger, Algebraische Codierungstheorie. Akademie-Verlag, Berlin 1977 (Elektronisches Rechnen und Regeln, Band 11).
[49] van Lint, J. H., Introduction to coding theory. Springer-Verlag, New York–Heidelberg–Berlin 1982 (Graduate texts in mathematics, vol. 86).
[50] Lugowski, H., und H. J. Weinert, Grundzüge der Algebra. Teil I, Allgemeine Gruppentheorie. B. G. Teubner, Leipzig 1957.
[51] MacWilliams, F. J., and N. J. A. Sloane, The theory of error-correcting codes I, II. North Holland, Amsterdam–New York–Oxford 1977 (russ. Übers. Moskau 1979).
[52] Manin, Ju. I., Kubische Formen. (Манин, Ю. И., Кубические формы. Наука, Главная редакция физ.-мат. литературы, Москва 1972.)

[53] NEUMANN, P., Finite permutation groups, edge-coloured graphs and matrices. In: Topics in group theory and computation (Proc. Summer school in Galway, July 1973, ed. by M. P. J. CURRAN), Academic Press, London 1977, pp. 82—118.

[54] NEUMANN, P., A lemma that is not Burnside's. Math. Scientist 4 (1979), 133 to 141.

[55] NIGMATULLIN, R. G., Kompliziertheit Boolescher Funktionen. (НИГМАТУЛЛИН, Р. Г., Сложность булевых функций. Изд-во Казанского ун-та, Казань 1983.)

[56] PETERSON, W. W., Prüfbare und korrigierbare Codes. Oldenbourg-Verlag, München 1973.

[57] PÓLYA, G., Kombinatorische Anzahlbestimmungen für Gruppen, Graphen und chemische Verbindungen. Acta Math. 68 (1937), 145—254.

[58] PÖSCHEL, R., und L. A. KALUŽNIN, Funktionen- und Relationenalgebren. VEB Deutscher Verlag der Wissenschaften, Berlin/Birkhäuser Verlag, Basel und Stuttgart 1979.

[59] PÖTSCHKE, D., und F. SOBIK, Mathematische Informationstheorie. Akademie-Verlag, Berlin 1980 (Elektronisches Rechnen und Regeln, Band 16).

[60] READ, R. C., and D. C. CORNEIL, The graph isomorphism disease. J. Graph Theory 1 (1977), 339—363.

[61] REINGOLD, E. M., J. NIEVERGELT and N. DEO, Combinatorial algorithms. Prentice-Hall, Inc., Englewood Cliffs, New Jersey, 1977 (russ. Übers. Moskau 1980).

[62] ROMOV, B. A., Über die Formeldarstellung von Prädikaten auf endlichen Modellen. (Ромов, Б. А., О формульности предикатов на конечных моделях. Кибернетика 1 (1971), 41—42.)

[63] SACHS, H., Einführung in die Theorie der endlichen Graphen I, II. Teubner, Leipzig 1970 bzw. 1972.

[64] SEDLÁČEK, J., Einführung in die Graphentheorie. Teubner, Leipzig 1968 (Mathematische Schülerbücherei Nr. 40).

[65] SEIDEL. J. J., A. BLOKHUIS and H. A. WILBRINK, Graphs and association schemes, algebra and geometry. Eindhoven Univ. of technology, EUT-Report 83-WSK-02, May 1983.

[66] SHRIKHANDE, S. S., The uniqueness of the L_2 association scheme. Ann. Math. Statist. 3 (1959), 781—798.

[67] ŠOLOMOV, L. A., Grundlagen der Theorie diskreter logischer und rechentechnischer Systeme. (Шоломов, Л. А., Основы теории дискретных логических и вычислительных устройств. Москва 1980).

[68] STRAZDIN', I. E., Affine Klassifikation Boolescher Funktionen mit fünf Variablen. (Страздинь, И. Э., Аффинная классификация булевых функций пяти переменных. Автоматика и вычислительная техника 1 (1975), 1—9.)

[69] STRAZDINS, I., On fundamental transformation groups in the algebra of logic. Coll. Math. Soc. J. Bolyai, 28. Finite Algebra and Multiple-valued Logic, Szeged (Hungary), 1979, pp. 669—691.

[70] SUŠČANSKIJ, V. I., und V. A. USTIMENKO-BAKUMOVSKIJ, Charakterisierung der Typen Boolescher Funktionen. (Сущанский, В. И., и В. А. Устименко-Бакумовский, Характеризация типов булевых функций. В [41], стр. 47—59.)

[71] Ustimenko-Bakumovskij, V. A., Der Obergruppenverband der induzierten symmetrische Gruppe. (Устименко-Бакумовский, В. А., Решётка надгрупп индуцированной симметрической группы. ДАН СССР **237** (1977), 276—279.)

[72] Vilenkin, N. Ja., Kombinatorik. (Виленкин, Н. Я., Комбинаторика. Наука Москва 1969.)

[73] Weisfeiler, B. (ed.), On construction and identification of graphs. Lecture Notes Math. 558. Springer-Verlag, Berlin—Heidelberg—New York 1976.

[74] Weyl, H., Symmetry. Princeton University Press 1952.

[75] Wielandt, H., Finite permutation groups. Academic Press, New York—London 1964.

[76] Wielandt, H. W., Permutation groups through invariant relations and invariant functions. Lect. Ohio State Univ., Columbia (Ohio) 1969.

[77] Winogradow, I. M., Elemente der Zahlentheorie. Deutscher Verlag der Wissenschaften, Berlin 1955 (Übersetzung aus dem Russischen).

[78] Zajčenko, V. A., Algorithmen für das Rechnen in V-Ringen von Permutationsgruppen. (Зайченко, В. А., Алгоритмы вычислений в V-кольцах групп подстановок. Депонировано в ВИНИТИ АН СССР, 5372-81 (1981), 53 стр.)

Namen- und Sachverzeichnis

MIX
Papier aus verantwortungsvollen Quellen
Paper from responsible sources
FSC® C105338

If you have any concerns about our products,
you can contact us on
ProductSafety@springernature.com

In case Publisher is established outside the EU,
the EU authorized representative is:
Springer Nature Customer Service Center GmbH
Europaplatz 3, 69115 Heidelberg, Germany

Printed by Libri Plureos GmbH
in Hamburg, Germany